智能机器人原理与实践

陈雯柏 主编

吴细宝 许晓飞 刘琼 刘学君 副主编

清華大学出版社

北京

内容简介

本书主要介绍智能机器人系统的运动控制、智能感知、通信系统、视觉技术、语音技术、导航与路径规划等内容。本书注重系统性、全面性，特别是将最新的无线传感器网络与智能机器人、服务机器人的语音合成与识别技术等内容引入教学中。

本书编撰从创新能力较强的应用型人才培养角度出发，重视理论与实践的结合。本书力求深入浅出，并将系统性、全面性和前沿性结合起来，可作为高等院校智能科学与技术、计算机、自动化、电子信息与机械电子工程等专业的本科生和硕士生的教材或参考书使用，也可作为工科学生机器人创新实践活动、相关学科竞赛的培训教材或供有关工程技术人员参考。

图书在版编目(CIP)数据

智能机器人原理与实践/陈雯柏主编. --北京：清华大学出版社，2016 (2024.2 重印)
清华科技大讲堂
ISBN 978-7-302-43351-4

Ⅰ. ①智… Ⅱ. ①陈… Ⅲ. ①智能机器人－高等学校－教材 Ⅳ. ①TP242.6

中国版本图书馆 CIP 数据核字(2016)第 062860 号

责任编辑：闫红梅　李　晔
封面设计：刘　键
责任校对：时翠兰
责任印制：丛怀宇

出版发行：清华大学出版社
网　　址：https://www.tup.com.cn，https://www.wqxuetang.com
地　　址：北京清华大学学研大厦 A 座　　**邮　　编**：100084
社 总 机：010-83470000　　**邮　　购**：010-62786544
投稿与读者服务：010-62776969，c-service@tup. tsinghua. edu. cn
质量反馈：010-62772015，zhiliang@tup. tsinghua. edu. cn
课件下载：https://www.tup.com.cn，010-83470236
印 装 者：三河市龙大印装有限公司
经　　销：全国新华书店
开　　本：185mm×260mm　　**印　　张**：16.5　　**字　　数**：397 千字
版　　次：2016 年 8 月第 1 版　　**印　　次**：2024 年 2 月第 12 次印刷
印　　数：10001～11500
定　　价：49.00元

产品编号：049842-02

前 言

智能科学技术既是信息科学技术的核心、前沿和制高点，又是生命和认知科学技术最为精彩的篇章。“机器人革命”有望成为“第三次工业革命”的一个切入点和重要增长点，我国将成为全球最大的机器人市场。

本书是作者几年来在智能科学与技术专业教学实践的基础上，结合现有的教学讲义和最新技术发展编写形成的，书中融入了作者多年来的教学研究与思考。

本书着眼于创新能力较强的应用型人才培养，重视理论与实践的结合。本书作为《机器人学》的后续教材，精选了智能机器人的经典内容，主要阐述智能机器人系统的运动控制、感知系统、通信系统、视觉技术、语音技术、导航与路径规划等方面内容。章节安排上注意了先理论后实践，全书共 11 章。第 1～3、5、7、8 章由陈雯柏编写，第 4 章由刘学君编写，第 6 章由吴细宝编写，第 9 章由许晓飞编写，第 10 章由刘琼编写，第 11 章由陈雯柏、赵逢达编写。全书由陈雯柏负责整理和统稿。

本书编撰从创新能力较强的应用型人才培养角度出发，重视了理论与实践的结合。本书力求深入浅出，并将系统性、全面性和前沿性结合起来，可作为高等院校智能科学与技术专业、自动化、电子信息与机械电子工程等专业的本科生和硕士生的教材或参考书使用，也可供有关工程技术人员参考。本书基于智能机器人教育平台、机器人足球比赛平台，也可作为工科学生机器人创新实践活动、相关学科竞赛的培训教材。不同学校与专业的学生也可根据实际情况和课时需要选学部分内容。

感谢北京市属高等学校青年拔尖人才培育计划项目（CIT&TCD201404125）、北京信息科技大学教材建设、卓越工程师联盟开放实验室建设项目（PXM2015_014224_000032）资助。清华大学出版社的编辑们为本书的出版付出了辛勤的劳动，在此表示衷心的感谢。

由于作者水平有限，书中难免有错误和不足之处，诚恳欢迎各位读者对本书提出批评指正意见，不胜感激。

陈雯柏

2016 年 3 月

目　　录

第1章 概　　论

“robot”一词源于捷克语“robota”，意为“强迫劳动”。1920年，捷克斯洛伐克作家萨佩克在《洛桑万能机器人公司》剧本中把在洛桑万能机器人公司生产劳动的那些家伙取名“Robot”(捷克语意为“奴隶”)。

机器人技术涉及机械、电子、计算机、材料、传感器、控制技术、人工智能、仿生学等多门科学，机器人的发展是目前科技发展最活跃的领域之一。发展应用机器人的目的在于：

(1) 提高生产效率，降低人的劳动强度。

(2) 机器人做人不愿意做或做不好的事。

(3) 机器人做人做不了的事情。

1.1　机器人的定义

1.1.1　机器人三定律

1942年，美国科幻巨匠阿西莫夫提出的“机器人三定律”虽只是科幻小说里的创造，但已成为学术界默认的研发原则：

(1) 机器人不得伤害人，也不得见人受到伤害而袖手旁观。

(2) 机器人应服从人的一切命令，但不得违反第一定律。

(3) 机器人应保护自身的安全，但不得违反第一、第二定律。

1.1.2　机器人各种定义

(1) 美国机器人协会(RIA)曾把机器人定义为一种用于移动各种材料、零件、工具或专用装置的，通过可编程序动作来执行种种任务的，并具有编程能力的多功能机械手。

(2) 日本工业机器人协会(JIRA)把工业机器人定义为一种装备有记忆装置和末端执行器(end effector)的，能够转动并通过自动完成各种移动来代替人类劳动的通用机器。

(3) 美国国家标准局(NBS)定义机器人是一种能够进行编程并在自动控制下执行某些操作和移动作业任务的机械装置。

(4) 国际标准化组织(ISO)把机器人定义为：机器人是一种自动的、位置可控的、具有编程能力的多功能机械手，这种机械手具有几个轴，能够借助于可编程序操作来处理各种材料、零件、工具和专用装置，以执行种种任务。

(5) 蒋新松院士言简意赅地把机器人定义为一种拟人功能的机械电子装置。

1.2 机器人的产生与发展

1948 年，诺伯特·维纳出版《控制论》，阐述了机器中的通信和控制机能与人的神经、感觉机能的共同规律，率先提出以计算机为核心的自动化工厂。1980 年后，各种用途的机器人广泛应用到了工业生产中。1990 年开始，机器人开始面向服务业并走向家庭。现代机器人技术发展大事年表可总结如下：

(1) 1948 年，美国原子能委员会的阿尔贡研究所开发了机械式的主从机械手。

(2) 1952 年，第一台数控机床的诞生，为机器人的开发奠定了基础。

(3) 1954 年，美国德沃尔最早提出了工业机器人的概念，并申请了专利。

(4) 1956 年，在达特茅斯会议上，马文·明斯基提出了他对智能机器的看法："智能机器能够创建周围环境的抽象模型，如果遇到问题，能够从抽象模型中寻找解决方法"。这个定义影响到以后 30 年智能机器人的研究方向。

(5) 1959 年，德沃尔和英格伯格联手制造出第一台工业机器人。随后，成立了世界上第一家机器人制造工厂——Unimation 公司。由于英格伯格对工业机器人的研发和宣传，他也被称为"工业机器人之父"。

(6) 1962 年，美国 AMF 公司生产出"VERSTRAN"（意思是万能搬运），与 Unimation 公司生产的 Unimate 一样成为真正商业化的工业机器人，并出口到世界各国，掀起了全世界对机器人和机器人研究的热潮。

(7) 1962～1963 年，传感器的应用提高了机器人的可操作性。人们试着在机器人上安装各种各样的传感器，包括 1961 年恩斯特采用的触觉传感器，托莫维奇和博尼 1962 年在世界上最早的"灵巧手"上用到了压力传感器，而麦卡锡 1963 年则开始在机器人中加入视觉传感系统，并在 1965 年，帮助 MIT 推出了世界上第一个带有视觉传感器，能识别并定位积木的机器人系统。

(8) 1965 年，约翰·霍普金斯大学应用物理实验室研制出 Beast 机器人。Beast 已经能通过声呐系统、光电管等装置，根据环境校正自己的位置。20 世纪 60 年代中期开始，美国麻省理工学院、斯坦福大学、英国爱丁堡大学等陆续成立了机器人实验室。美国兴起研究第二代带传感器、"有感觉"的机器人，并向人工智能进发。

(9) 1968 年，美国斯坦福研究所公布他们研发成功的机器人 Shakey。它带有视觉传感器，能根据人的指令发现并抓取积木，不过控制它的计算机有一个房间那么大。Shakey 可以算是世界上第一台智能机器人，拉开了第三代机器人研发的序幕。

(10) 1969 年，日本早稻田大学加藤一郎实验室研发出第一台以双脚走路的机器人。加藤一郎长期致力于研究仿人机器人，被誉为"仿人机器人之父"。日本专家一向以研发仿人机器人和娱乐机器人的技术见长，后来更进一步，催生出本田公司的 ASIMO 和索尼公司的 QRIO。

(11) 1973 年，世界上第一次机器人和小型计算机携手合作，就诞生了美国 Cincinnati Milacron 公司的机器人 T3。

(12) 1978 年，美国 Unimation 公司推出通用工业机器人 PUMA，这标志着工业机器人技术已经完全成熟。PUMA 至今仍然工作在工厂第一线。

(13) 1984 年，恩格尔伯格再推出机器人 Helpmate，这种机器人能在医院里为病人送饭、送药、送邮件。同年，他还预言："我要让机器人擦地板，做饭，出去帮我洗车，检查安全"。

(14) 1998 年，丹麦乐高公司推出头脑风暴(Mind-storms)套件，这套相对简单又能任意拼装的套件也可以制作一些简单的机器人，使机器人开始走入个人世界。

(15) 1999 年，日本索尼公司推出犬型机器人爱宝(AIBO)，当即销售一空，从此娱乐机器人成为目前机器人迈进普通家庭的途径之一。

(16) 2002 年，美国 iRobot 公司推出了吸尘器机器人 Roomba，它能避开障碍，自动设计行进路线，还能在电量不足时，自动驶向充电座。Roomba 是目前世界上销量最大、最商业化的家用机器人。

(17) 2006 年 6 月，微软公司推出 Microsoft Robotics Studio，机器人模块化、平台统一化的趋势越来越明显，比尔·盖茨预言，家用机器人很快将席卷全球。

1.3 智能机器人的体系结构

机器人现在已被广泛地用于生产和生活的许多领域，按其拥有智能的水平可以分为三个层次：

(1) 示教再现型。示教再现型机器人只能死板地按照人给它规定的程序工作，不管外界条件有何变化，自己都不能对程序也就是对所做的工作作相应的调整。如果要改变机器人所做的工作，必须由人对程序做相应的改变，因此它是毫无智能的。

(2) 感觉型。感觉型机器人可以根据外界条件的变化，在一定范围内自行修改程序，也就是它能适应外界条件变化对自己作相应调整。不过，修改程序的原则由人预先给予规定。感觉型机器人拥有初级智能水平，没有自动规划能力，目前已走向成熟，达到实用水平。

(3) 智能型。高级智能机器人已拥有一定的自动规划能力，能够自己安排自己的工作。这种机器人可以不要人的照料，完全独立地工作，故称为高级自律机器人。

智能机器人体系结构是机器人智能的逻辑载体，是指智能机器人系统中智能、行为、信息、控制的时空分布模式。选择合适的体系结构是机器人研究中最基础也非常关键的一个环节，它要求把感知、建模、规划、决策、行动等多种模块有机地结合起来，从而在动态环境中完成目标任务。

1.3.1 程控架构

程控架构，又称规划式架构。它根据给定初始状态和目标状态给出一个行为动作的序列，按部就班地执行。程序序列中可采用"条件判断＋跳转"的方法，根据传感器的反馈情况对控制策略进行调整。

集中式程控架构的优点是系统结构简单明了，所有逻辑决策和计算均在集中式的控制器中完成。这种架构清晰，显然控制器是大脑，其他的部分不需要有处理能力。设计者在机器人工作前预先设计好最优策略让机器人开始工作，工作过程中只需要处理一些可以预料到的异常事件。

但是，对于设计一个在房间里漫游的移动机器人时，若其房间的大小未知，无法准确地得到机器人在房间中的相对位置的情况下，程控式控制架构就很难适应了。

1.3.2 分层递阶架构

分层递阶架构，又称为慎思式架构。分层递阶架构是随着分布式控制理论和技术的发展而发展起来的。分布式控制通常由一个或多个主控制器和很多个节点组成，主控制器和节点均具有处理能力。主控制器可以比较弱，大部分的非符号化信息在其各自的节点被处理、符号化后，再传递给主控制器来进行决策判断。

Saridis 在 1979 年提出，智能控制系统必然是分层递阶结构。这种结构基于认知的人工智能（Artificial Intelligence, AI）模型，因此也称之为基于知识的架构。

1. 分层递阶结构的信息流程

信息流程是从低层传感器开始，经过内外状态的形势评估、归纳，逐层向上，且在高层进行总体决策；高层接受总体任务，根据信息系统提供的信息进行规划，确定总体策略，形成宏观命令，再经协调级的规划设计，形成若干子命令和工作序列，分配给各个执行器加以执行，如图 1.1 所示。

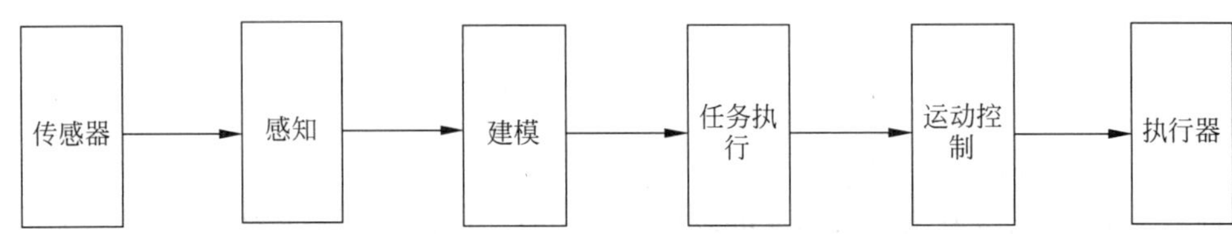

图 1.1 传感器信息流程图

2. 分层递阶结构的特点

(1) 遵循“感知—思维—行动”的基本规律，较好地解决了智能和控制精度的问题。层次向上，智能增加，精度降低；层次向下，智能降低，精度增加。

(2) 输入环境的信息通过信息流程的所有模块，往往是将简单问题复杂化，影响了机器人对环境变化的响应速度。

(3) 各模块串行连接，其中任何一个模块的故障直接影响整个系统的功能。

1.3.3 包容式架构

包容式架构，又称为基于行为、基于情境的结构，是一种典型的反应式结构。1986 年，美国麻省理工学院的 R. Brooks 以移动机器人为背景，提出了这种依据行为来划分层次和构造模块的反应式结构。Brooks 认为机器人行为的复杂性反映了其所处环境的复杂性，而非机器人内部结构的复杂性。

1. 包容结构的信息流程

如前所述，分层式体系结构把系统分解成功能模块，是一种按照“感知—规划—行动(Sense-Planning-Action, SPA)”过程进行构造的串行结构。

如图 1.2 所示，包容式体系结构是一种完全的反应式体系结构，是基于感知与行为(Sense-Action, SA)之间映射关系的并行结构。包容结构中每个控制层直接基于传感器的输入进行决策，在其内部不维护外界环境模型，可以在完全陌生的环境中进行操作。

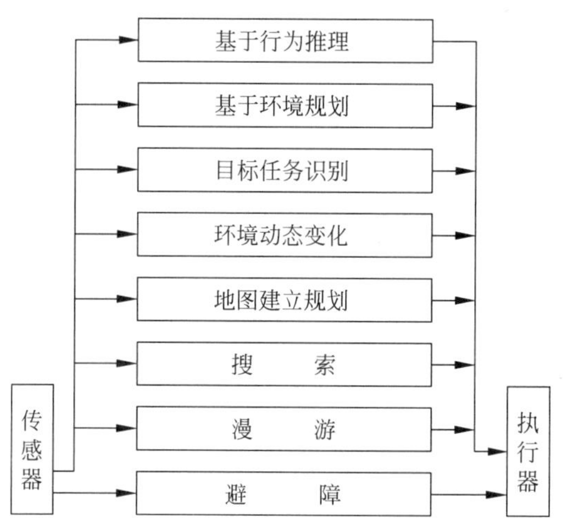

图 1.2　包容式体系结构

2. 包容结构的特点

(1) 包容结构中没有环境模型，模块之间信息流的表示也很简单，反应性非常好，其灵活的反应行为体现了一定的智能特征。包容结构不存在中心控制，各层间的通信量极小，可扩充性好。多传感信息各层独自处理，增加了系统的鲁棒性，同时起到了稳定可靠的作用。

(2) 包容结构过分强调单元的独立、平行工作，缺少全局的指导和协调，虽然在局部行动上可显示出很灵活的反应能力和鲁棒性，但是对于长远的、全局性的目标跟踪显得缺少主动性，目的性较差，而且人的经验、启发性知识难以加入，限制了人的知识和应用。

1.3.4 混合式架构

包容式架构机器人提供了一个高鲁棒性、高适应能力和对外界信息依赖更少的控制方法。但是它的致命问题是效率。因此对于一些复杂的情况，需要融合应用程控架构、分层递阶和包容式架构。

Gat 提出了一种混合式的三层体系结构，分别是反应式的反馈控制层(Controller)、反应式的规划-执行层(Sequencer)和规划层(Deliberator)。混合式架构在较高级的决策层面采用程控架构，以获得较好的目的性和效率；在较低级的反应层面采用包容式架构，以获得较好的环境适应能力、鲁棒性和实时性。

1.3.5 分布式结构

1998 年，Piaggio 提出一种称为 HEIR(Hybrid experts in intelligent robots)的非层次的分布式结构。

1. 分布式结构的信息流程

分布式结构由符号组件(S)、图解组件(D)和反应组件(R)三部分组成，如图 1.3 所示。每个组件处理不同类型知识，是一个由多个具有特定认知功能、可以并发执行的 Agent 构成的专家组。各组件相互间通过信息交换进行协调，没有层次高低之分，自主地、并发地工作。

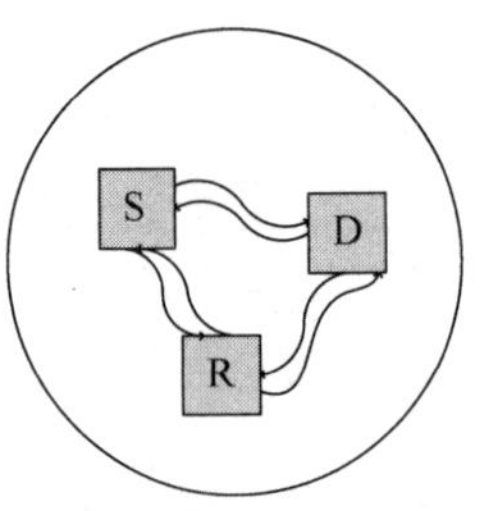

图 1.3　分布式结构

2. 分布式体系结构的特点

(1) 突破了以往智能机器人体系结构中层次框架的分布模式,各个 Agent 具有极大的自主性和良好的交互性,这使得智能、行为、信息和控制的分布表现出极大的灵活性和并行性。

(2) 对于系统任务,每个 Agent 拥有不全面的信息或能力,应保证 Agent 成员之间以及与系统的目标、意愿和行为的一致性,建立必要的集中机制,解决分散资源的有效共享、冲突的检测和协调等问题。

(3) 更多地适用于多机器人群体。

1.3.6　进化控制结构

将进化计算理论与反馈控制理论相结合,形成了一个新的智能控制方法——进化控制。它能很好地解决移动机器人的学习与适应能力方面的问题。2000 年,蔡自兴提出了基于功能/行为集成的自主式移动机器人进化控制体系结构。

整个体系结构包括进化规划与行为控制两大模块,如图 1.4 所示,这种综合的体系结构

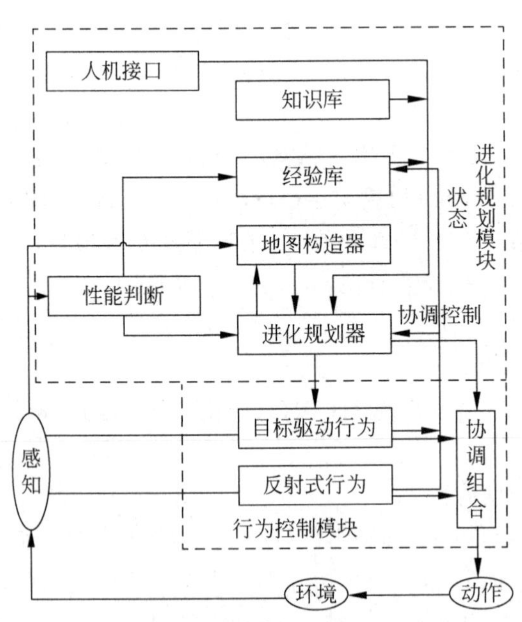

图 1.4　进化式控制结构

的优点是既具有基于行为的系统的实时性，又保持了基于功能的系统的目标可控性，同时该体系结构具有自学习功能，能够根据先验知识、历史经验、对当前环境情况的判断和自身的状况，调整自己的目标、行为，以及相应的协调机制，以达到适应环境、完成任务的目的。

1.3.7 社会机器人结构

1999年，Rooney等根据社会智能假说提出了一种由物理层、反应层、慎思层和社会层构成的社会机器人体系结构，如图1.5所示。

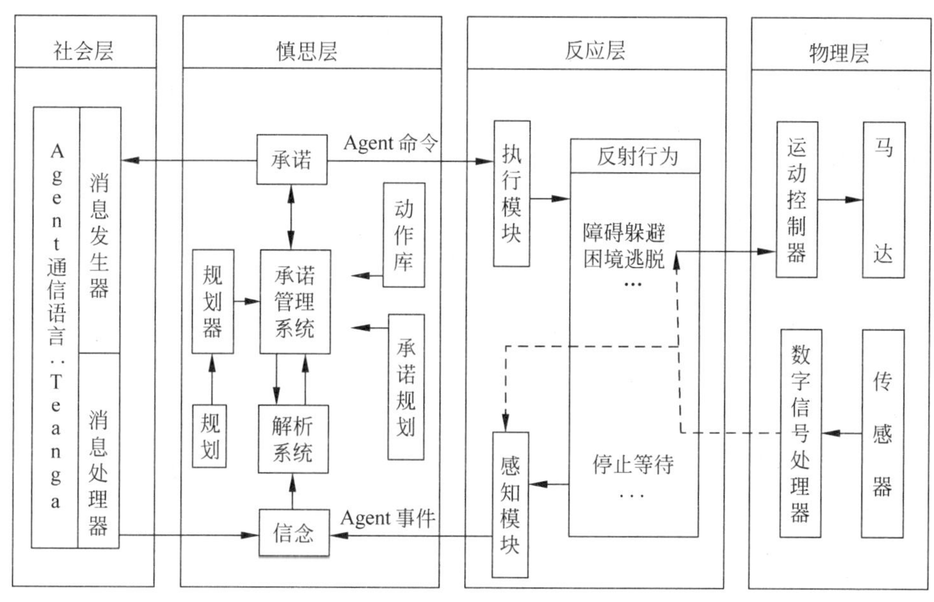

图1.5 社会机器人结构

1. 社会机器人体系结构的信息流程

社会机器人体系结构总体上看是一个混合式体系结构。反应层为基于行为、基于情境的反应式结构；慎思层基于BDI模型，赋予了机器人心智状态；社会层应用基于Agent通信语言Teanga，赋予了机器人社会交互能力。

2. 社会机器人体系结构的特点

(1) 社会机器人结构采用智能体对机器人建模，体现了智能体的自主性、反应性、社会性、自发性、自适应性和规划、推理、学习能力等一系列良好的智能特性，能够对机器人的智能本质(心智)进行更细致的刻画。

(2) 社会机器人结构对机器人的社会特性进行了很好的封装，对机器人内在的感性、理性和外在的交互性、协作性实现了物理上和逻辑上的统一，能够最大限度地模拟人类的社会智能。

(3) 社会机器人结构理论体现了从智能体到多智能体、从单机器人到多机器人、从人工生命到人工社会、从个体智能到群体智能的发展过程。

第2章　智能机器人的运动系统

机器人的移动取决于其运动系统。高性能的运动系统是实现机器人各种复杂行为的重要保障，机器人动作的稳定性、灵活性、准确性、可操作性，将直接影响移动机器人整体性能。

通常，运动系统由移动机构和驱动系统组成，它们在控制系统的控制下，完成各种运功。因此，合理选择和设计运动系统是移动机器人设计中一项基本而重要的工作。

2.1　机器人的移动机构

移动机构往往是各种自主系统的最基本和最关键的环节。为适应不同的环境和场合，移动机器人的移动机构主要有轮式移动机构、履带式移动机构、足式移动机构、步进式移动机构、蠕动式移动机构、蛇行式移动机构、混合式移动机构。

1. 移动机构的形式

机器人移动机构的形式层出不穷，行走、跳跃、跑动、滚动、滑动、游泳等不少复杂奇特的三维移动机构已经进入了实用化和商业化阶段。如表 2.1 所示，机器人移动机构的设计往往来自自然界生物运动的启示。

表 2.1　移动机构与自然界生物运动

运动方式	运动学基本模型
爬行	纵向振动
滑行	横向振动
奔跑	多极摆振荡运动
跳跃	多极摆振荡运动

续表

运动方式	运动学基本模型
行走	多边形滚动

2. 移动机构的选择

移动机构的选择通常基于以下原则:

(1) 轮式移动机构的效率最高,但其适应能力、通行能力相对较差。

(2) 履带机器人对于崎岖地形的适应能力较好,越障能力较强。

(3) 腿式的适应能力最强,但其效率一般不高。为了适应野外环境,室外移动机器人需要多采用履带式行动机构。

(4) 一些仿生机器人则是通过模仿某种生物的运动方式而采用相应的移动机构,如机器蛇采用蛇行式移动机构,机器鱼则采用尾鳍推进式移动机构。

(5) 在软硬路面相间、平坦与崎岖地形特征并存的复杂环境下,采用几何形状可变的履带式和复合式(包括轮-履式、轮-腿式、轮-履-腿式等)机器人能根据地面环境的变化而灵活地改变机器人的运动姿态和运动模式,同时也可改变移动机构与地面之间的接触面积,具有较好的机动灵活性和环境适应性。图 2.1 给出了一种混合式移动机构,在崎岖地形环境下具有强大的移动能力。

图 2.1　一种混合式移动机构

2.1.1　轮式移动机构

在相对平坦的地面上,车轮式移动方式十分优越。车轮的形状或结构取决于地面的性质和车辆的承载能力。在轨道上运行时多采用实心钢轮,室内路面行驶时多采用充气轮胎。

轮式移动机构根据车轮的多少分为 1 轮、2 轮、3 轮、4 轮和多轮机构。1 轮及 2 轮移动机构存在稳定性问题,所以实际应用的轮式移动机构多采用 3 轮和 4 轮。3 轮移动机构一般是一个前轮、两个后轮。4 轮移动机构应用最为广泛，4 轮机构可采用不同的方式实现驱动和转向。

驱动轮的选择通常基于以下因素考虑：

(1) 驱动轮直径。在不降低机器人的加速特性的前提下，尽量选取大轮径，以获得更高的运行速度。

(2) 轮子材料应选择橡胶或人造橡胶最佳。因为橡胶轮有更好的抓地摩擦力和更好的减震特性，在绝大多数场合都可以使用。

(3) 轮子宽度。宽度较大，可以取得较好的驱动摩擦力，防止打滑。

(4) 空心/实心。轮径大时，尽量选取空心轮，以减小轮子重量。

物体在平面上的移动存在前后、左右和转动三个自由度的运动。根据移动特性可将轮式机器人分为非全向和全向两种：

(1) 若具有的自由度少于三个，则为非全向移动机器人。汽车便是非全向移动的典型应用。

(2) 若具有完全的三个自由度，则称为全向移动机器人。全向移动机器人非常适合工作在空间狭窄有限、对机器人的机动性要求高的场合，具体有独轮、两轮、三轮、四轮等形式。

1. 两轮差动移动机构

如图 2.2 所示的 FIRA MiroSot 组别的足球机器人，其大小规格被限定在边长 7.5cm 内的立方体空间内。可见双轮差速移动底盘可以被设计得很小。

基于如下假设建立机器人的运动学模型，即路面为光滑平面；机器人纵向做纯滚动，没有侧向滑移；机器人的左右轮半径 R、两个驱动轮轮心间的距离 $2L$ 等其他有关参数在机器人负载与空载情况下是相同的。

图 2.2　MiroSot 足球机器人

机器人运动学模型如图 2.3 所示，在笛卡儿坐标系下，考虑两驱动轮的轮轴中心 C 点坐标 (x,y) 为参考点，θ 为机器人的姿态角（前进方向相对于 X 轴的方位角），v 是机器人的前进速度，而 v_L、v_R 分别为左右轮的线速度；ω 是机器人的转动角速度，而 ω_L、ω_R 分别为左右轮的转动速度。

基于此，机器人的位姿可以表示为：

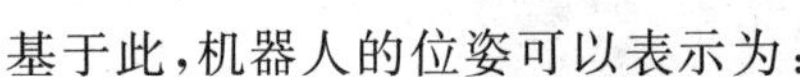

$$\boldsymbol{q} = [x,\quad y,\quad \theta]^{\mathrm{T}} \tag{2.1}$$

由于是在纯滚动、无侧滑的假设条件下进行分析，因此轮子在垂直于轮平面的速度分量为零，系统运动约束条件可表示为：

$$\dot{x}\sin\theta - \dot{y}\cos\theta = 0 \tag{2.2}$$

非完整约束是指运动约束方程不可能积分为有限形式。现假设式(2.2)是一个完整约束，即可以把它积分成有限形式：

$$f(x,y,\theta) = C \tag{2.3}$$

其中 C 为常量，对式(2.2)求导可得：

$$f_x(x,y,\theta) = \sin\theta,\quad f_y(x,y,\theta) = -\cos\theta,\quad f_\theta(x,y,\theta) = 0 \tag{2.4}$$

$f_\theta(x,y,\theta)=0$ 说明 $f_\theta(x,y,\theta)$ 必是一个与 θ 无关的函数，而这与 $f_x(x,y,\theta)=\sin\theta$，$f_y(x,y,\theta)=-\cos\theta$ 相矛盾。

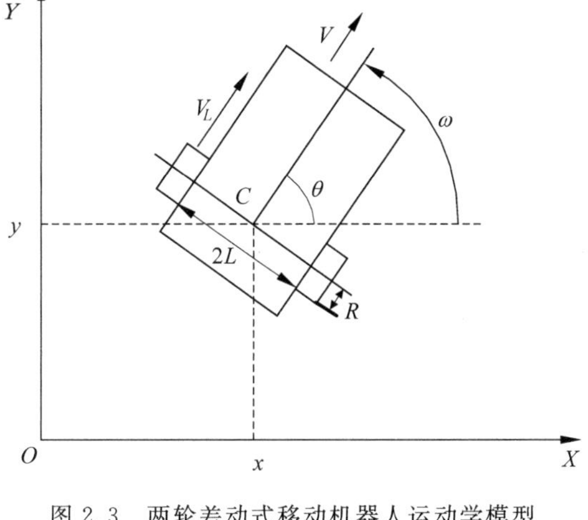

图 2.3　两轮差动式移动机器人运动学模型

因此，式(2.2)不可积，说明机器人系统运动约束条件是一个非完整约束。因此，建立机器人的质心运动方程为：

$$\dot{x} = v \times \cos\theta, \quad \dot{y} = v \times \sin\theta, \quad \dot{\theta} = \omega \tag{2.5}$$

即：

$$\begin{bmatrix} \dot{x} \\ \dot{y} \\ \dot{\theta} \end{bmatrix} = \begin{bmatrix} \cos\theta & 0 \\ \sin\theta & 0 \\ 0 & 1 \end{bmatrix} \begin{bmatrix} v \\ \omega \end{bmatrix} \tag{2.6}$$

根据刚体运动规律，可得下列运动方程：

$$v_L = \omega_L R, \quad v_R = \omega_R R \tag{2.7}$$

$$\omega = \frac{\omega_R - \omega_L}{2}, \quad v = \frac{v_L + v_R}{2} \tag{2.8}$$

由式(2.8)分析可知：若 $v_L = v_R$，质心的角速度为 0，则机器人将沿直线运动；若 $v_L = -v_R$，质心的线速度为 0，则机器人将原地转身，即机器人以零半径转弯。在其他情况下，机器人将围绕圆心以零到无穷大的转弯半径做圆周运动。

将式(2.7)、式(2.8)代入式(2.6)得：

$$\begin{bmatrix} \dot{x} \\ \dot{y} \\ \dot{\theta} \end{bmatrix} = \begin{bmatrix} \frac{R}{2}\cos\theta & \frac{R}{2}\cos\theta \\ \frac{R}{2}\sin\theta & \frac{R}{2}\sin\theta \\ -\frac{R}{2L} & \frac{R}{2L} \end{bmatrix} \begin{bmatrix} \omega_L \\ \omega_R \end{bmatrix} \tag{2.9}$$

由式(2.9)可以看出，如果知道 ω_L 和 ω_R 即可确定机器人的位姿。

机器人的左右轮驱动电机角速度与转速之间的关系可表示为：

$$\omega = \frac{2\pi n}{60} \tag{2.10}$$

因此通过控制左右轮电机的转速 n_L 和 n_R，即可完成对机器人的直线、旋转和转弯等各种运动控制。

2. 三轮移动机构

三轮移动机构,如图 2.4 所示,有以下三种情况。

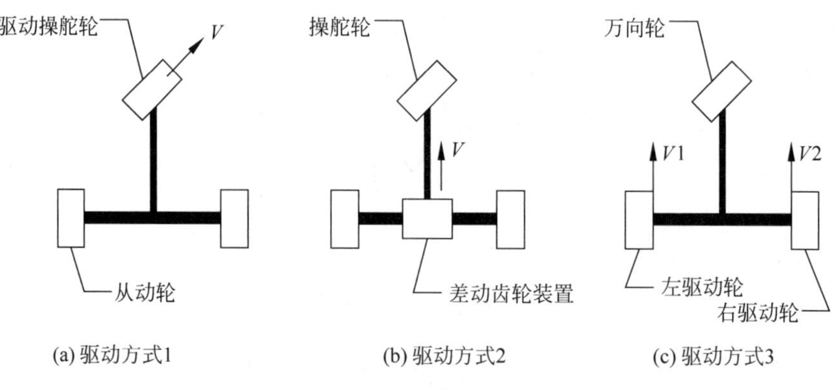

图 2.4 三轮移动机构

如图 2.4(a)所示,前轮由操舵结构和驱动结构合并而成,由于操舵和驱动的驱动器都集中在前轮,所以该结构比较复杂。该结构旋转半径可以从 0 到无限大连续变化,但是由于轮子和地面之间存在滑动,绝对的 0 转弯半径很难实现。

如图 2.4(b)所示,前轮为操舵轮,后两轮由差动齿轮装置驱动,但是该方法在移动机器人机构中也不多。

如图 2.4(c)所示,前轮为万向轮,仅起支撑作用,后两轮分别由两个电机独立驱动,结构简单,而且旋转半径可以从零到无限大任意设定。其旋转中心是在连接两驱动轴的直线上,所以旋转半径即使是 0,旋转中心也与车体的中心一致。

3. 全向移动机构

全向移动机构是指不改变机器人姿态的同时可以向任意方向移动且可以原地旋转任意角度,运动非常灵活。

全向移动机构包括全向轮、电机、驱动轴系以及运动控制器几个部分。全向轮是整个运动机构的核心,在它的轮缘上斜向分布着许多小滚子,故轮子可以横向滑移。根据载荷的不同,应考虑全向轮的大小、面积等因素,如图 2.5 所示。图 2.5(a)给出了几种不同的全向轮的结构形式,图 2.5(b)阐明了全向轮的转动特点。三个或四个全向轮可以组成轮系,在电机驱动下,可以完成平面内 360°任意方向上的运动。全向移动机构在自动导引车(AGV)、足球机器人比赛等需要高度移动灵活性的机器人项目中比较常见。

1) 三轮全向移动机构

由于全向轮机构特点的限制,要求驱动轮数大于等于 3,才能实现水平面内的全向移动,并且行驶的平稳性、效率和全向轮的结构形式有很大关系。如图 2.6 所示为三轮全向移动底盘。

三轮全向底盘的驱动轮一般由三个完全相同的全向轮组成,并由性能相同的电机驱动。各轮径向对称安装,夹角为 120°。建立如图 2.7 所示的世界坐标系 $x_a o y_a$ 和机器人坐标系。

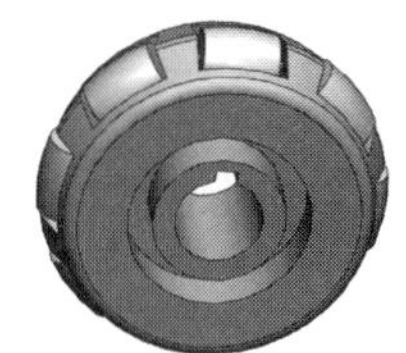

(a) 不同全向轮的结构

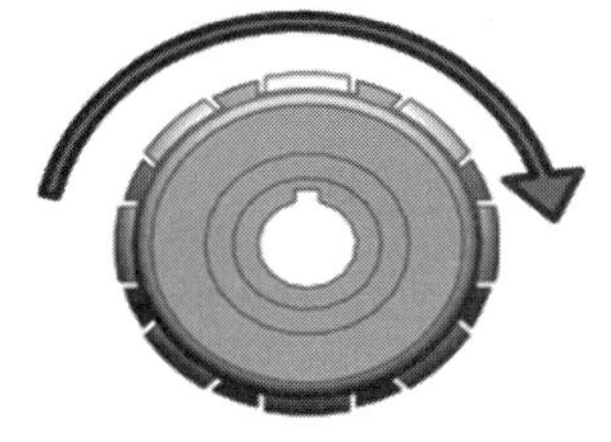

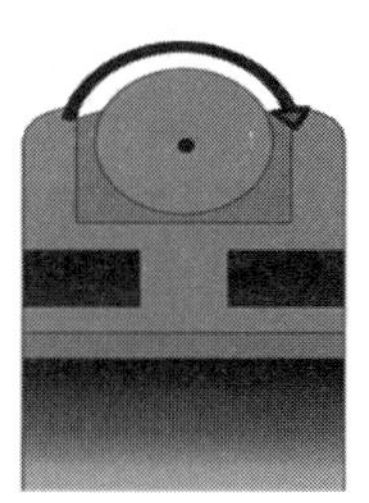

(b) 全向轮转动特点

图 2.5　各种全向轮

图 2.6　三轮全向移动底盘

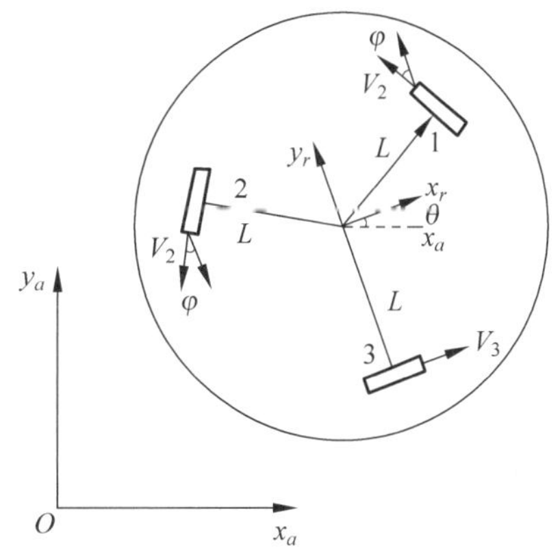

图 2.7　三轮全向底盘运动学分析

三轮全向移动机器人坐标系的原点与其中心重合，L 为机器人中心与轮子中心的距离，θ 为 x_r 与 x_a 的夹角，v_i 为第 i 个轮子转动的线速度，φ 为轮子与 y_r 的夹角。

系统的运动学方程如下：

$$\begin{aligned} v_1 &= -\dot{x}_a\sin(\varphi+\dot{\theta})+\dot{y}\cos(\varphi+\dot{\theta})+L\dot{\theta} \\ v_2 &= -\dot{x}_a\sin(\varphi-\dot{\theta})-\dot{y}\cos(\varphi-\dot{\theta})+L\dot{\theta} \\ v_3 &= \dot{x}_a\cos\dot{\theta}+\dot{y}_a\sin\theta+L\dot{\theta} \end{aligned} \tag{2.11}$$

考虑到机器人的实际结构以及所设立的坐标系的客观情况可知：$\varphi=30°$，将其代入式(2.11)并写成矩阵形式可以得到三轮全向底盘运动学模型：

$$\begin{bmatrix} v_1 \\ v_2 \\ v_3 \end{bmatrix} = \begin{bmatrix} -\sin(30^\circ+\theta) & \cos(30^\circ+\theta) & L \\ -\sin(30^\circ-\theta) & -\cos(30^\circ+\theta) & L \\ \cos\theta & \sin\theta & L \end{bmatrix} \begin{bmatrix} \dot{x}_a \\ \dot{y}_a \\ \dot{\theta} \end{bmatrix} \tag{2.12}$$

式(2.12)描述了三轮全向移动机器人在地面坐标系中的运动的速度与驱动轮线速度之间的关系。

2）四轮 Mecanum 轮全向移动机构

图 2.8 为四轮 Mecanum 轮全向移动底盘的一种布置方式。通过使用特殊设计的 Mecanum 轮，底盘可以在轮子直列布置的时候依然拥有全向移动的能力，与三轮全向移动机构相比具有以下优点：

(1) 比三轮全向移动底盘更大的驱动力、负载能力以及更好的通过性。

(2) 在四个轮子分别安装有电机的情况下，四轮 Mecanum 轮全向移动底盘能拥有冗余，在一个轮子故障的情况下依然能够运行。

但四轮 Mecanum 轮全向移动底盘的成本更高，更不易于维护。由于增加了一个轮子，其在不平整的地面上行进时极有可能出现一个轮子悬空的情况，这将导致机器人在计算轮速时产生较大的误差。

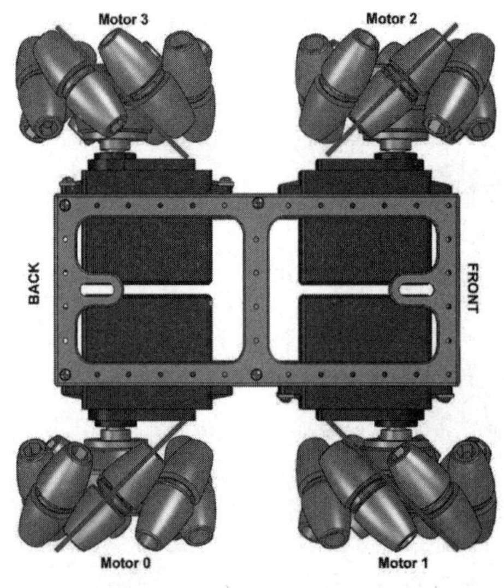

图 2.8　四轮 Mecanum 轮全向移动底盘

2.1.2　履带式移动机构

履带机器人因其通行能力强，速度快，常用于灾难救援、抢险、科考、排爆、军事侦察等高危险场合，作业环境可能为比较规则的结构化环境，也有可能为地面软硬相间、平坦与崎岖并存、地形比较复杂且难以预测的非结构化环境。履带式移动机器人如图 2.9 所示。

履带式移动机构的特征是将圆环状的无限轨道履带卷绕在多个车轮上，使车轮不直接同地面接触，利用履带可以缓和地面的凹凸不平，具有稳定性好、越野能力和地面适应能力强、牵引力大等优点。但履带式移动机构结构复杂、重量大、能量消耗大、减振性能差和零件易损坏。

图 2.9　履带式移动机器人

常用履带通常为方形或倒梯形，如图 2.10 所示，履带机构主要由履带板、主动轮、从动轮、支撑轮、托带轮和伺服驱动电机组成。方形履带的驱动轮和导向轮兼作支撑轮，因此增大了与地面之间的接触面积，稳定性较好，如图 2.10(a)所示。梯形履带的驱动轮和导向轮高于地面，同方形履带相比具有更高的障碍穿越能力，如图 2.10(b)所示。

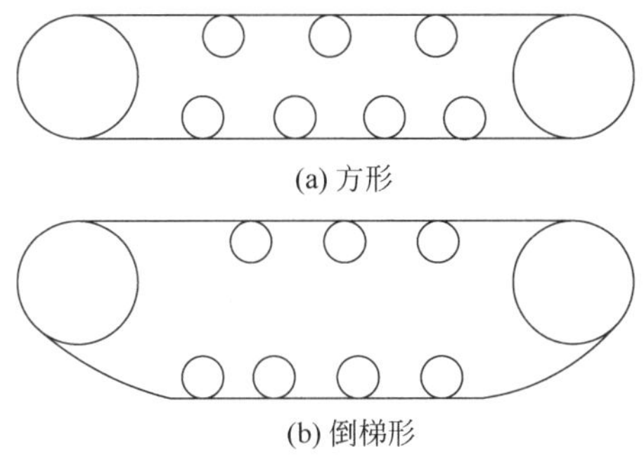

(a) 方形

(b) 倒梯形

图 2.10　履带移动机构

为进一步改善对地面环境的适应能力和越障能力，履带结构衍生出很多派生机构。图 2.11 给出了一种典型的带前摆臂的关节式履带移动机构。

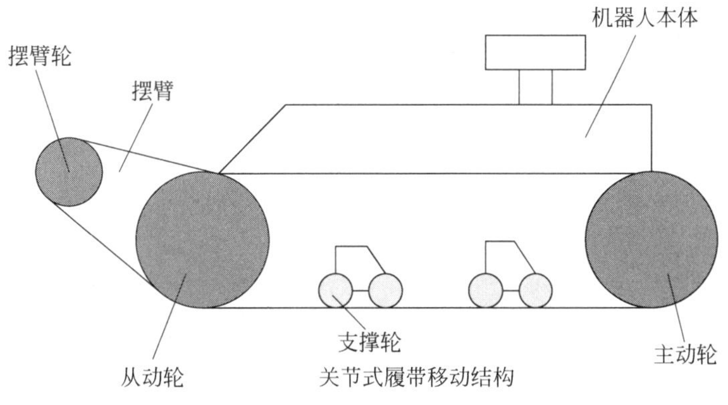

图 2.11　关节式履带移动机构

1. 同步带/齿形带

同步带/齿形带传动具有带传动、链传动和齿轮传动的优点。同步带传动由于带与带轮是靠啮合传递运动和动力，故带与带轮间无相对滑动，能保证准确的传动比。

同步带通常以钢丝绳或玻璃纤维绳为抗拉体，氯丁橡胶或聚氨酯为基体，这种带薄而且轻，故可用于较高速度的环境下。传动时的线速度可达 50m/s，传动比可达 10，效率可达 98%。传动噪音比带传动、链传动和齿轮传动小，耐磨性好，不需油润滑，寿命比摩擦带长，其主要缺点是制造和安装精度要求较高，中心距要求较严格。所以同步带广泛应用于要求传动比准确的中、小功率传动中，如家用电器、计算机、仪器及机床、化工、石油等机械。

几种常见的同步带和带轮如图 2.12 所示。

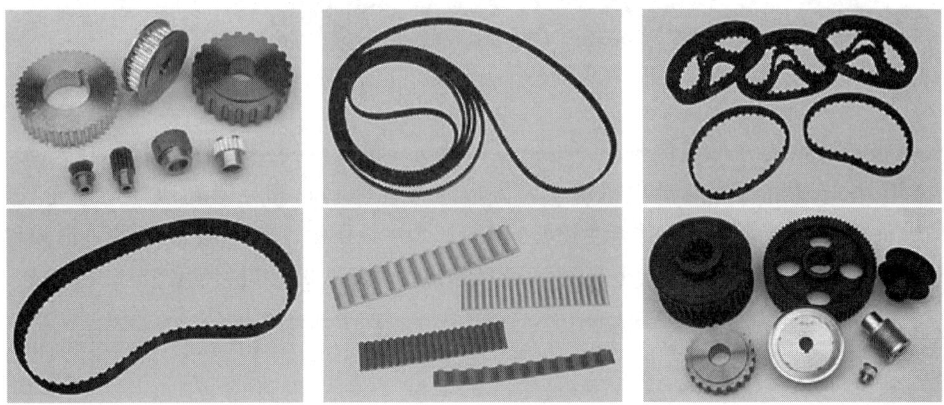

图 2.12　常见的同步带和带轮

1）同步带作为履带的优点

（1）效率高，最高效率能达到 90%以上。

（2）设计简单，只需根据标准同步带规格选择节距、齿数、长度、宽度就可以了。

2）同步带作为履带的缺点

同步带一旦选定，长度、宽度就是固定的，因此基本上属于定制，设计不同的履带式平台就需要不同的同步带，这限制了同步带作为履带应用的灵活性。

2. 活节履带

活节履带是将履带分解为单独的履块，通过轴对各个履块进行连接，类似金属表带或者自行车链条的连接方式。一种典型的活节履带如图 2.13 所示。

图 2.13　活节履带

1）活节履带的优点

单独的履块简单，可以用注塑成型的方法制造，可以以单节履块为单位任意增减，因此具有较好的灵活性；单个履块上可以装配各种类型的履带齿，适应不同地形。而且活节履带的履块中部可以设计侧向限位块，带轮无须挡边就可以防止履带从带轮侧面脱出。

2）活节履带的缺点

由于各履块之间靠连杆连接，因此连杆处受力较大，整个履带的承载能力弱于同步带式履带，并且活节履带由于履块为刚性结构，理论效率较同步带式履带低，运行噪音也会较大。

3. 一体式履带

同步带履带的最大缺点是缺乏侧向定位，带轮上需要附加挡边来防止履带脱出；活节履带的最大缺点是效率较低，且承载能力有限。对于一些较大型的履带机构，例如 100kg 以上的机器人或履带车，必须采用结合两者优点的履带以克服履带意外脱出的问题。

一体式专用履带基本结构采用同步带的形式，具备侧向定位，因此能很好地避免以上缺点。一种典型的一体式履带如图 2.14 所示。

图 2.14　一体式履带

一体式专用履带效率高，履带内侧有较大的内齿（兼作侧向限位块），履带内部通过编制钢丝网或尼龙丝网得到较高的拉伸强度，一体式柔性结构也使得运动较为平稳。但是履带设计较复杂，成本较高，多用于大型机器人。

2.1.3　足式移动机构

履带式移动机构虽可以在高低不平的地面上运动，但是它的适应性不强，行走时晃动较大，在软地面上行驶时效率低。根据调查，地球上近一半的地面不适合于传统的轮式或履带式车辆行走。

如图 2.15 所示，足式机器人顾名思义就是使用腿系统作为主要行进方式的机器人。

图 2.15　各种足式机器人

1. 足式移动机构的优势

(1) 足式移动机构对崎岖路面具有很好的适应能力，可自主选择离散的立足点，可以在可能到达的地面上选择最优的支撑点，而轮式和履带式移动机构必须面临最坏的地形上的几乎所有的点。

(2) 足式运动方式还具有主动隔振能力，尽管地面高低不平，机身的运动仍然可以相当平稳。

(3) 多自由度系统有利于保持稳定并在失去稳定条件下进行自恢复。

(4) 足式行走机构在不平地面和松软地面上的运动速度较高,能耗较少。已有的类人机器人步行研究显示,被动式可以在没有主动能量输入的情况下,完全采用重力作为驱动力完成下坡等动作。

2. 足式移动机构的设计

足式移动机构的构思来源于对腿式生物的模仿,所以,我们在设计腿式机器人时需要回归自然,对自然界的各种腿式系统进行初步的研究。在研究腿式机器人的特征时,我们主要考虑以下几个方面:

1) 腿的数目

大型的哺乳动物都有 4 条腿,而昆虫则更多,它们可能有 6 条、8 条甚至几十上百条腿。人仅靠 2 条腿也可以完美地行走,甚至可以用单腿跳跃前进。不同腿数目的维持平衡的难度是不一样的。

蜘蛛出生就能行走,4 条腿的动物刚出生还不能立刻行走,需要用几分钟甚至几个小时来尝试。2 条腿的人类需要花上几个月的时间才能学会站立、保持平衡,需要花上 1 年的时间才能行走,需要更长的时间才能跳跃、跑步、单腿站立。

在腿式机器人研究领域,世界各国已经展示了各种各样的成功的双足机器人,最出名的是日本本田的 ASIMO。四腿机器人站立不动的时候是稳定的;单腿迈动,可以保持静平衡;如果有 2 条腿同时迈动,将不能保持静平衡,行走时需要主动偏移重心,借此控制姿态。最成功的四腿机器人是美国军方的 BigDog。六腿机器人行走期间的静态稳定性特性,让机器人的平衡控制不是问题,所以六腿机器人在移动机器人领域也非常流行。

2) 腿的自由度

生物种类繁多,各种生物遵循着不同的演化过程,腿作为生物躯体最重要的部分之一,其构造也各式各样。毛毛虫的腿只有 1 个自由度,利用液压通过构建体腔和增加压力可以使腿伸展,通过释放液压可以使腿回收。而另一个极端方向,人的腿有 7 个以上的主自由度,15 个以上的肌肉群,如果算上脚趾头的自由度和肌肉群,数量更多。

机器人需要多少自由度呢? 这个是没有定论的,就像不同的生物在不同的生活环境和生活方式的刺激下,进化出了不同构造的腿一样,由于机器人运用场合的不同,对自由度的要求也不一样。

如图 2.16 所示,腿式机器人的每一条腿通常需要两个关节,从而实现提起腿、摆动向前、着地后蹬的一系列动作。如果需要面对更复杂的任务要求,则需要增加 1 个自由度,让腿更加灵活。而仿人机器人的腿的自由度则更加复杂,ASIMO 每条腿都有 6 个自由度。

3) 稳定性

(1) 静平衡。在机器人研究中,我们将不需要依靠运动过程中产生的惯性力而实现的平衡叫作静平衡。比如两轮自平衡机器人就没办法实现静平衡。

(2) 动平衡。机器人运动过程中,如果重力、惯性力、离心力等让机器人处于一个可持续的稳定状态,我们将这种稳定状态称为动平衡状态。

根据上述的分析,我们可以知道,腿越多的机器人,它的稳定性越好,当腿的数量超过 6 条之后,机器人在稳定性上就有天然的优势。

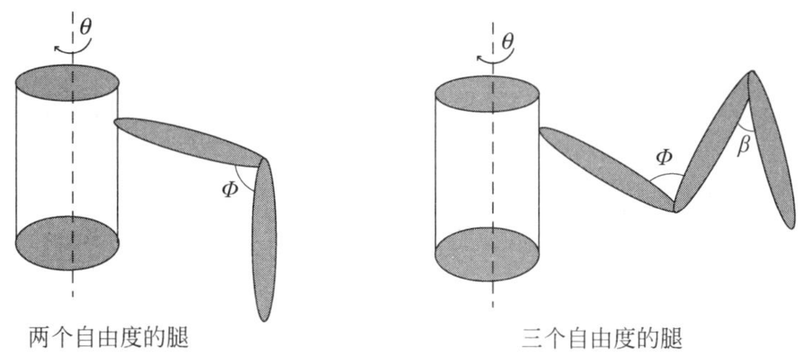

图 2.16　足式移动机构

3. 典型足式移动机构

1) 四足移动机构

2006 年,美国的波士顿动力公司研制出了第一代机械狗 BigDog,它拥有十六个主动自由度,四个被动自由度。随后波士顿动力公司又在 2008 年推出了第二代 BigDog,如图 2.17 所示,其整体尺寸为 1.1m×0.3m×1.0m,重 109kg,可负载 150kg,对角小跑速度大约为 1.6m/s,最快奔跑速度能达到 3.1m/s 。BigDog 采用液压驱动,全身拥有包括陀螺仪加速度计、关节传感器和力传感器等 50 个传感器,被认为是当前最先进的四足机器人。

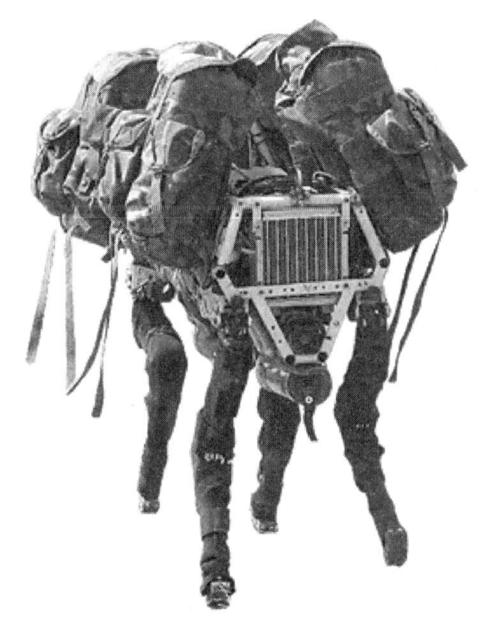
图 2.17　BigDog 图

四足机器人的常见控制方法可分为以下三类:

(1) 基于模型的控制方法。采用"建模—规划—控制"的控制思路,即首先对机器人及环境经行建模,然后通过规划得到机器人的理想运动轨迹,再利用反馈控制使机器人的运动趋近理想轨迹。在此方面,Kashi 曾通过将四足机器人当作一个带有反应轮的倒立摆模型,以此来研究机器人的姿态控制。美国麻省理工学院的 Raibert 等人提出应用虚拟腿模型来对四足机器人的动步态进行控制,并取得了较好的效果。

(2) 基于行为的控制方法。采用“感知—反射”的控制思路，能够较好地应用于非结构化环境中的机器人控制。美国的 Brooks 于 1985 年提出这种控制方法，并将其应用于六足和八足机器人的运动控制中。随后，Hube 又将这种控制方法应用到四足机器人的运动控制当中。

(3) 生物控制方法是一种融合生物科学和工程技术的新型控制方法。从 1994 年起，Kimura 一直从事动物运动系统模型的研究，并将建立的生物神经模型应用于复杂地形下的四足机器人控制，实现了机器人的自适应动态行走。Shinkichi Inagaki 通过模拟生物神经系统控制四足机器人的运动，实现了四足机器人行走、小跑和奔跑三种步态。

2) 两足步行移动机构

1968 年，英国 R. Mosher 就研制出了一台名为 Rig 的操纵型双足步行机器人，揭开了双足机器人研究的序幕。该机器人只有踝和髋两个关节，操纵者靠力反馈来保持机器人的平衡。1968～1969 年间，南斯拉夫的 M. Vukobratovic 提出了 ZMP 理论，较好地解决了动态步行稳定性判断问题，并研制出世界第一台真正的双足机器人。加藤一郎教授于 1968 首先展开了双足步行机器人的研制工作，其他著名的研究机构还有东京大学、东京理工学院和日本机械学院等。本田公司从 1986 年开始研制双足机器人，现已推出 P 系列、ASIMO 等多款仿人机器人。

人类的关节运动是靠肌肉收缩实现的。上肢有 52 对、下肢 62 对、背部 112 对、胸部 52 对、腰部 8 对、颈部 16 对、头部 25 对肌肉。要控制好具有 400 个具有双作用促动器的多变量系统，目前看几乎是不可能的。设计步行机构必须进行简化，只考虑其基本的运动功能。图 2.18 是一个具有 16 个关节点(三维特征点)三维人体骨架模型。

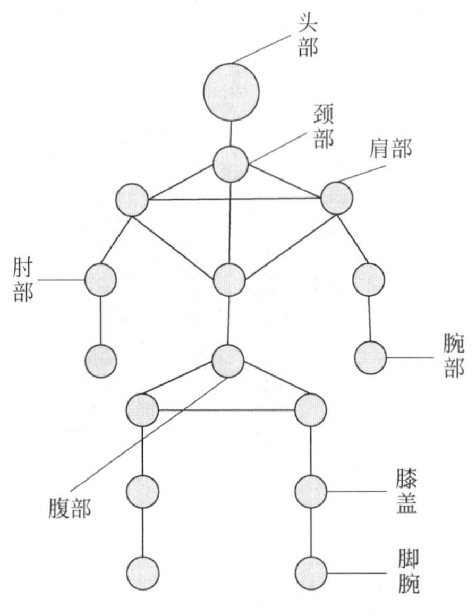

图 2.18　人体三维骨架模型

类人机器人与轮式或者其他移动机器人最大的不同点在于其用双足支撑，这一特点也是类人的表现特征之一。多年来，大量研究人员对类人机器人的稳定性判断依据进行了研究，提出了各种不同的判断依据。主要有基于零力矩点(Zero Moment Point，ZMP)、脚板转动指示法(Foot Rotation Indicator,FRI)和压力中心(Center Of Pressure,COP)等。

ZMP稳定性判断标准是指,经过机器人水平方向零力矩点的铅垂线与地面交点必须一直落在支撑凸多边形内部。通常来说,稳定性可以分为静态稳定和动态稳定。

(1) 静态稳定是指机器人的全身质心(Center Of Mass,COM)在运动的整个过程中始终落在双脚支撑域内,如果机器人在运动过程中的任何时刻停止,必将保持稳定,不会摔倒。

(2) 动态稳定是指在运动的过程中,质心可以偏离双脚支撑域外,但是ZMP点必须落在支撑域内。

在ZMP的基础上,国内外很多学者根据ZMP稳定性判断标准在类人机器人的运动控制方面做了很多的研究。不同的机器人结构(是否具有相应的传感器设备)需要根据不同的控制方法来有条件地选择最适合机器人的稳定性控制方式。

从行走方式来讲,两足行走的行走方式主要有以下三种。

(1) 静态步行:两足步行机器人靠地面反力和摩擦力来支撑,绕此合力作用点力矩为零的点称为零力矩点(ZMP)。在行走过程中,始终保持ZMP在脚的支撑面或支撑区域内。

(2) 准动态步行:把维持机器人的行走分为单脚支撑期和双脚支撑期,在单脚支撑期采用静态步行控制方式,将双脚支撑期视为倒立摆,控制重心由后脚支撑面滑到前脚支撑面。

(3) 动态步行:这是一种类人型的行走方式。在行走过程中,将整个躯体视为多连杆倒立摆,控制其姿态稳定性,并巧妙利用重力、蹬脚和摆动推动重心前移,实现两足步行。

从广义的角度考虑,类人机器人的运动规划包括动作规划、复杂运动规划、路径规划和任务规划。

(1) 动作规划的结果是指类人机器人实现某个动作需要的各个关节自由度的运动轨迹,以及实现该轨迹所需要输入的力矩的变化。

(2) 复杂运动规划则在基本动作规划之上,主要考虑规划那些使机器人能够适合人类环境的复杂运动。规划的结果除了考虑运动的稳定性之外,还可以结合运动所消耗的能量、时间等性能指标和运动的可行性方面进行研究。

(3) 路径规划是指动态环境中的避障问题,任务规划是指上升到任务级的终端决策规划。

从狭义的角度来考虑,类人机器人的运动规划只是考虑输入给定的参数和运动指令,再根据当前的环境信息,生成那些可以保证机器人全身动态稳定的运动轨迹,包括足部轨迹、躯干轨迹和手臂轨迹等。

4. 仿人机器人运动规划关键技术

1) 基于仿生学的步态规划

最早系统地研究人类和动物运动原理的是Muybridge,他发明了一种独特的摄像机,即电动式触发照相机,并在1877年成功地拍摄了许多四足动物步行和奔跑的连续照片。后来这种采用摄像机进行运动研究的方法又被Demeny用来研究人类的步行运动。1960年,前苏联学者顿斯科依发表了著作“运动生物学”,从生物力学的角度,对人体运动学、动力学、能量特征和力学特征进行了详细的论述。

基于仿生学的步态规划就是用传感器记录下人类步行时的各个数据轨迹(Human Motion Capture Data,HMCD),然后经过修正处理之后直接用于类人机器人上。基于

HMCD 的仿人机器人的运动规划流程如图 2.19 所示。

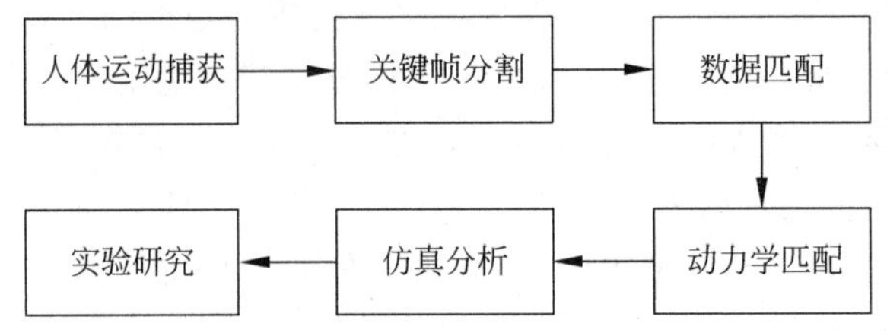

图 2.19　基于 HMCD 的仿人机器人的复杂动作设计流程

该方法可避开复杂动力学计算，通过对人类运动数据分析与修正，可得到各主要关节角度变化轨迹。根据力学相似性原理，这些函数关系可进一步推广到关节变化来规划步态，从而实现机器人的仿人运动。由于类人机器人与人体结构之间的差异，需要对人类运动的数据做进一步的分析才能应用于类人机器人上，使其更加自然地进行模拟人类的运动。

2）基于动力学模型的步态规划

基于动力学模型规划方法是根据类人机器人的简化动力学模型直接计算出重心的运动轨迹，然后利用逆运动学方程得到关节角的轨迹。

（1）倒立摆模型。ANUSZ 在 1978 年把双足机器人全身的质量假设成一点，并且假设机器人与地面的接触可以通过一个可以转动的支点实现。简单的倒立摆模型如图 2.20 所示。

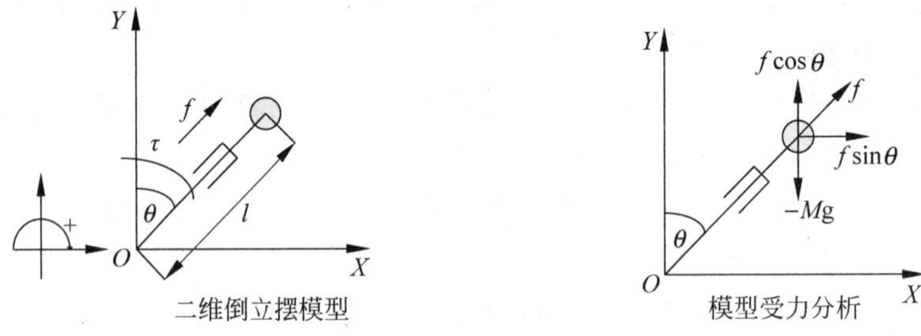

图 2.20　简单倒立摆模型

倒立摆的输入包括作用于质点的力矩 τ 和沿腿连杆方向伸缩关节上的伸缩力 f。倒立摆模型将机器人全部质量集中在机器人的质心点，机器人的腿由无质量的连杆组成，机器人与脚底接触点不存在任何力矩，倒立摆随重力特性移动。

质心受力分析可知腿部伸缩力的铅垂直分力平衡重力之后，水平分力还存在。这一分力使质心沿水平方向加速运动，相应的运动方程为：

$$M\ddot{x} = f\sin\theta \tag{2.13}$$

在伸缩力的方向上有：

$$M\text{g} = f\cos\theta \tag{2.14}$$

联立上述两式可得：

$$M\ddot{x} = \frac{M\text{g}}{\cos\theta}\sin\theta = M\text{g}\tan\theta = M\text{g}\,\frac{x}{z}$$

其中，x 和 z 为倒立摆质心位置的坐标，整理上面的方程，我们得到描述质心水平运动的微分方程：

$$\ddot{x} = \frac{g}{z}x \tag{2.15}$$

式中$\ddot{x}$为质心在 x 方向的重力加速度，g 为重力加速度。

对于单个该系统，倒立摆是不稳定的，其相轨线呈发散状态。因此，需要对倒立摆模型进行切换，选取其中靠近支撑点的低速区间作为倒立摆模型的工作区间。通过切换，每次进入该系统，机器人质心的速度降低、势能增加，当越过势能最高点后，速度反而增长，势能减少，系统趋向于发散，此时再次切换系统。这样，倒立摆每次都运行在设定的重心轨线上。由于考虑了机器人自身的动力学特性，因此生成的步态具有较高的稳定性和较强的可控性。

倒立摆模型基础上，进一步发展了桌子—小车模型。桌子—小车模型是指质量为 M 的小车放在质量可以忽略不计的桌子水平面上行走，虽然桌子支撑脚相对于小车的行走范围而言很小，当小车走向边沿时，整个系统会倒，但是当小车以某个适当的加速度运动时，桌子可以维持瞬时平衡而不倒。

Shuuji 在 2003 年对线性倒立摆模型和桌子—小车模型进行比较发现：在线性倒立摆模型中，质心的运动由 ZMP 产生，而在桌子—小车模型中，ZMP 是由质心运动生成。

(2) 连杆模型。单自由度的倒立摆模型看起来太简单，但无法完成描述类人机器人运动的特性，一些研究者对其进行了进一步的假设，摆动腿看作振摆，支撑腿看作为倒立摆。这就建立了双连杆的双倒立摆模型。Miura 和 Shimoyama 等人研究和设计了 3 连杆类人机器人。如果机器人的模型大于 5 个连杆，这对运动的描述将变得更精确，但同时却增加了系统的复杂性。

典型的 5 连杆模型是由 1 个躯干和 2 条腿组成的，其中每条腿又由 1 个大腿和 1 个小腿构成，该模型最大的好处是非常简单的，同时又可以进行有效的类人运动描述。

图 2.21 给出了一个 7 连杆的类人机器人模型。机器人身体的各个部分(先不考虑双臂和头部)由刚性的连杆组成，连杆与连杆之间由关节连接。通过控制关节的转动可以带动连杆的运动。7 个连杆分别表示 2 个脚部、2 个小腿部、2 个大腿部和 1 个上身部。

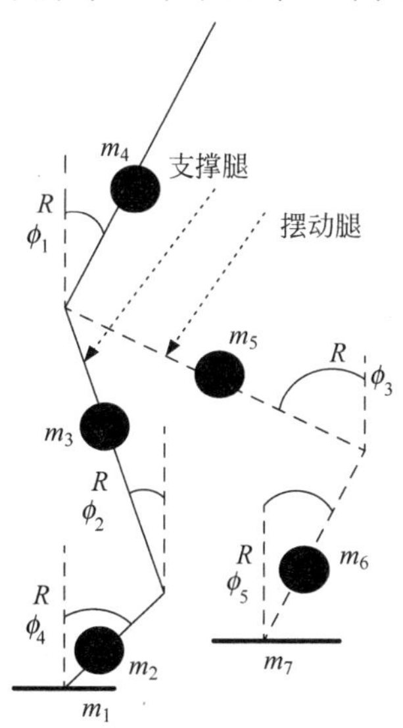

图 2.21　连杆的类人机器人模型

3）基于智能算法的步态规划

由于类人机器人多自由度的复杂模型，不进行精确建模将制约其控制的发展，而智能控制算法的优点在于不需要精确的建模，同时可以改进算法的适应性和鲁棒性。在类人机器人上使用最多的智能算法有神经网络、模糊逻辑、遗传算法、强化学习以及它们的结合构成的混合进化算法。

(1) 神经网络。神经网络具有模糊性、容错性、自适应性和具有自学习能力的特点，相比于依靠推导数学模型、参数寻优的传统控制方法，具有一定优越性，在机器人运动控制中应用日益广泛。美籍华人郑元芳博士等在1990年就提出运用神经网络的双足步行机器人步态综合方法。其基本思想是，类人机器人逆动力学模型可以由神经网络代替，可以用神经网络学习机器人逆动力学模型，根据已有的知识及传感器信息，产生类人机器人运动中各关节所需的控制力矩。

(2) 模糊逻辑。模糊逻辑控制利用人类的专家控制经验来弥补机器人动态特性中的非线性和不确定因素带来的不利影响，具有较强的鲁棒性。它可应用于控制系统的执行层，如PID参数的产生和调节。然后由于模糊控制的综合定量知识的能力差，单独的使用模糊逻辑控制机器人的步态较少，一般都是结合神经网络，构成模糊神经网络或者与强化学习等学习算法结合构成混合控制模型进行机器人的运动控制。

(3) 遗传算法。遗传算法最早是由美国Michigan大学的J. Holland博士提出的。遗传算法规划法在使用时，首先设计一个带有反馈补偿的前馈控制系统，根据这个特定的控制系统实现各个关节的力矩控制。因为实现遗传算法需要把所求的问题参数化求解，所以只能先假设某个关节的运动曲线，再用多次函数插值实现问题的参数化，最后利用遗传算法，根据稳定性条件或其他寻优条件确定问题的各个参数，达到步态规划的目的。

(4) 强化学习。强化学习的特点是试错法和延时奖励，它的这个特点使其非常适合步态学习，也符合人类学习行走的过程。Salatian等利用传感器输入使用强化学习方式对双足机器人的斜坡步行进行控制。由于类人机器人的多自由度的特点，完全应用强化学习进行步态生成将会非常的耗时，因此，强化学习基本上被用来进行局部参数的调整。例如Toddler应用强制学习获得控制器参数而Hamid应用强化学习调整CMAC生成的步态。

4）基于被动动力学步态规划

传统的仿人双足机器人大多采用跟踪预设关节轨迹的控制方法，虽然可实现类人行走和跑步，但控制机理与人类不同，且能耗性很高。例如，本田公司的ASIMO仿人机器人的行走能耗就是人类行走能耗的数十倍以上。

美国康奈尔大学的Steve等2005年在科学杂志上发表了基于被动动力学理论的步行机器人论文之后，被动动力学模型成了研究类人机器人步行的又一重要分支，并且近年来越来越受到各国研究人员的青睐。

被动动态行走被认为是一种有效并且简单的行走方法。20世纪初，一种完全被动步行的装置就已经被制造出来。早在1989年，Mcgeer从生物机械研究和该行走玩具中得到启发，声称如果通过合理的机械设计，被动动态腿部运动(无驱)将生成很自然的行走方式。如果把机器人放在一个朝下的光滑斜坡上，这种行走运动将是稳定并且能够一直保持下去。用这种方法设计的机器人，行走的效率要比当时使用参考轨迹控制方法的机器人的效率高上10倍。

McGeer认为飞机发展的历史对两足机器人研究很有启发意义，人们从设计无动力的滑翔机到有动力飞机，类似地，对无动力步行的研究可以揭示出步行的机理，有助于开发高效步行的两足机器人。他设计了无驱动、二维运动的无膝关节两足机器人，机器人可以自动走下斜坡，实现了类人的步态，而且小的外界干扰对其稳定步行没有影响。

受到McGeer方法的启发，美国康奈尔大学的Steve和Andy，麻省理工学院的Russ和荷兰代夫特大学的Martijn分别开发了基于被动动力学法的两足机器人。它们的部分关节有电机驱动，实现了平面步行，而且能量效率和人类步行效率相当，这是目前可以平面步行的两足机器人达到的最高效率。2011年5月，该团队研制的一款新机器人"漫步者"近日创造了一项新的世界纪录：在没有更换电池的情况下持续行走了40.5英里(约65千米)。

英国《每日邮报》网站消息报道称，"漫步者"用30小时49分钟2秒完成了这一壮举，时速约2千米，它在康奈尔大学操场上行走了307.75圈。人们最初为其制定的目标是26.2英里(约42公里)，但当它用20小时走完这段路程后，仍然继续前行并创造了世界纪录。为了热身，这款机器人在正式"漫步"的前一天，还在美国癌症协会举办的"为生命接力"活动中行走了30圈。

"漫步者"机器人项目受到了美国自然科学基金会的资金支持。科学家们在"漫步者"身上装了6个小型电脑，可以执行1万行的计算机代码。这款机器人的总重约10千克，其中锂离子电池重约2.7千克。它的身上装有4个电动机，其中一个控制外侧两条腿上的踝关节，一个操控内侧两条腿上的踝关节，还有一个掌控双腿的摆动。剩下的一个则是控制内腿的弯曲以把握方向。与大多数机器人不同的是，"漫步者"在行走时保持平衡的方式更接近真人。此外，它还更加节能。研制这款机器人的项目负责人称："我们已经实现了用5美分(约0.32元)的电让机器人行走186 076步，而且没有跌倒。"图2.22为"漫步者"实物图。

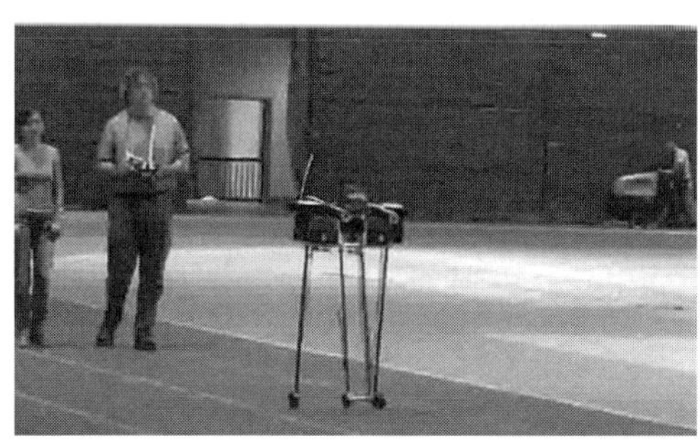

图2.22　漫步者

2.2　机器人的运动控制

2.2.1　运动控制任务

在二维平面上运动的移动机器人的主要有以下三种控制任务，即姿态稳定控制、路径跟踪控制、轨迹跟踪控制。下面以三轮移动机器人为例对这三种控制任务进行说明。

1. 姿态稳定控制

如图2.23所示从任意初始姿态$\boldsymbol{\xi}=(x_0 \quad y_0 \quad \theta_0)^{\mathrm{T}}$自由运动到末姿态$\boldsymbol{\xi}_f=(x_f \quad y_f \quad \theta_f)^{\mathrm{T}}$

是移动机器人姿态控制的主要目标，其在运动过程中没有预定轨迹限制，同时也不考虑障碍的存在。

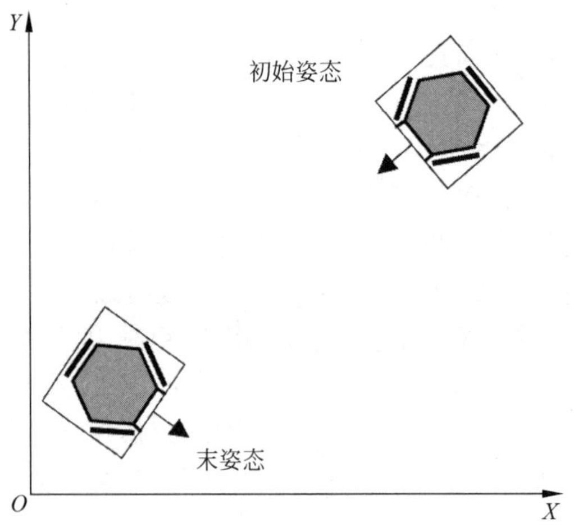

图 2.23　移动机器人姿态稳定控制示意图

2. 路径跟踪控制

如图 2.24 所示，路径跟踪控制是控制机器人以恒定的前向速度跟踪给定的几何路径，并不存在时间约束条件。路径跟踪忽略了对运动时间的要求而偏重对跟踪精度的要求。通过对路径跟踪的研究可以验证部分针对机器人的运动控制算法，因而具有较好的理论研究价值。但因没有时间约束而不易预测机器人在某一时刻的位置，所以相对于轨迹跟踪控制使用较少。

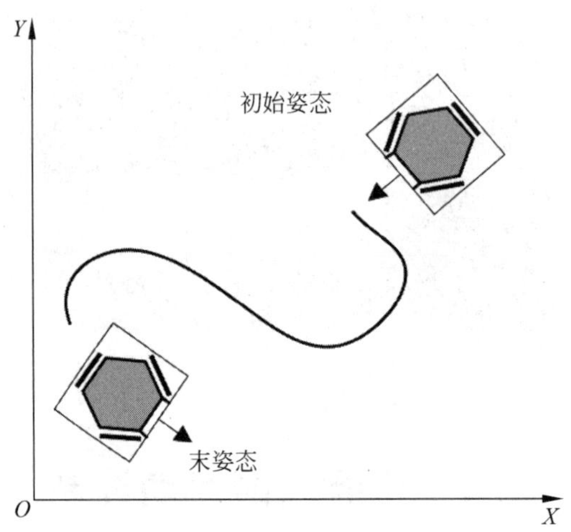

图 2.24　移动机器人路径跟踪控制示意图

3. 轨迹跟踪控制

如图 2.25 所示，相对于路径跟踪控制，轨迹跟踪控制要求在跟踪给定几何路径的公式加入了时间约束，即控制三轮全向移动机器人上的某一参考点跟踪一条连续的几何轨迹。一般的，用一个以时间为变量的参数方程表示跟踪的轨迹是普遍的做法。对于三轮全向移动机器人来说，可以用表达式(2.16)来描述轨迹：

$$\zeta(t)=[x_d(t), y_d(t), \theta_d(t)], \quad t\in[0,T] \tag{2.16}$$

对于存在运动约束的双轮差动移动机器人来说，其轨迹跟踪中没有 $\theta_d(t)$ 这一项。

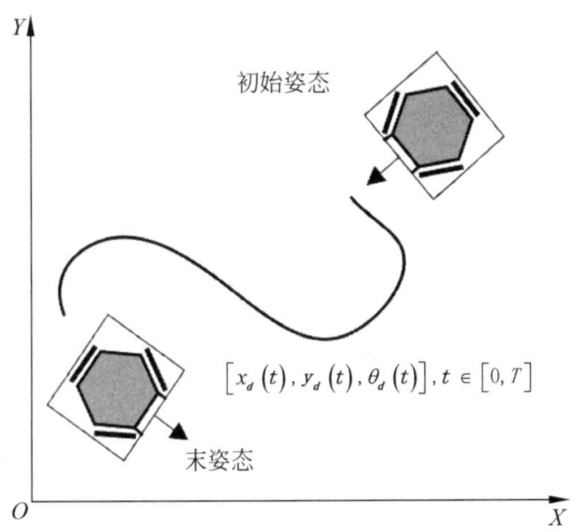

图 2.25　移动机器人轨迹跟踪控制示意图

机器人在运动时需要及时躲避这些可能的障碍物。对此要求机器人可以事先规划出一条运动轨迹，从当前位置出发，让机器人跟踪这条轨迹以躲避障碍物。因此，轨迹控制对于移动机器人运动控制来说是一项重要任务。

无论移动机器人采用何种移动机构、执行何种控制任务，其底层控制通常可以分为速度控制、位置控制以及航向角控制等几种基本模式，而运动控制的实现最终都将转化为电动机的控制问题。

2.2.2　速度控制

为简化问题的复杂性，通常不对机器人直接进行转矩控制，而将机器人近似看成恒转矩负载，则机器人的速度可以转化为带负载的直流电机转速控制。机器人速度控制的结构如图 2.26 所示。

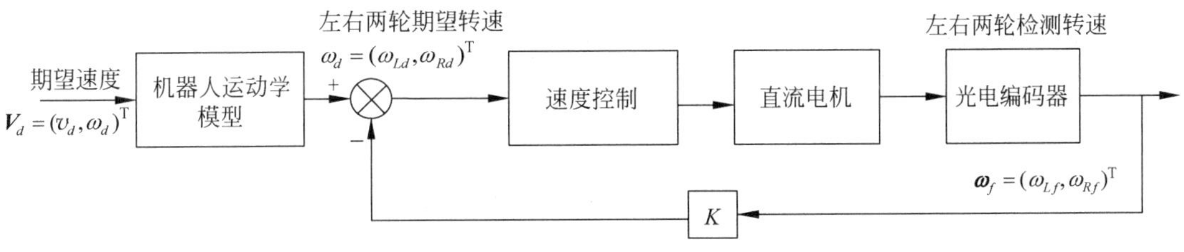

图 2.26　机器人速度控制结构

2.2.3　位置控制

机器人的位置控制模式框图如图 2.27 所示。期望位置和感知位置之间的位置偏差通过位置控制器和一个位置前馈环节转化成速度给定信号，借助于如图 2.27 所示结构的速度内环将位置控制问题转化成了电机的转速控制问题，进而实现移动机器人的位置控制。

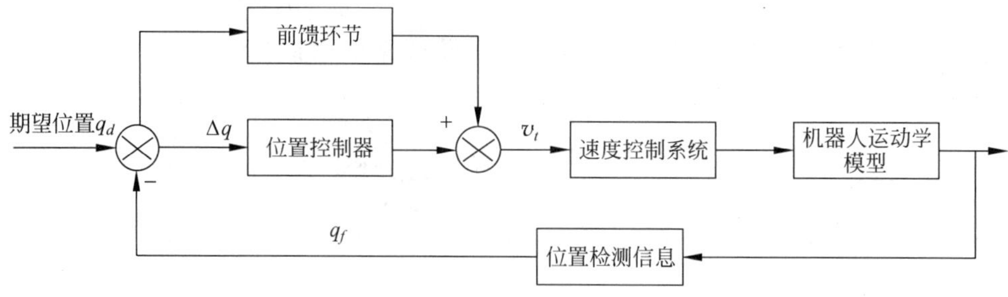

图 2.27　机器人位置控制结构

2.2.4　航向角控制

航向控制是路径跟踪的基础，其控制结构框图如图 2.28 所示。移动机器人的位置偏差和航向偏差最终都将转化成转速偏差的控制。这就需要根据机器人当前状态来规划航向控制，航向控制借助于两轮之间的位移差来实现。

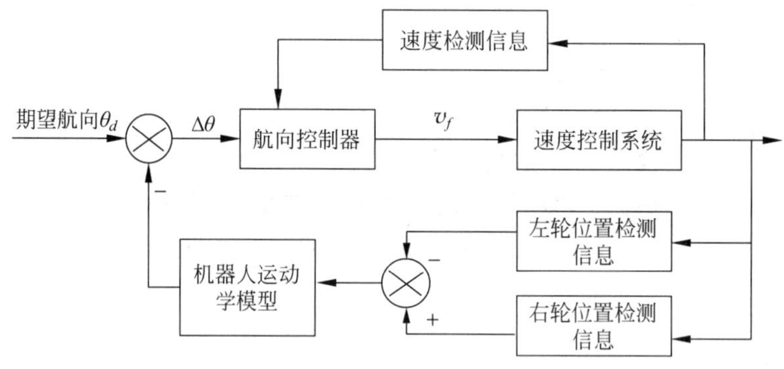

图 2.28　机器人航向控制结构

2.3　机器人的控制策略

常用的控制算法主要包括 PID 控制、变结构控制、自适应控制、模糊控制、神经网络控制、视觉伺服控制等。

2.3.1　PID 控制

如图 2.29 所示，PID 控制算法结构简单、易于实现，并具较强的鲁棒性，被广泛应用于机器人控制及其他各种工业过程控制中。当被控对象的结构和参数不能完全掌握，或得不到精确的数学模型时，应用 PID 控制技术最为方便，系统控制器的结构和参数可以依靠经验和现场调试来确定。PID 控制器参数整定是否合适，是其能否在实用中得到好的控制效果的前提。

PID 控制算法参数的整定就是选择 PID 算法中的 k_p、k_i、k_d 几个参数，使相应的计算机控制系统输出的动态响应满足某种性能要求。

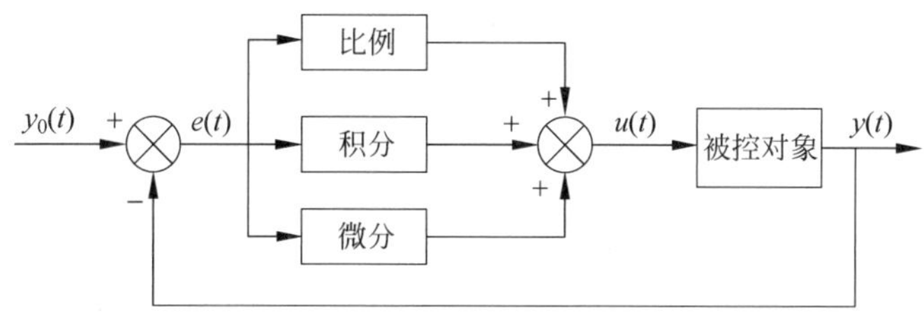

图 2.29　PID 控制结构

参数的整定有两种可用的方法，理论设计法和实验确定法。用理论设计法确定 PID 控制参数的前提是要有被控对象准确的数学模型，这在一般工业上很难做到。因此，用实验确定法来选择 PID 控制参数的方法便成为经常采用而行之有效的方法。它通过仿真和实际运行，观察系统对典型输入作用的响应曲线，根据各控制参数对系统的影响，反复调节实验，直到满意为止，从而确定 PID 参数。

2.3.2 自适应控制

自适应控制从应用角度大体上可以归纳成两类，即模型参考自适应控制和自校正控制。如图 2.30 所示，模型参考自适应控制的基本思想是在控制器—控制对象组成的闭环回路外，再建立一个由参考模型和自适应机构组成的附加调节回路。参考模型的输出（状态）就是系统的理想输出（状态）。

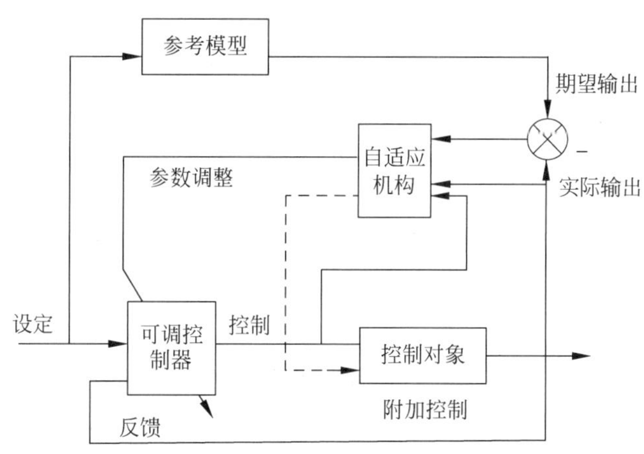

图 2.30　模型参考自适应控制结构

当运行过程中对象的参数或特性变化时，误差进入自适应机构，经过由自适应规律所决定的运算，产生适当的调整作用，改变控制器的参数，或者产生等效的附加控制作用，力图使实际输出与参考模型输出一致。

2.3.3 变结构控制

变结构控制本质上是一类特殊的非线性控制，其非线性表现为控制的不连续性。如图 2.31 所示。这种控制策略与其他控制的不同之处在于系统的“结构”并不固定，而是可以在动态过程中，根据系统当时的状态（如偏差及各阶导数等），以跃变的方式、有目的地不断变化，迫使系统按预定的“滑动模态”的状态轨迹运动。它在非线性控制和数控机床、机器人等伺服系统以及电机转速控制等领域中获得了许多成功的应用。

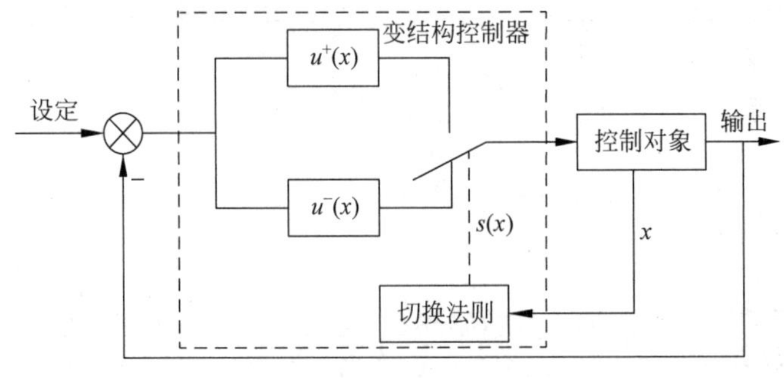

图 2.31 系统结构图

2.3.4 神经网络控制

人工神经网络由于其固有的任意非线性函数逼近优势，广泛应用于各种非线性工程领域。神经网络控制就是其中一个重要方面，这是由于其非线性映射能力、实时处理能力和容错能力使然。神经元网络控制应用领域，目前用得较多的神经网络结构为多层前向网络和径向基函数网络。BP 神经网络结构如图 2.32 所示。

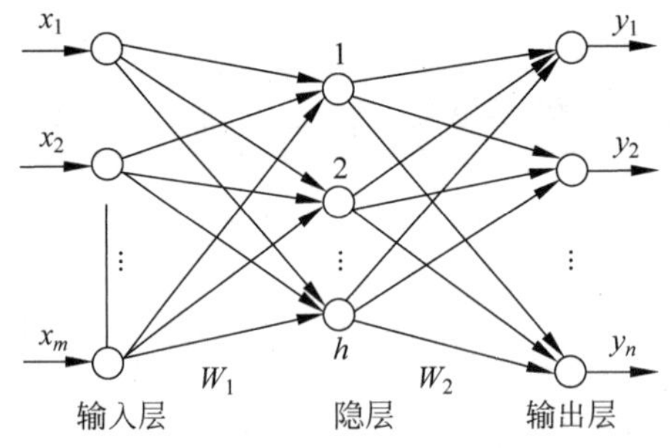

图 2.32 BP 神经网络的结构

为简单起见，该网络模型表示为单隐层。假设多层神经网络由 m 个输入层节点、h 个隐层节点、n 个输出层节点的组成。输入层与隐层的权值矩阵为 $\boldsymbol{W}_1$，隐层和输出层的权值矩阵为 $\boldsymbol{W}_2$。隐层与输出层的阈值水平分别是 B_1 和 B_2。那么神经网络输出与输入的向量映射关系可表示为：

$$Y = F_2(\boldsymbol{W}_2 * F_1(\boldsymbol{W}_1 * X + B_1) + B_2) \tag{2.17}$$

这里，F_1 表示隐层非线性转移函数，F_2 表示输出层非线性转移函数。显然，神经网络所隐含的知识便分布于网络的权重 $\boldsymbol{W}_1$ 与 $\boldsymbol{W}_2$ 中。神经网络为完成某项工作，必须经过训练。它利用对象的输入输出数据对，经过误差校正反馈，调整网络权值和阈值，从而得到输出与输入的对应关系。误差校正反馈的目标函数通常是基于最小均方误差的，即 $E = \frac{1}{2}\sum_{p=1}^{N}(\boldsymbol{D}_p - \boldsymbol{Y}_p)^2$。误差反向传播算法（BP 算法）是按照误差函数的负梯度方向来修改权参数 $\boldsymbol{W}_1$ 与 $\boldsymbol{W}_2$。

神经网络控制常用的基本策略有：

1. 神经网络监督控制

神经网络对其他控制器进行学习，然后逐渐取代原有控制器的方法，称为神经网络监督控制。神经元网络学习一组表明系统操作策略的训练样本，掌握从传感器输入到执行器控制行为间的映射关系。

神经网络监督控制的结构如图 2.33 所示。神经网络控制器建立的是被控对象的逆模型，实际上是一个前馈控制器。神经网络控制器通过对原有控制器的输出进行学习，在线调整网络的权值，使反馈控制输入 $u_p(t)$ 趋近于零，从而使神经网络控制器逐渐在控制作用中占据主导地位，最终取消反馈控制器的作用。一旦系统出现干扰，反馈控制器重新起作用。因此，这种前馈加反馈的监督控制方法，不仅可以确保控制系统的稳定性和鲁棒性，而且可有效地提高系统的精度和自适应能力。

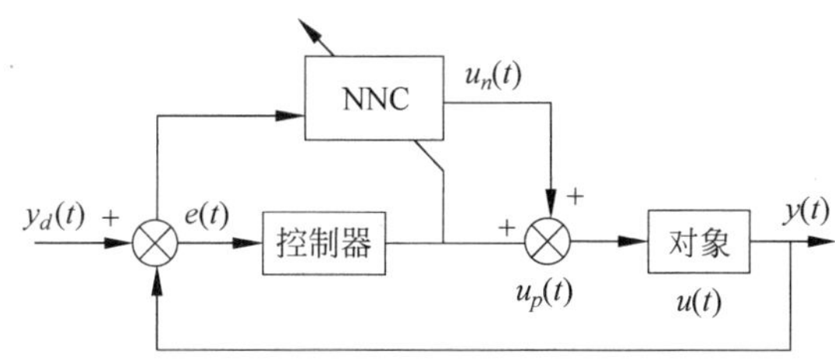

图 2.33　神经网络监督控制

2. 神经网络直接逆控制

神经网络直接逆控制就是将被控对象的神经网络逆模型，直接与被控对象串联起来，以便使期望输出（即网络输入）与对象实际输出之间的传递函数等于 1，从而在将此网络作为前馈控制器后，使被控对象的输出为期望输出。

该法的可用性在相当程度上取决于逆模型的准确程度。由于缺乏反馈，简单连接的直接逆控制将缺乏鲁棒性。因此，一般应使其具有在线学习能力，即逆模型的连接权必须能够在线修正。

图 2.34 给出了神经网络直接逆控制的两种结构方案。在图 2.34 (a)中，NN1 和 NN2 具有完全相同的网络结构（逆模型），并且采用相同的学习算法，分别实现对象的逆。在图 2.34 (b)中，神经网络 NN 通过评价函数进行学习，实现对象的逆控制。

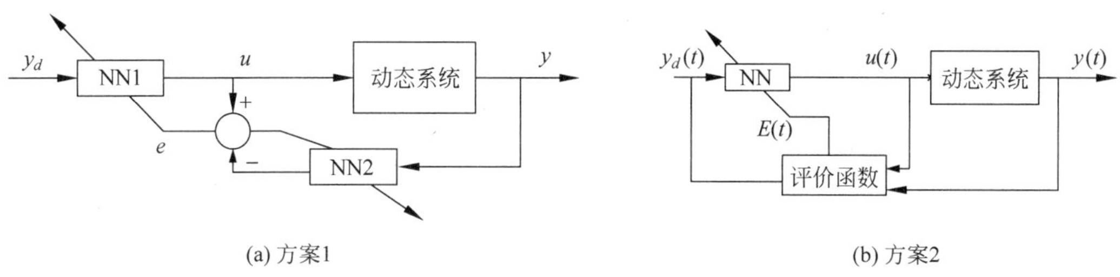

图 2.34　神经网络直接逆控制

3. 神经网络自适应控制

神经网络自适应控制主要是利用神经网络作为自适应控制中的参考模型。从应用角度自适应控制大体上可以归纳成两类，即模型参考自适应控制和自校正控制。

2.3.5 模糊控制

1. 基本模糊控制

模糊控制的核心部分是模糊控制器，其基本结构如图 2.35 所示，它主要包括输入量的模糊化、模糊推理和逆模糊化(或称模糊判决)三部分。

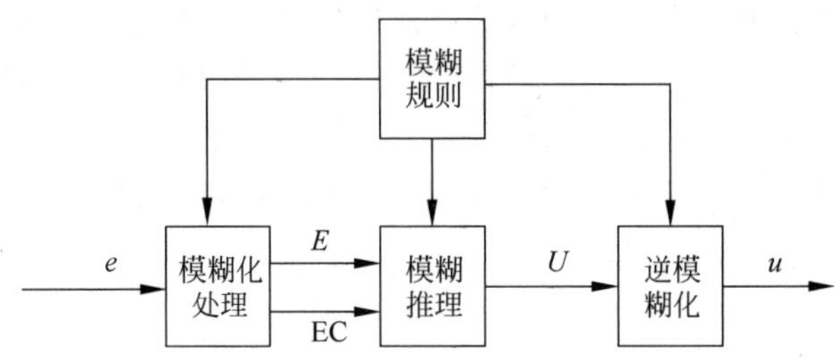

图 2.35 模糊控制器的基本结构

模糊控制器的实现可由模糊控制通用芯片实现或由计算机(或微处理机)的程序来实现，用计算机实现的具体过程如下：

(1) 求系统给定值与反馈值的误差$\dot{e}$。微机通过采样获得系统被控量的精确值，然后将其与给定值比较，得到系统的误差。

(2) 计算误差变化率：$\dot{e}$即$\frac{\mathrm{d}e}{\mathrm{d}t}$。这里，对误差求微分，指的是在一个 A/D 采样周期内求误差的变化。

(3) 输入量的模糊化。由前边得到的误差及误差变化率都是精确值，那么，必须将其模糊化变成模糊量 E,EC。同时，把语言变量 E,EC 的语言值化为某适当论域上模糊子集(如“大”、“小”、“快”、“慢”等)。

(4) 控制规则。它是模糊控制器的核心，是专家的知识或现场操作人员经验的一种体现，即控制中所需要的策略。控制规则的条数可能有很多条，那么需要求出总的控制规则 R，作为模糊推理的依据。

(5) 模糊推理。输入量模糊化后的语言变量 E,EC(具有一定的语言值)作为模糊推理部分的输入，再由 E,EC 和总的控制规则 R，根据推理合成规则进行模糊推理得到模糊控制量 U 为：

$$U = (E \times \mathrm{EC})^{T_1} * R \tag{2.18}$$

(6) 反模糊化。为了对被控对象施加精确的控制，必须将模糊控制量转化为精确量 u，即反模糊化。

(7) 计算机执行完(1)～(6)步骤后，即完成了对被控对象的一步控制，然后等到下一次 A/D 采样，再进行第二步控制，这样循环下去，就完成了对被控对象的控制。

2. 模糊 PID 控制

根据模糊数学的理论和方法，将操作人员的调整经验和技术知识总结成为 IF(条件)、THEN(结果)形式的模糊规则，并把这些模糊规则及相关信息(如初始的 PID 参数)存入计算机中。在 PID 参数预整定的基础上，根据检测回路的响应情况，计算出采样时刻的偏差 e

及偏差的变化率 e，输入控制器，运用模糊推理，得出 PID 控制器的三个修正参数 Δk_p、Δk_i、Δk_d，再加上预整定的参数 Δk_{p0}、Δk_{i0}、Δk_{d0} 即可得到该时刻的 k_p、k_i、k_d，实现对 PID 最佳调整，模糊 PID 的结构原理如图 2.36 所示。

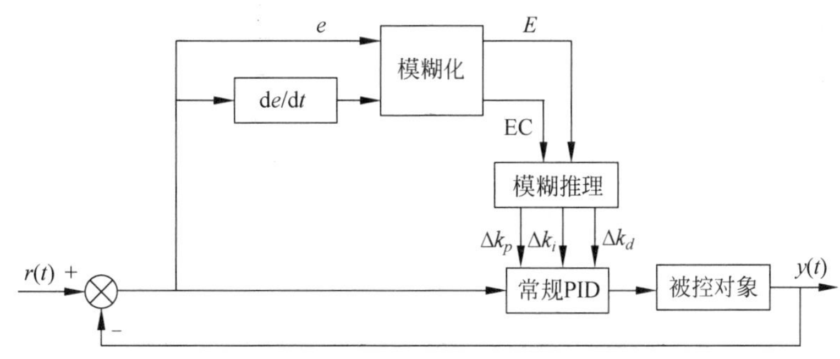

图 2.36　模糊 PID 的结构原理图

2.4　机器人的驱动技术

移动机器人的驱动系统包括执行器的驱动系统和机器人本体的驱动系统。执行器的驱动系统相当于人的肌肉，它通过移动或转动连杆来控制机器人的执行机构的动作状态，以完成不同的任务。

移动机器人的驱动系统主要采用以下几种驱动器：电动机（包括伺服电机、步进电机、直接驱动电机），液压驱动器，气动驱动器，形状记忆金属驱动器，磁性伸缩驱动器。其中，电动机尤其伺服电机是最常用的机器人驱动器。

水下机器鱼一般采用直流电机作为驱动源，带动曲柄机构产生拍动的动作来推动机器鱼前行。仿人机器人一般采用永磁式直流伺服电机作为驱动手部、腰部及腿部关节的运动。常见的轮式移动机器人也采用直流伺服电机来驱动。

机器人驱动系统中的电机不同于一般的电动机，它具有下列特点及要求：

（1）可控性。驱动电机是将控制信号转变为机械运动的元件，可控性非常重要。

（2）高精度。要精确地使机械运动满足系统的要求，必须要求电动机具有高精度。

（3）可靠性。电动机的可靠性关系到整个机器人的可靠性。

（4）快速性。在有些系统中，控制指令经常变化，有些变化非常迅速，所以要求电动机能做出快速响应。

（5）环境适应性。驱动电机要有良好的环境适应性，往往比一般电动机的环境要求高许多。

2.4.1　直流伺服电动机

从结构上讲目前的直流伺服电动机，就是小功率的直流电动机。尽管近年来直流电动机不断受到交流电动机及其他电动机的挑战，但是直流有刷电机由于其功率密度大、尺寸小、控制相对简单、不需要交流电等优点，目前被大量使用在移动机器人等场合。

1. 特点

直流伺服电动机的优点表现在：

（1）具有较大的转矩，以克服传动装置的摩擦转矩和负载转矩。

（2）调速范围宽，且运行速度平稳。

（3）具有快速响应能力，可以适应复杂的速度变化。

（4）电机的负载特性硬，有较大的过载能力，确保运行速度不受负载冲击的影响。

直流电动机存在电刷摩擦、换向火花等不利因素，但目前制造的直流电动机能够满足多数机器人应用领域的可靠性要求。

2. 转速控制方法

直流有刷电机的转速是与电压成正比的，而转矩是与电流成正比的。对于同一台直流有刷电机，电压、电流、转矩这三者之间的关系如图 2.37 所示。

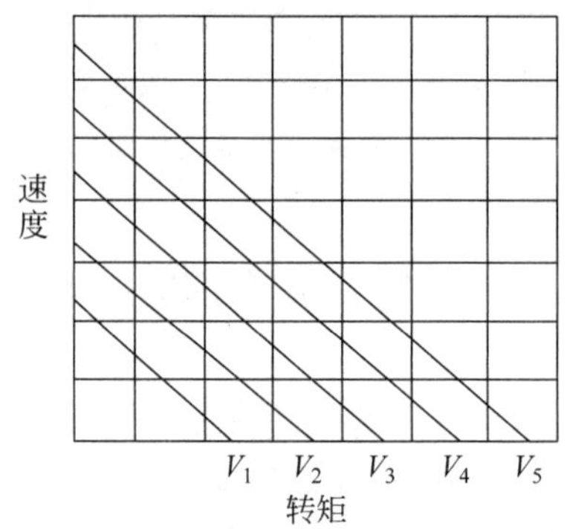

图 2.37 电压与转矩关系

其中 $V_1 \sim V_5$ 代表 5 个不同的电压，V_1 最低，V_5 最高。可以看到，在相同的电压下，速度越低，转矩越大；在相同的转矩下，电压越高，速度越大；在相同的速度下，电压越高，转矩越大。

直流电动机的转速控制方法可以分为调节励磁磁通的励磁控制方法和调节电枢电压的电枢控制方法两类。

（1）励磁控制方式在低速时受磁极饱和的限制，在高速时受换向火花和换向器结构强度的限制，并且励磁线圈电感较大，动态响应较差，所以这种控制方式用得较少；

（2）大多数应用场合都使用电枢控制方法。而在对直流电机电枢电压的控制和驱动中，对半导体器件的使用上又可分为线性放大驱动和开关驱动两种方式。

线性放大驱动方式是使半导体功率器件工作在线性区。这种方式的优点是：控制原理简单，输出波动小，线性好，对邻近电路干扰小。但是，功率器件在线性区工作时由于产生热量会消耗大部分电功率，效率和散热问题严重。因此，这种工作方式只适合用于微小功率直流电动机的驱动。

绝大多数直流电动机采用开关驱动方式，使半导体器件工作在开关状态，通过脉定调制 PWM 来控制电动机电枢电压，实现调速。这种控制方式很容易通过采用微控制器来实现。

3. 实例与动手指南

“未来之星”标准配备 FAULHABER 2342 12CR 直流电机，如图 2.38 所示（带行星齿轮减速器），其参数如表 2.2 所示。

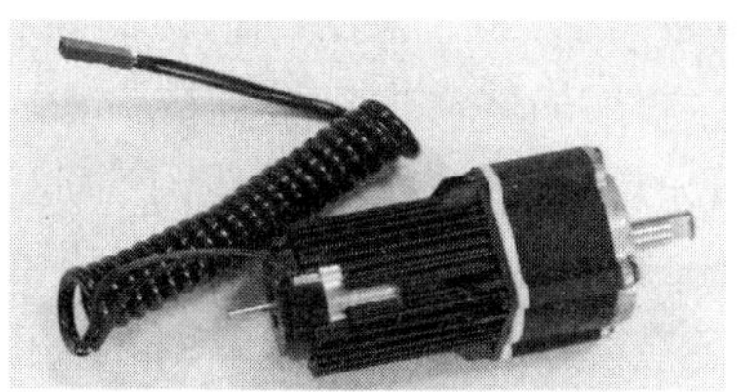

图 2.38 直流电机实物图

表 2.2 电机参数

项目	数据	说明
额定电压	12VDC	
额定电流	1.5A	工作在 12V
标称功率	17W	工作在 12V
减速器行	星齿轮减速器	减速比 63∶1
空载输出转速	120rpm	工作在 12V
空载电流	0.15A	工作在 12V
重量	140g	
尺寸	D32mm,L70mm	最大尺寸

在选用直流电机时,要注意以下几个问题:

(1) 一般考虑工作转矩的大小,良好的转矩意味着加速性能好。

(2) 尽量确保每个电机的停转转矩＞机器人的重量×轮子半径。

(3) 工作电流,该值乘以额定电压就得到电机运行的平均功率。电机长时间运转,或在高出额定电压时运行应给电机加上散热槽避免线圈熔化。

(4) 电机失效电压。

2.4.2 交流伺服电动机

交流伺服电动机本质上是一种两相异步电动机。其控制方法主要有三种,即幅值控制、相位控制和幅相控制。这种电动机的优点是结构简单、成本低、无电刷和换向器;缺点是易产生自转现象、特性非线性且较软、效率较低。

交流电动机,特别是鼠笼式感应电动机,转子惯量较直流电机小,使得动态响应更好。在同样体积下,交流电动机输出功率可比直流电动机提高 10%～70%,此外,交流电动机的容量可比直流电动机造得大,达到更高的电压和转速。现代数控机床都倾向采用交流伺服驱动。在工业领域,交流伺服驱动已有取代直流伺服驱动之势。小型机器人的设计和应用,很少有机会使用到交流电机。

2.4.3 无刷直流电动机

无刷直流电机是在有刷直流电动机的基础上发展来的,其驱动电流是不折不扣的交流。无刷直流电机又可以分为无刷速率电机和无刷力矩电机。一般地,无刷电机的驱动电流有两种,一种是梯形波(一般是方波);另一种是正弦波。有时将前一种叫直流无刷电机,后一种叫交流伺服电机,确切地讲是交流伺服电动机的一种。

无刷直流电机为了减少转动惯量，通常采用“细长”的结构。无刷直流电机在重量和体积上要比有刷直流电机小得多，相应的转动惯量可以减少40%～50%。由于永磁材料的加工问题，致使无刷直流电机一般的容量都在100kW以下。这种电动机的机械特性和调节特性的线性度好、调速范围广、寿命长、维护方便、噪声小，不存在因电刷而引起的一系列问题。

直流无刷电动机，利用电子换向器代替了机械电刷和机械换向器。因此，使这种电动机不仅保留了直流电动机的优点，而且又具有了交流电动机的结构简单、运行可靠、维护方便等优点，使它一经出现就以极快的速度发展和普及。但是，由于电子换向器较为复杂，通常尺寸也较机械式换向器大，加上控制较为复杂(通常无法做到一通电就工作)，因此在要求功率大、体积小、结构简单的场合，无刷直流电机还是无法取代有刷电机。

图2.39给出了市场上容易买到的、常用于制作机器人的几种直流无刷电机。

(a) 航模用无刷电机

(b) MAXON Motor A.G.

图2.39 直流无刷电机实物图

图2.39(a)是一种航模常用的无刷电机。其体积小、重量轻、功率很大。直径30mm的外转子无刷电机的功率可以达到300～400W。但是这些电机的转速很高，通常在10 000RPM以上，如果负载太大、转速太低的话非常容易烧毁。因此它适合用来驱动风扇、气垫船等设备。

图2.39(b)是MAXON Motor(简称MAXON)生产的高性能、高质量的空心杯无刷电机以及完整系列配套的减速机、编码器和无刷伺服驱动器高性能、高质量的空心杯无刷电机价格较贵，适合用在机器人的关键部位。MAXON Motor是一家全球范围内高精密电机和驱动系统的产品供应商，1961年创立于瑞士。此外，Faulhaber公司生产的无刷电机可提供媲美MAXON的性能和价格。Faulhaber集团是空心杯电机的发明者，也是世界最大的空心杯电机供应商。

2.4.4 直线电机

普通的电机产生的运动都是旋转。如果我们需要得到直线运动，就必须通过丝杠螺母机构或者齿轮齿条机构来把旋转运动转变为直线运动。这样显然增加了复杂性，增加了成本，降低了运动的精度。直线电机是一种特殊的无刷电机，可以理解为将无刷电机沿轴线展开，铺平；定子上的绕组被平铺在一条直线上，而永久磁钢制成的转子放在这些绕组的上方。

给这些排成一列的绕组按照特定的顺序通电，磁钢就会受到磁力吸引而运动。控制通电的顺序和规律，就可以使磁钢做直线运动。

2.4.5 空心杯直流电机

空心杯直流电机属于直流永磁电机，与普通有刷、无刷直流电机的主要区别是采用无铁芯转子，也叫空心杯型转子。该转子是直接采用导线绕制成的，没有任何其他的结构支撑这些绕线，绕线本身做成杯状，就构成了转子的结构。

空心杯电动机具有以下优势：

(1) 由于没有铁芯，极大地降低了铁损(电涡流效应造成的铁心内感应电流和发热产生的损耗)。最大的能量转换效率(衡量其节能特性的指标)。其效率一般在 70%以上，部分产品可达到 90%以上(普通铁芯电机在 15%～50%)。

(2) 激活、制动迅速，响应极快。机械时间常数小于 28 毫秒，部分产品可以达到 10 毫秒以内，在推荐运行区域内的高速运转状态下，转速调节灵敏。

(3) 可靠的运行稳定性。自适应能力强，自身转速波动能控制在 2%以内。

(4) 电磁干扰少。采用高品质的电刷、换向器结构，换向火花小，可以免去附加的抗干扰装置。

(5) 能量密度大。与同等功率的铁芯电机相比，其重量、体积减轻 1/3～1/2；转速—电压、转速—转矩、转矩—电流等对应参数都呈现标准的线性关系。

空心杯技术是一种转子的工艺和绕线技术，因此可以用于直流有刷电机和无刷电机。

2.4.6 步进电机驱动系统

步进电机是将电脉冲信号变换为相应的角位移或直线位移的元件，其角位移和线位移量与脉冲数成正比。转速或线速度与脉冲频率成正比。

步进电机的最大特点就是可以直接接受计算机的方向和速度的控制，控制信号简单，便于数字化，而且具有调速方便、定位准确、抗干扰能力强、误差不长期累积等优点。

采用步进电机作为移动机器人的动力驱动可以充分发挥其数字化控制精确的优势，通过记录脉冲数可以计算和控制机器人行走距离和转弯角度，精确地对路径进行设计和跟踪，并依靠各种传感器信息对运行进行实时修正。

对于步进电机的速度控制，理论上虽然是一个脉冲信号转动一个步距角度，但由于转动惯量，负载转矩和矩频特性等因素的存在，电机的启动、停机和调速并不能一步完成。

在负载能力允许的范围内，这些关系不因电源电压、负载大小、环境条件的波动而变化，误差不长期积累。一步进电动机驱动系统可以在一定的范围内，通过改变脉冲频率来调速，实现快速启动、正反转制动。作为一种开环数字控制系统，在小型机器人中得到较广泛的应用。但由于其存在过载能力差、调速范围相对较小、低速运动有脉动、不平衡等缺点，一般只应用于小型或简易型机器人中。

从废旧的喷墨打印机、针式打印机上通常能拆下多个步进电机。这类电机通常功率在 0.3～2W，多数还带有涡轮蜗杆减速器或者丝杠螺母传动装置，适合制作小型机器人。拆卸旧式的 3.5 寸、5 寸软盘驱动器，也可以获得小型的步进电机。

2.4.7 舵机

舵机，顾名思义是控制舵面的电动机。舵机的出现最早是作为遥控模型控制舵面、油门等机构的动力来源，但是由于舵机具有很多优秀的特性，在制作机器人时也时常能看到它的应用。

1. 舵机的结构

如图 2.40 所示，舵机主要由以下几个部分组成，即舵盘、减速齿轮组、位置反馈电位计、直流电机、控制电路板等。

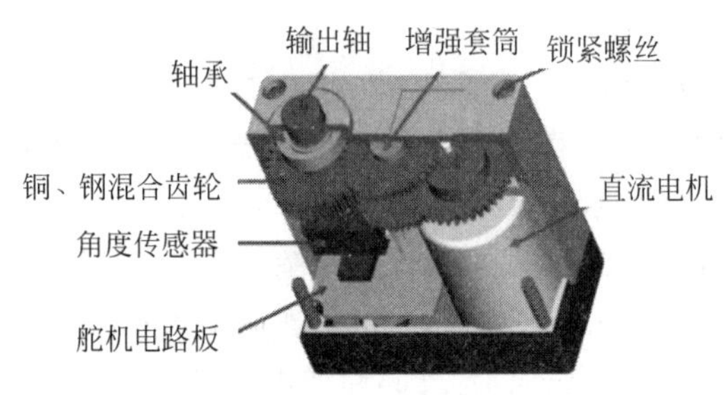

图 2.40　舵机结构图

2. 舵机的原理

舵机的原理跟伺服电机很相似，控制电路板根据控制信号解释出目标位置信息，再根据电位器输出的电压值解释出电机当前的位置，如果两个位置不一致，则控制电机转动，电机带动一系列齿轮组，减速后传动至输出舵盘，而舵盘和位置反馈电位计是相连的，舵盘转动的同时，带动位置反馈电位计，电位计输出的电压信号也随之改变，这样控制板就知道现在的转角，然后根据目标位置决定电机的转动方向和速度，从而达到目标停止。

3. 舵机的控制

给控制引脚提供一定的脉宽（TTL 电平，0V/5V），它的输出轴就会保持在一个相对应的角度上，无论外界转矩怎样改变，直到给它提供一个另外宽度的脉冲信号，它才会改变输出角度到新的对应的位置上。

可见，舵机是一种位置伺服的驱动器，转动范围一般不能超过 180°，适用于那些需要角度不断变化并可以保持的驱动当中。比方说机器人的关节、飞机的舵面等。不过也有一些特殊的舵机，转动范围可达到 5 周之多，主要用于模型帆船的收帆，俗称帆舵。

实际上，舵机的控制电路处理的并不是脉冲的宽度，而是其占空比，即高低电平之比。以周期 20ms、高电平时间 2.5ms 为例，实际上如果给出周期 10ms、高电平时间 1.25ms 的信号，对大部分舵机也可以达到一样的控制效果。但是周期不能太小，否则舵机内部的处理电路可能紊乱；这个周期也不能太长，例如，如果控制周期超过 40ms，舵机就会反应缓慢，并且在承受扭矩的时候会抖动，影响控制品质。

图 2.41 给出了适合机器人制作的几种常用的舵机：

图 2.41(a)为最常用的标准舵机，由日本 Futaba 公司生产，供电电压 4.8～6V，最大转角 185°，输出力矩 3.2kg.cm(4.8V)，速度为 0.22sec/60°(4.8V)。

图 2.41(b)为一个 5 圈转动舵机，电压 4.8～7.2V，尺寸 40mm×25mm×44mm ，最大转角 1800°，速度可达 0.5sec/60°(7.2V) ，输出力矩为 9.8kg・cm(7.2V)。

图 2.41(c)是较大扭矩标准尺寸数字舵机，高速、精确，供电电压 4.8～6V，速度为 0.14sec/60°(4.8V) ，输出力矩 6.6kg・cm(4.8V)。

(a) Futaba S3001/S3003

(b) Futaba S5801

(c) Futaba S9252

(d) HSR5995TG

图 2.41　舵机实物图

图 2.41(d)所示舵机为钛合金齿轮，双端输出，标准尺寸、高速超大扭矩数字舵机。电压 4.8～7.2V，应该是目前最高性能的机器人舵机。速度为 0.15sec/60°(6V)、0.12sec/60°(7.2V)，输出力矩可达 24kg·cm(6V)、30kg·cm(7.2V)。

2.5　机器人的电源技术

当前任何电池和电机系统都很难达到内燃机的能量密度及续航时间。通常，一台长宽高尺寸在 0.5m 左右、重 30～50kg 的移动机器人总功耗约为 50～200W(用于室外复杂地形的机器人可达到 200～400W)，而 200Wh(瓦特小时)的电池重量可达 3～5kg。因此，在没有任何电源管理技术的情况下要维持机器人连续 3～5 小时运行，就需要 600～1000Wh 的电池，重达 10～25kg。

2.5.1　机器人常见电源类型

1. 免维护蓄电池

免维护蓄电池的工作原理与普通铅蓄电池相同。放电时，正极板上的二氧化铅和负极板上的海绵状铅与电解液内的硫酸反应生成硫酸铅和水，硫酸铅则沉淀在正负极板上，而水则留在电解液内；充电时，正负极板上的硫酸铅又分别还原成二氧化铅和海绵状铅。

因此从理论上讲，免维护蓄电池即使被过充电时，其电解液中的水也不会散失。相对于传统的铅酸蓄电池，免维护蓄电池具有自放电量小、失水量小、启动性能好、使用寿命和存储寿命长等特点。

2. 镍镉/镍氢动力电池

镍镉电池是最早应用于手机、笔记本电脑等设备的电池种类，它具有良好的大电流放电特性、耐过充放电能力强、维护简单等优势。但其最致命的缺点是，在充放电过程中如果处理不当，会出现严重的“记忆效应”，使得电池容量和使用寿命大大缩短。

镍氢电池是早期的镍镉电池的替代产品，不再使用有毒的镉，可以消除重金属元素对环境带来的污染问题。

镍氢电池较耐过充电和过放电，具有较高的比能量，是镍镉电池比能量的 1.5 倍，循环寿命也比镍镉电池长，通常可达 600～800 次。但镍氢电池的大电流放电能力不如铅酸蓄电池和镍镉电池，通常能达到 5～6C，尤其是电池组串联较多，例如，20 个电池单元串联，其放电能力被限制在 2～3C。C 是以电池标称容量对照电流的一种表示方法，如电池是 1000mAh 的容量，1C 就是电流 1000mA。

3. 锂离子/锂聚合物动力电池

锂离子电池因为重量轻、容量大、无记忆效应，而且拥有非常低的自放电率、低维护性和相对短的充电时间，已被广泛应用在数码娱乐产品、通信产品等领域。

1）锂离子电池的优点

常见的锂离子电池主要是锂-亚硫酸氯电池。此系列电池具有很多优点：

(1) 放电平坦。例如，单元标称电压达 3.6～3.7V，其在常温中以等电流密度放电时，放电曲线极为平坦，整个放电过程中电压平稳。

(2) 在－40℃的情况下这类电池的电容量还可以维持在常温容量的 50%左右，远超过镍氢电池。因此其具有极为优良的低温操作性能。

(3) 再加上其年自放电率约为 2%左右，所以一次充电后存储寿命可长达 10 年以上。

2）锂离子电池存在的问题

锂离子电池价格较高，并且需要配备保护电路，因此相同能量的锂离子电池的价格是免维护铅酸蓄电池的十倍以上。相对于铅酸蓄电池、镍氢电池等具备较强的抗过充、过放电能力的电池，锂离子电池的充电和放电必须严格小心。

锂离子电池面临其他一些影响使用寿命和安全性的因素主要有：

(1) 锂离子电池单元具有严格的放电底限电压，通常为 2.5V。如果低于此电压继续放电，将严重影响电池的容量，甚至对电池造成不可恢复的损坏。

(2) 电池单元的充电截止电压必须限制在 4.2V 左右。如果过充，锂离子电池将会过热、漏气甚至发生猛烈的爆炸。因此，通常在使用锂离子电池组的时候必须配备专门的过充电、过放电保护电路。

3）锂聚合物电池

锂聚合物电池(Li-Polymer)本质是锂离子电池，但是在电解质、电极板等主要构造中至少有一项或一项以上使用高分子材料的电池系统。

新一代的聚合物锂离子电池在聚合物化的程度上已经很高，所以形状上可做到很薄(最薄为 0.5mm)、任意面积化和任意形状化，大大提高了电池造型设计的灵活性，从而可以配合产品需求，做成任何形状与容量的电池。同时，聚合物锂离子电池的单位能量比目前的一般锂离子电池提高了 50%，其容量、充放电特性、安全性、工作温度范围、循环寿命与环保性能等方面都较锂离子电池有大幅度的提高。

2.5.2 常见电池特性比较

因此，对机器人电源的选用通常有如下考虑：

(1) 除一些管道机器人、水下机器人外,移动机器人通常不能采取线缆供电的方式,必须采用电池或内燃机供电。

(2) 相对于汽车等应用,移动机器人要求电池体积小、重量轻、能量密度大。电池容量决定了机器人的工作时间和续航能力,电池尺寸和重量一定程度上决定了机器人本体的尺寸和重量。

(3) 在各种震动、冲击条件下,移动机器人要求电池应接近或者达到汽车电池的安全性、可靠性。

针对移动机器人所需的电源特性,总结以上所列的各种电池特性优缺点如表 2.3 所示。

表 2.3 电池参数

内容	铅酸蓄电池	镍镉电池	镍氢电池	锂离子电池	锂聚合物电池
能量	30～50Wh/kg	35～40Wh/kg	60～80Wh/kg	90～110Wh/kg	～130Wh/kg
密度	差	差	一般	较好	非常好
大电流放电能力	非常好	非常好	较好	较好	较好
可维护性	非常好	较好	好	一般	较好
放电曲线性能	好	好	一般	非常好	较好
循环寿命	400～600 次	300～500 次	800～1000 次	500～600 次	500～600 次
安全性	非常好	较好	较好	一般	较好
价格	低	低	较低	高	高
记忆效应	轻微	严重	较轻	轻微	轻微

第3章　智能机器人的感知系统

智能机器人的感知系统相当于人的五官和神经系统，是机器人获取外部环境信息及进行内部反馈控制的工具。感知系统将机器人各种内部状态信息和环境信息从信号转变为机器人自身或者机器人之间能够理解和应用的数据、信息甚至知识，它与机器人控制系统和决策系统组成机器人的核心。环境感知是智能机器人最基本的一种能力，感知能力的高低决定了一个移动机器人的智能性。

3.1　感知系统体系结构

机器人感知系统本质是一个传感器系统。机器人感知系统的构建包括系统需求分析、环境建模、传感器的选择等。

人、机器人在环境中的感知行为都可以按照复杂度分为以下几个等级：

(1) 反射式感知。反射式认知根据当前传感器的激励而直接引导执行器的本能响应，如人体的膝跳反射、移动机器人的简单避障行为；反射式认知不需要知识记忆。

(2) 信息融合感知。需要短期的知识记忆来综合传感器的信息，以得到外界复杂环境的局部印象。

(3) 可学习感知。能够从当前信息与历史信息中提取知识，更新对环境的认知。

(4) 自主认知。不仅仅依赖于传感器的刺激和历史经验，而且也依赖于当前执行的任务与追求的目标；能够根据当前的任务，采用柔性的行为去实施复杂的认知行动。例如，蜜蜂可以通过舞蹈来表达食物所处的方位。

可见，环境感知的更高层次是能够进行空间知识的语言描述与语言交流，感知功能模块的灵活组合以及合理的传感响应体系是实现认知行为的功能平台。

机器人感知系统的研究，也逐步从片面的、离散的、被动的感知层次，提高到全局的、关联的、主动性的认知层次上。

3.1.1　感知系统的组成

人类具有5种感觉，即视觉、嗅觉、味觉、听觉和触觉。机器人有类似人一样的感觉系统，Asimo机器人的传感器分布如图3.1所示。机器人通过传感器得到这些信息，这些信息通过传感器采集，按照不同的处理方式，可以分成视觉、力觉、触觉、接近觉等几个大类。

1. 视觉

视觉是获取信息最直观的方式，人类75%以上的信息都来自于视觉。同样，视觉系统是机器人感知系统的重要组成部分之一。视觉一般包括三个过程：图像获取、图像处理和

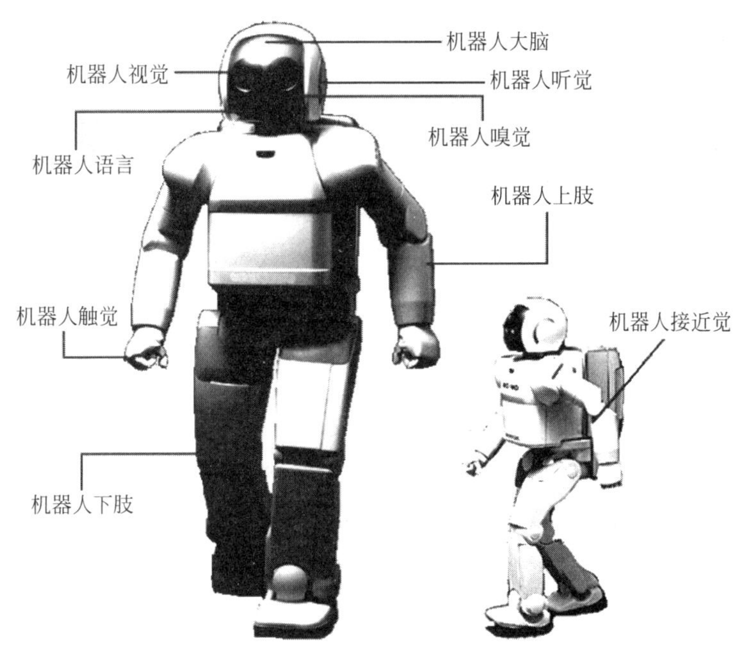

图 3.1　感知系统的组成

图像理解。

2. 触觉

机器人触觉传感系统不可能实现人体全部的触觉功能。机器人触觉的研究集中在扩展机器人能力所必需的触觉功能上。一般地，把检测感知和外部直接接触而产生的接触、压力、滑觉的传感器，称为机器人触觉传感器。

机器人力觉传感器用来检测机器人自身力与外部环境力之间相互作用力。就安装部位来讲，可以分为关节力传感器、腕力传感器和指力传感器。

接近觉传感器可广义地看作是触觉传感器中的一种，其目的是使机器人在移动或操作过程中获知目标(障碍)物的接近程度，移动机器人可以实现避障，避免机器人对目标物由于接近速度过快造成的冲击。

3. 听觉

听觉是仅次于视觉的重要感觉通道，在人的生活中起着重大的作用。机器人拥有听觉，使得机器人能够与人进行自然的人机对话，使得机器人能够听从人的指挥。达到这一目标的决定性技术是语音技术，它包括语音识别和合成技术两个方面。

4. 嗅觉

气味是物质的外部特征之一，世界上不存在非气味物质。机器人嗅觉系统通常由交叉敏感的化学传感器阵列和适当的模式识别算法组成，可用于检测、分析和鉴别各种气味。

5. 味觉传感器

海洋资源勘探机器人、食品分析机器人、烹调机器人等需要用味觉传感器进行液体成分的分析。

表 3.1 按照功能对传感器进行了总结分类。

表 3.1　传感器按照功能的分类

功　　能	传　感　器	方　　式
接触的有无	接触传感器	单点型；分布型
力的法线分量	压觉传感器	单点型；高密度集成型；分布型
剪切力接触状态变化	滑觉传感器	点接触型；线接触型；面接触型
力、力矩、力和力矩	力觉传感器；力矩传感器；力和力矩传感器	模块型；单元型
近距离的接近程度	接近觉传感器	空气式；电磁场式；电气式；光学式；声波式
距离	距离传感器	光学式(反射光量，反射时间，相位信息)；声波式(反射音量，反射时间)
倾斜角、旋转角、摆动角、摆动幅度	角度传感器(平衡觉)	旋转型；振子型；振动型
方向(合成加速度、作用力的方向)	方向传感器	万向节型；球内转动球型
姿势	姿势传感器	机械陀螺仪；光学陀螺仪；气体陀螺仪
特定物体的建模，轮廓形状的识别	视觉传感器(主动视觉)	光学式(照射光的形状为点、线、圆、螺旋线等)
作业环境识别，异常的检测	视觉传感器(被动式)	光学式；声波式

3.1.2　感知系统的分布

1. 内传感器与外传感器

1）内传感器

内传感器通常用来确定机器人在其自身坐标系内的姿态位置，是完成移动机器人运动所必需的传感器。表 3.2 为内传感器按照检测内容的分类。

表 3.2　内传感器按照检测内容的分类

检 测 内 容	传感器的方式和种类
倾斜(平衡)	静电容式、导电式、铅垂振子式、浮动磁铁式、滚动球式
方位	陀螺仪式、地磁铁式、浮动磁铁式
温度	热敏电阻、热电偶、光纤式
接触或滑动	机械式、导电橡胶式、滚子式、探针式
特定的位置或角度	限位开关、微动开关、接触式开关、光电开关
任意位置或角度	板弹簧式、电位计、直线编码器、旋转编码器
速度	陀螺仪
角速度	内置微分电路的编码器
加速度	应变仪式、伺服式
角加速度	压电式、振动式、光相位差式

2）外传感器

外传感器用于机器人本身相对其周围环境的定位，负责检测距离、接近程度和接触程度之类的变量，便于机器人的引导及物体的识别和处理。按照机器人作业的内容，外传感器通常安装在机器人的头部、肩部、腕部、臀部、腿部、足部等。

2. 多传感器信息融合

多传感器信息融合技术是通过对这些传感器及其观测信息的合理支配和使用，把多个传感器在时间和空间上的冗余或互补信息依据某种准则进行组合，以获取被观测对象的一致性解释或描述。

为获取较好的感知效果，移动机器人的多传感器有着不同的分布形式：

(1) 水平静态连接。传感器分布在同一水平面的装配方式。一般用于多个同一类型传感器互相配合使用的场合，传感器具有零自由度。

(2) 非水平静态连接。传感器不在同一水平面上分布。多种不同类型不同特点的传感器常常采用，传感器具有零自由度。

(3) 水平动态连接。传感器分布在同一个水平面，且至少具有一个自由度。一般用于多个同一类型传感器互相配合。

(4) 非水平动态连接。传感器不在同一水平面分布，且至少具有一个自由度。多种不同类型不同特点的传感器常常采用。

(5) 动态与静态混合连接。多个传感器既有静态连接又存在动态连接和动静结合的连接方式。

3. 无线传感器网络

无线传感器网络(Wireless Sensor Network，WSN)是由部属在监测区域内大量的廉价微型传感器节点组成的，通过无线通信方式形成的一个多跳的、自组织的网络系统。

无线传感器网络显著地扩展了移动机器人的感知空间，提高了移动机器人的感知能力，为移动机器人的智能开发、机器人间合作与协调，以及机器人应用范围的拓展提供了可能。

另外，由于移动机器人具有机动灵活和自治能力强等优点，将其作为无线传感器网络的节点，可以很方便地改变无线传感器网络的拓扑结构和改善网络的动态性能。因此，无线传感器网络和机器人技术相结合可以有效地改善和提高系统的整体性能，成为移动机器人与传感器网络发展的必然趋势。

3.2 距离/位置测量

机器人测距系统主要完成如下功能：

(1) 实时地检测自身所处空间的位置，用以进行自定位。

(2) 实时地检测障碍物距离和方向，为行动决策提供依据。

(3) 检测目标姿态以及进行简单形体的识别，用于导航及目标跟踪。

如图 3.2 所示，非接触测定空间距离的方法大体可以按以下几种角度进行分类。

(1) 根据测量的介质可以分为超声波传感器和激光或红外线等光学距离传感器。

(2) 根据测量方式可以分为主动型(向被测对象物体主动照射超声波或光线)和被动型(不向对象物体照射光线，仅依据发自对象物体的光线)。

(3) 光学距离传感器有主动型和被动型之分。主动型依据的测量原理有三类，即基于三角测量原理的方法、调制光相位差的方法、基于反射光强度的方法；被动型依据的测量原

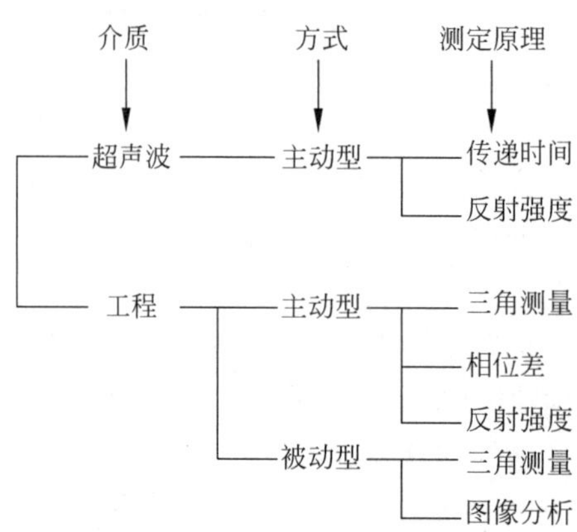

图 3.2 传感器的分类

理有两类，即基于多个摄像机的立体视觉三角测量法、基于单个摄像机获得单张图像加以分析得到距离信息的方法。

3.2.1 声呐测距

由于测距声呐信息处理简单、速度快和价格低，被广泛用作移动机器人的测距传感器，以实现避障、定位、环境建模和导航等功能。

1. 基本原理

超声波是频率高于 20kHz 的声波，它方向性好，穿透能力强，易于获得较集中的声能。脉冲回波法通过测量超声波经反射到达接收传感器的时间和发射时间之差来实现机器人与障碍物之间的测距，也叫渡越时间法。该方法简单实用，应用广泛，其原理如图 3.3 所示。

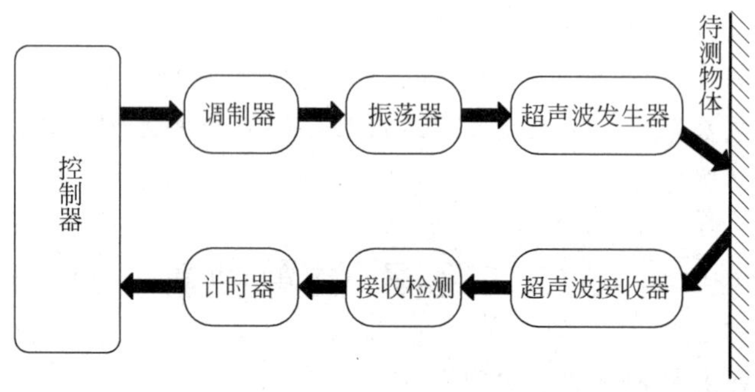

图 3.3 脉冲回波测距原理图

发射传感器向空气中发射超声波脉冲，超声波脉冲遇到被测物体反射回来，由接收传感器检测回波信号。若测出第一个回波达到的时间与发射脉冲间的时间差 t，即可算得传感器与反射点间的距离 s。

$$s=\frac{c}{2}t \tag{3.1}$$

式中，c 为材料中的声速，t 为声波的往返传播时间。

脉冲回波方法仅需要一个超声波换能器来完成发射和接收功能，但同时收发的测量方式又导致了“死区”的存在。因为距离太近，传感器无法分辨发射波束与反射波束。通常，脉冲回波模式超声波测距系统不能测量小于几个厘米的范围。

超声波还有回波衰减、折射等缺点。超声波阵列测量，还有交叉感应(A 传感器的发射回波被 B 传感器接收到)，扫描频率低(一般不超过 100Hz，轮询扫描式不超过 10Hz)等问题。

2. 典型器件

(1) 如图 3.4 所示，Polaroid 600 系列端面型测距声呐，是目前民用领域性能较好的、适合机器人使用的测距声呐。发散角为 15°，有效距离为 10m，精度可达 1%。该传感器已集成化，与 MCU 的接口较为简单，操作容易，性能稳定，并有不锈钢的保护罩，可以用于室内或者非恶劣的室外环境。

图 3.4 Polaroid 600 系列端面型测距声呐

(2) 如图 3.5 所示，eURM37 测距声呐是 Dream factory 推出的价格较便宜的测距声呐，具有 RS232 接口或者 RS422 接口，发散角为 30°，有效距离为 5m，精度可达 1%。

图 3.5 eURM37 测距声呐

3. 测距声呐系统实例

图 3.6 为测距声呐在博创科技生产的 UP-VoyagerIIA“旅行家”机器人上的应用实例。

距地面 45cm、相隔为 15°的圆周上均布安装 24 个超声传感器，其编号为 1＃～24＃(逆时针布置)，超声传感器波束角为 15°，超声传感器的最小作用距离为 0.15m。

因为超声传感器之间的安装位置相差 15°，而超声传感器的波束角为 15°，如果超声波同时发射，有可能会有干扰。如果采用轮循方式，即一个接一个地发射超声波，虽然可以消除串扰回波的影响，但是 16 个超声传感器轮循一次周期较长，降低了采集频率。

为了在不降低采集频率的同时消除超声的相互干扰，系统将 24 个超声传感器分成三组：

(1) A(1＃、4＃、7＃、10＃、13＃、16＃、19＃、22＃)；

(2) B(2＃、5＃、8＃、11＃、14＃、17＃、20＃、13＃)；

(3) C(3＃、6＃、9＃、12＃、15＃、18＃、21＃、24＃)。

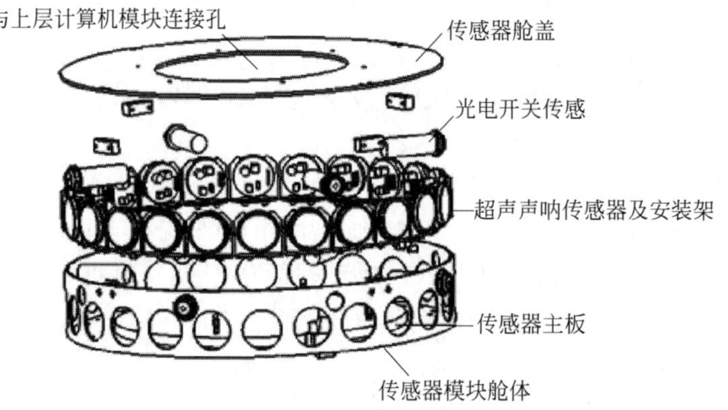

图 3.6 测距声呐原理图

同一组内的两个超声传感器安装位置相差 45°,同时工作不会产生干扰。组与组之间则采用轮循方式工作。这样既可以达到很高的采集频率,同时也满足了系统的实时性要求。

3.2.2 红外测距

红外辐射俗称红外线,是一种不可见光,其波长范围大致在 0.76～1000μm。工程上把红外线所占据的波段分为四部分,即近红外、中红外、远红外和极远红外。

红外传感系统按照功能能够分成五类:

(1) 辐射计,用于辐射和光谱测量。

(2) 搜索和跟踪系统,用于搜索和跟踪红外目标,确定其空间位置并对它的运动进行跟踪。

(3) 热成像系统,可产生整个目标红外辐射的分布图像。

(4) 红外测距和通信系统。

(5) 混合系统,是指以上各类系统中的两个或者多个的组合。

1. 基本原理

红外传感器,一般采用反射光强法进行测量,即目标物对发光二极管散射光的反射光强度进行测量。红外传感器包括一个可以发射红外光的固态二极管和一个用作接收器的固态光敏二极管或三极管。当光强超过一定程度时光敏三极管就会导通,否则截止。发光二极管和光敏三极管需汇聚在同一面上,这样反射光才能被接收器看到。

光的反射系数与目标物表面颜色、粗糙度等有关。目标物颜色较深,接近黑色或透明时,其反射光很弱。若以输出信号达到其一阈值作为"接近"时,则对不同的目标物体"接近"的距离是不同的。因此,机器人可利用红外的返回信号来识别周围环境的变化,但它作为距离的测量并不精确。

2. 典型器件

日本 SHARP 公司推出的一系列体积小(手指大小)、重量轻(不到 10g 重)、接口简单的红外测距传感器(Infrared Range Finder),是用于微型机器人测距的不错选择。GP2D12 是该系列传感器中的典型,SHARP GP2D12 红外测距传感器实物和工作原理框图如图 3.7 所示。

(a) 实物图

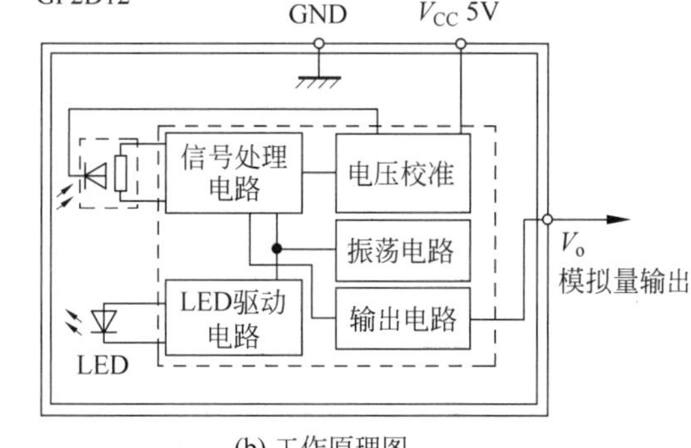

(b) 工作原理图

图 3.7　红外测距传感器

GP2D12 的输出为：0～5V 模拟量(电压值随距离变化)；量程范围为 10～80cm，接口类型为 3 针(电压输出，地，电源)。这些指标可以说作为大多数微型移动机器人的避碰和漫游测距传感都足够了。另外，GP2D12 还可以用作检测机器人各关节位置、姿态等。

3.2.3　激光扫描测距

声呐测距的问题在于：距离有限，对于尺寸较大的环境无法探测到四周；多次反射带来的串扰，严重影响测量的精度。而红外测距传感器所能测量的有效距离非常有限。

激光扫描测距传感器(激光雷达)的测量范围广、精度高，而且扫描频率高，是非常理想的测距传感器。

1. 基本原理

1) 三角法

如图 3.8 所示，扫描运动位于由物体到检测器和由检测器到激光发射器两直线所确定的平面内，检测器聚焦在表面很小的一个区域内。因为光源与基线之间的角度 β 和光源与检测器之间的基线距离 B 已知，可根据几何关系求得 $D=B\tan\beta$。

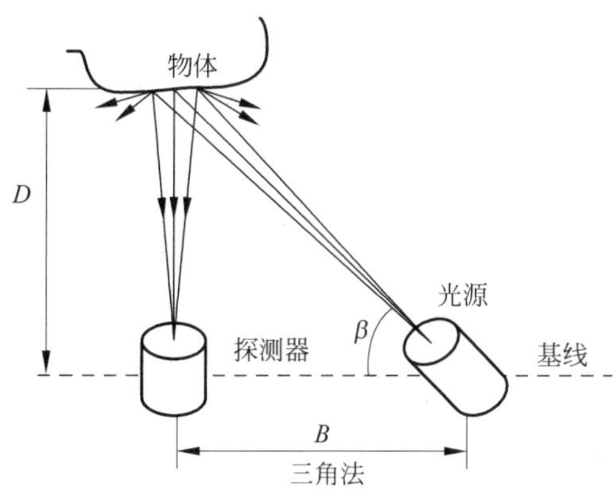

图 3.8　三角测距原理图

通过上述装置对物体进行扫描，只要记录下检测器的位姿轨迹，便可以将这些距离量转换为三维坐标，测量出物体的空间环境。

2) 相位法

如图 3.9(a)所示,波长为 λ 的激光束被一分为二。一束(称为参考光束)经过距离 L 到达相位测量装置,另一束经过距离 d 到达反射表面。反射光束经过的总距离为:

$$d' = L + 2d \tag{3.2}$$

如图 3.9(b)所示,若 $d=0$,此时,$d'=L$,参考光束和反射光束同时到达相位测量装置。若 d 增大,反射光束与参考光束间将产生相位移。

$$d' = L + \frac{\theta}{2\pi}\lambda \tag{3.3}$$

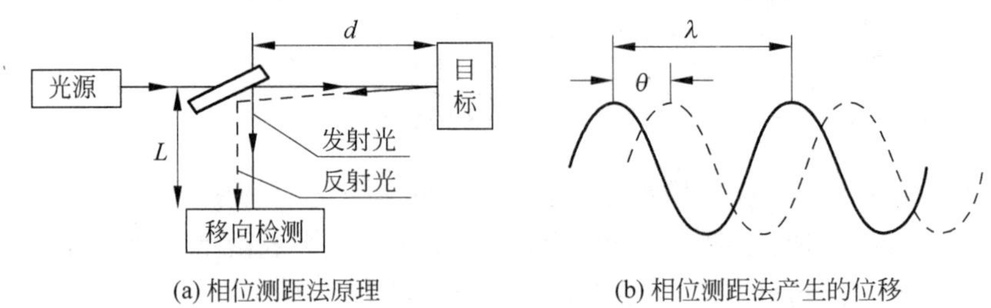

(a) 相位测距法原理　　(b) 相位测距法产生的位移

图 3.9　相位测距原理图

若 $\theta=2k\pi, k=0,1,2,\cdots$,两个波形将再次对准。因此只根据测得的相位移,无法区别反射光束与发射参考光束。因此只有要求 $\theta<360°$,才有唯一解。把 $d'=L+2d$ 代入式(3.3),可得:

$$d = \frac{\theta}{4\pi}\lambda = \frac{\theta}{4\pi} \times \frac{c}{f} \tag{3.4}$$

由于波长已知,故可以相移表示的距离。激光波长很短,在实际机器人的应用中,用一个波长大得多的波对激光波调幅。调制的激光信号发射到目标,返回光束被解调,然后将它与参考信号比较即可确定相移。这样就得到了一种更为实际的波长工作范围。

激光扫描测距传感器安装在可移动的物体上,每隔一定时间,扫描器在前方扫描一定的角度,并且每隔一定的角度采集得到障碍物的距离。这样便可以得到机器人周围的物理和空间环境。

2. 典型器件

典型的激光雷达产品有 SICK 公司的 LMS200 与 HOKUYO 公司相对简化、更廉价的激光扫描传感器 URG-04LX 系列产品。激光雷达的优点很多,但是缺点也很明显:价格昂贵,并且尺寸大,重量较重。

1) LMS200 激光雷达

如图 3.10 所示,LMS200 激光雷达利用旋转的激光光源,经过反射镜发射到环境中,反射光束被传感器的敏感元件接收到,通过计算发射光束和接收光束的时间差实现测距。

LMS200 激光雷达测量范围广,扫描频率高。可以扫描 180°以上的范围,每秒对前方 180°范围、半径 80m 的区域扫描 75 次,并返回 720 个测距点数据(角度分辨率 0.25°)。在最大量程的条件下,LMS200 的典型分辨率可以达到 10mm。

2) URG-04LX 系列激光雷达

URG-04LX 激光雷达如图 3.11 所示。

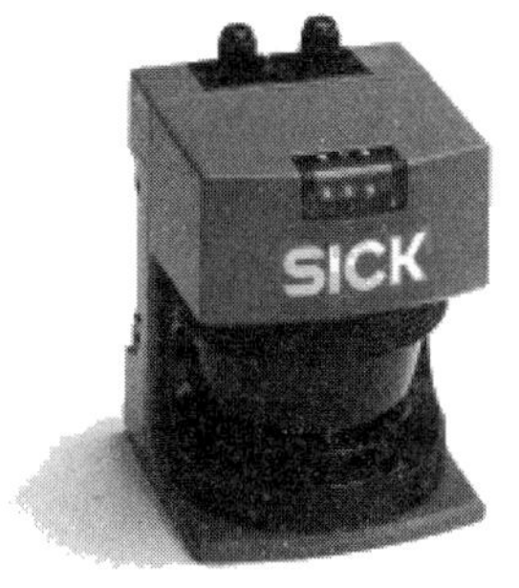

图 3.10　LMS200 激光雷达

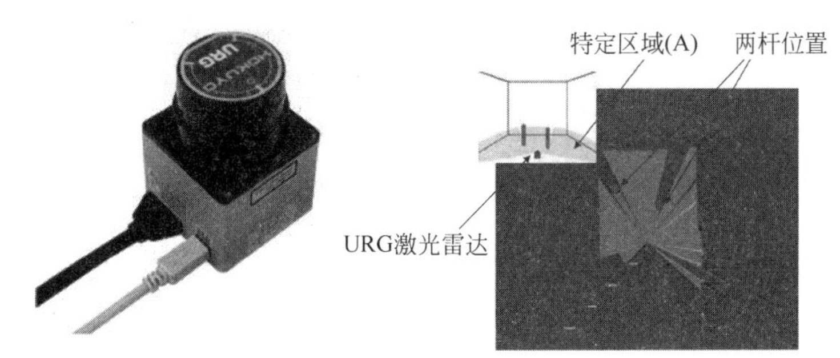

图 3.11　URG-04LX 激光雷达

URG-04LX 系列激光雷达的体积为 50mm×50mm×70mm，重量仅 160g，精度达到 10mm，功耗只有 2.5W，角度分辨率 0.36°，扫描范围达到了 240°，并且价格只有 LMS200 的三分之一。但是相应的，有效测量距离大幅度减小了，扫描测量半径只有 4m。因此 URG 系列传感器更适合应用在那些工作狭小空间的小型机器人上。

3.2.4　旋转编码器

旋转编码器是一种角位移传感器，分为光电式、接触式和电磁式三种，光电式旋转编码器是闭环控制系统中最常用的位置传感器。旋转编码器可分为绝对式编码器和增量式编码器两种。

1. 绝对式编码器

绝对型编码器能提供运转角度范围内的绝对位置信息，工作原理如图 3.12 所示。

图 3.12(a)示意了从发光管经过分光滤镜等光学组件，通过编码盘的透射光被光学敏感器件检测到的原理。图 3.12(b)是一个 8 位(256 点分辨率)绝对式编码盘的示意图。编码盘具有 8 个同心圆，分别代表 8 个有效位。黑色表示不透光，白色表示透光。发光管发出的光线经过分光组件后变成 8 组平行光，穿过编码盘的光投射到光学敏感器件上就可以得到编码盘当前的角度信息。

2. 增量式编码器

目前机器人等伺服系统上广泛应用的是增量式编码器。绝对编码器由于成本较高等原因，正在越来越多地被增量式编码器所替代。增量型编码器则可为每个运动增量提供输出脉冲。

如图 3.13 所示，典型的增量式编码器由一个红外对射式光电传感器和一个由遮光线和

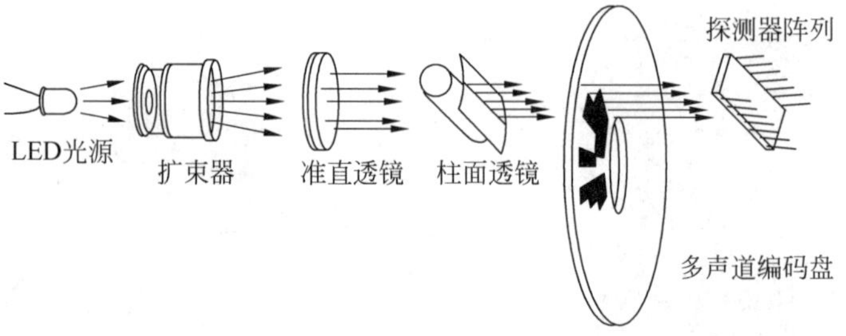

(a) 光学组件

(b) 绝对式编码盘

图 3.12　绝对式编码器

空隔构成的码盘组成。当码盘旋转时,遮光线和空隔能阻拦红外光束或让其通过。为计算绝对位置,增量型编码器通常需要集成一个独立的通道——索引通道,它可以在每次旋转到定义的零点或原点位置时提供一个脉冲。通过计算来自这个原点的脉冲,可以计算出绝对位置。

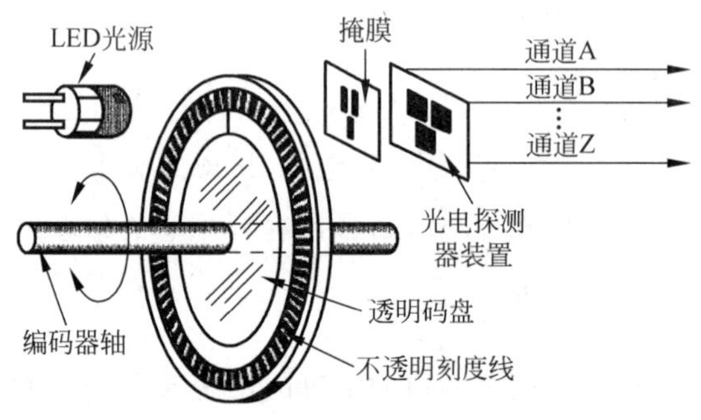

图 3.13　增量式编码器

3. 典型器件

目前市场上有各种精度的增量式编码器可供选择,1～2 英寸直径的编码器每转的计数范围在 32～2500 之间。主要的编码器生产厂商包括 Agilent Inc(安杰伦)、OMRON(欧姆龙)、Tamagawa(多摩川)等品牌。编码盘安装在电机尾端伸出的轴上,而其他部件则安装在电机尾端外壳上。

由于光电编码器的一些性能限制,近年来还出现了磁传感器原理的旋转编码器。利用测量磁场原理的磁传感器有很多优于光电系统的地方,特别是在一些灰尘、污物、油脂、潮湿的恶劣环境下，因为磁场不会受这些污染物的影响。

对于伺服驱动器来说，编码器的原理是光学原理还是磁原理并不重要。选择能够正常安装、线数符合要求的编码器就可以。

3.2.5 旋转电位计

电位计就是带中心抽头的可变电阻。旋转电位计通常具有一个轴，轴旋转的时候电位计的抽头会在电阻丝上移动；电位计带有三个端子，两个是电阻的两端，电阻值固定；另外一个是抽头输出端，其与两端的电阻值随着旋转角度的变化而变化。因此可以利用旋转电位计测量转动角度等信息。

市场上的旋转电位计很多，有单圈的(最大转动角度 360°)，多圈的(最大转动角度超过 360°)等区别。旋转电位计的价格很便宜，最便宜的不到一元人民币，高档的也不过几十元人民币。但是使用它们作为角位移传感器的时候要注意两点：

(1) 旋转电位计都是采用电阻丝作为传感元件。属于接触式测量，会有磨损，寿命有限，因此不宜用在高速频繁旋转的场合；

(2) 由于制造工艺原因，同一型号的多个旋转电位计会有一定误差。通常这个误差在 5%～10%之间。因此无法用于高精度的角位移测量。

3.3 触觉测量

一般认为触觉包括接触觉、压觉、滑觉、力觉四种，狭义的触觉按字面上来看是指前三种感知接触的感觉。

触觉传感器可以具体分为集中式和分布式(或阵列式)。

1. 集中式传感器

集中式传感器的特点是功能单一，结构简单。

2. 分布式(阵列式)传感器

分布式传感器可以检测分布在面状物体上的力或位移。如图 3.14 所示，由于它输出的是传感器面上各个点的信息，因此其结构比集中式传感器更为复杂。随着新型敏感压阻材料 CSA(碳毡)等的出现，使得更高分辨率的触觉传感器成为可能。CSA 灵敏度高，具有较强的耐过载能力。缺点是有迟滞，线性差。

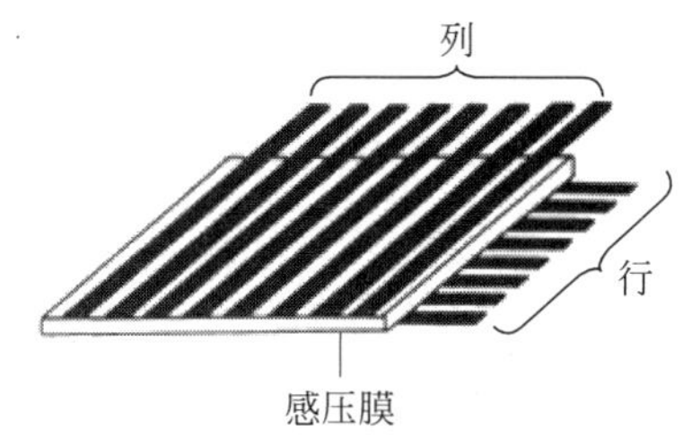

图 3.14　压阻式阵列触觉传感器的基本结构

Edward S. 等人利用现代集成电路技术，将阵列触觉传感器的空间分辨率提高到 0.6mm 以下。其分辨性能甚至优于人类皮肤(人的皮肤被认为是 1mm 的分辨率)。

从触觉的使用环境和感知对象来看，并非所有的触觉都需要高的阵列数与空间分辨率，阵列数 16×16 以下、空间分辨率>1mm 足以胜任作为一般用途使用的触觉传感器的任务。传感器的表面柔顺性、可组合性、强固性倒是一个十分突出的问题。若希望将触觉和其他感觉传感器都装在机器人的手指上，还须考虑传感器的空间可安装性、能否与其他传感器组合在一起等问题。

滑觉传感器主要是感受物体的滑动方向、滑动速度及滑动距离，以解决夹持物体的可靠性。滑觉传感器有滚轮式和滚球式。图 3.15 是该滑觉传感器的典型结构。

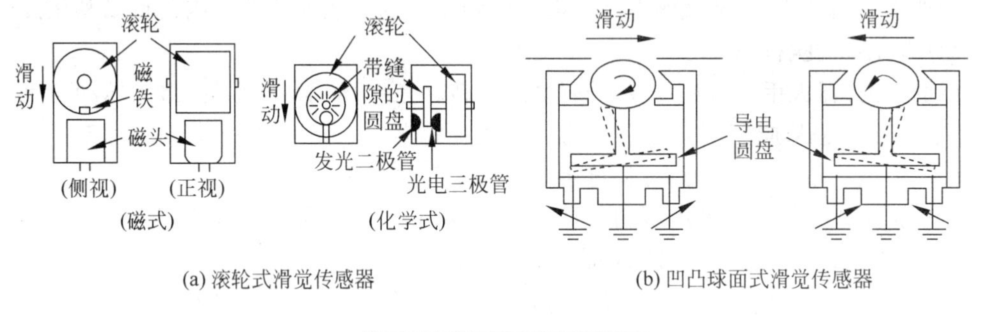

(a) 滚轮式滑觉传感器　(b) 凹凸球面式滑觉传感器

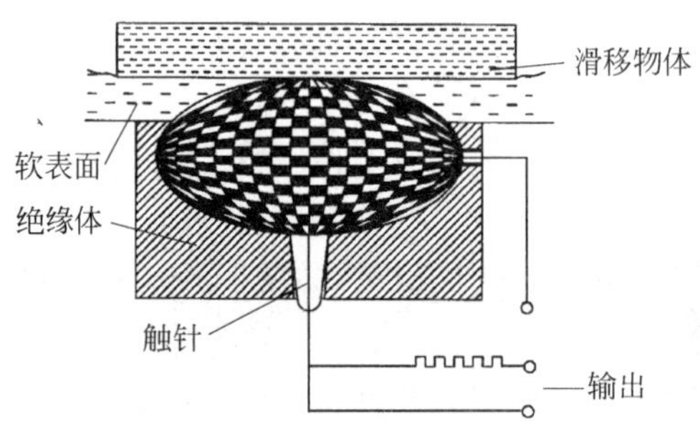

(c) 贝尔格莱德大学研制的机器人专用滑觉传感器

图 3.15　滑觉传感器

图 3.15(a)中，物体滑动引起滚轮转动，用磁铁、静止磁头、光传感器等进行检测，这种传感器只能检测单方向滑动。

图 3.15(b)中，滚球代替滚轮，可以检测各个方向的滑动。由于表面凹凸不平，滚球转动时将拨动与之接触的杠杆，使导电圆盘产生振动，从而传达触点开关状态的信息。

图 3.15(c)是贝尔格莱德大学研制的机器人专用滑觉传感器。它由一个金属球和触针组成，金属球表面分成许多个相间排列的导电和绝缘小格。触针头很细，每次只能触及一格。当工件滑动时，金属球也随之转动，在触针上输出脉冲信号，脉冲信号的频率反映了滑移速度，个数对应滑移的距离。

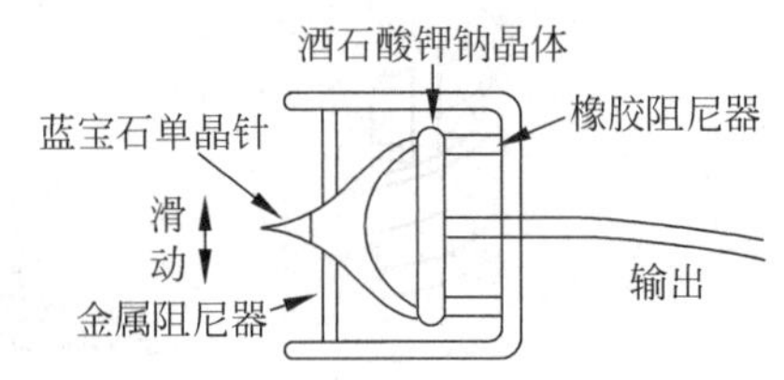

图 3.16　振动式滑觉传感器

图 3.16 是振动式滑觉传感器，传感器表面伸出的触针能和物体接触。对象物体滑动时，触针与物体接触产生振动，这个振动由压电传感器或磁场线圈结构的微小位移计进行检测。

3.4 压觉测量

力传感器的种类繁多，如电阻应变片压力传感器、半导体应变片压力传感器、压阻式压力传感器、电感式压力传感器、电容式压力传感器、谐振式压力传感器及电容式加速度传感器等。

通常我们将机器人的力传感器分为三类：

(1) 装在关节驱动器上的力传感器，称为关节力传感器，用于控制中的力反馈。

(2) 装在末端执行器和机器人最后一个关节之间的力传感器，称为腕力传感器。

(3) 装在机器人手爪指关节(或手指上)的力传感器，称为指力传感器。

力觉传感器是从应变来测量力和力矩的，所以如何设计和制作应变部分的形状，恰如其分地反映力和力矩的真实情况则至关重要。图 3.17 为各种力觉传感器及连接方式。

1. 环式

图 3.17(a)为美国 Draper 研究所提出的 Waston 腕力传感器环式竖梁式结构，环的外侧粘贴测量剪切变形的应变片，内侧粘贴测量拉伸—压缩变形的应变片。

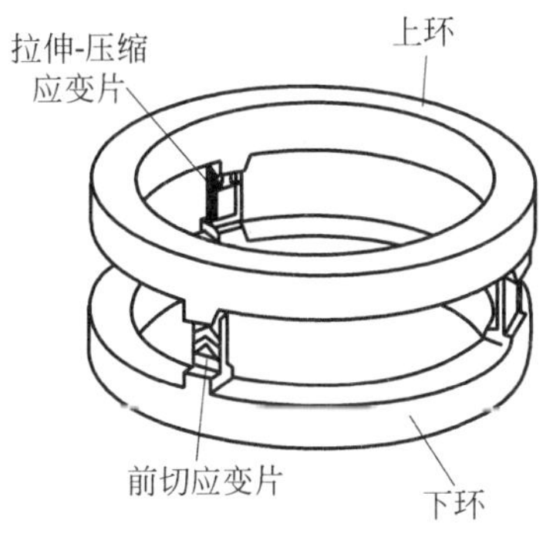

(a) Waston腕力传感器环式竖梁式结构

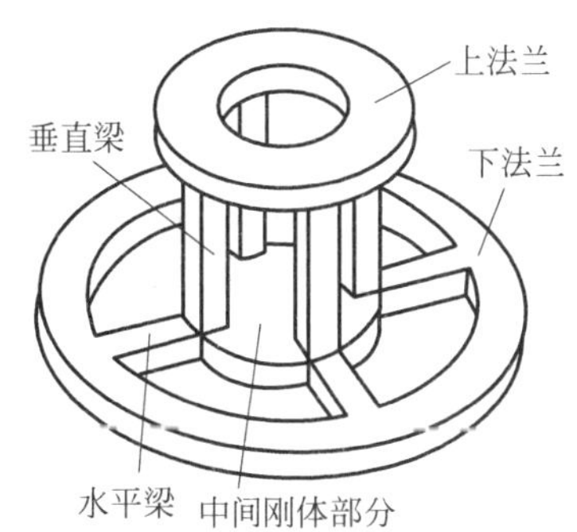

(b) 垂直水平梁式力觉传感器

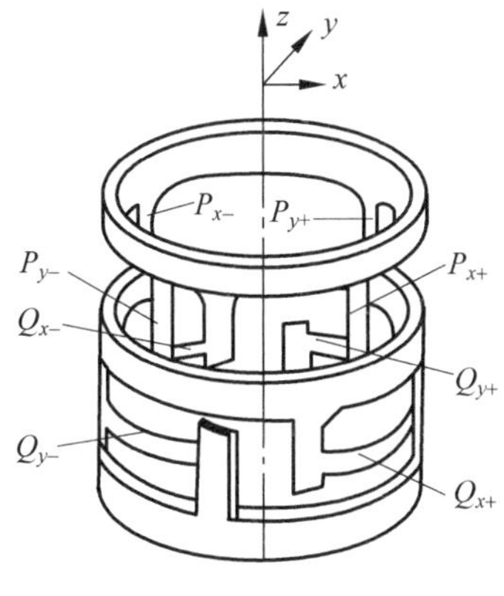

(c) SRI传感器应变片连接方式

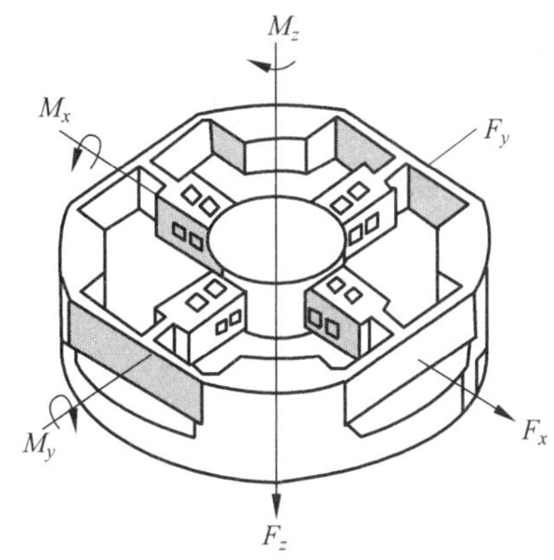

(d) 林纯一腕力传感器

图 3.17 各种力觉传感器及连接方式

2. 垂直水平梁式

图 3.17(b)为 Dr. R. Seiner 公司设计的垂直水平梁式力觉传感器。在上下法兰之间设计了垂直梁和水平梁,在各个梁上粘贴应变片构成力觉传感器。

3. 圆筒式

图 3.17(c)为 SRI (Stanford Research Institute)研制的六维腕力传感器,它由一只直径为 75mm 的铝管铣削而成,具有 8 个窄长的弹性梁,每个梁的颈部只传递力,扭矩作用很小。梁的另一头贴有应变片。图中从 P_{x+} 到 Q_{y-} 代表了 8 根应变梁的变形信号的输出。

$$\begin{cases} F_x = k_1(P_{y+} - P_{y-}) \\ F_y = k_2(P_{x+} - P_{x-}) \\ F_z = k_3(Q_{x+} + Q_{x-} + Q_{y+} + Q_{y-}) \\ M_x = k_4(Q_{y+} - Q_{y-}) \\ M_y = k_5(Q_{x+} - Q_{x-}) \\ M_z = k_6(P_{x+} + P_{x-} + P_{y+} + P_{y-}) \end{cases} \tag{3.5}$$

式中,$k_1, k_2, \cdots, k_6$ 为结构系数,可由实验测定。该传感器为直接输出型力传感器,不需要再做运算,并能进行温度自动补偿。其主要缺点是维间存在耦合,且弹性梁的加工难度大、刚性较差。

4. 四根梁式

图 3.17(d)为日本大和制衡株式会社林纯一研制的腕力传感器。它是一种整体轮辐式结构,传感器在十字梁与轮缘联结处有一个柔性环节,在 4 根交叉梁上共贴有 32 个应变片(图中以小方块表示),组成 8 路全桥输出。显然,六维力(力矩)的获得需要进行解耦运算。

3.5 姿态测量

移动机器人在行进的时候可能会遇到各种地形或者各种障碍。这时即使机器人的驱动装置采用闭环控制,也会由于轮子打滑等原因造成机器人偏离设定的运动轨迹,并且这种偏移是旋转编码器无法测量到的。这时就必须依靠电子罗盘或者角速率陀螺仪来测量这些偏移,并做必要的修正,以保证机器人行走的方向不至偏离。

3.5.1 磁罗盘

磁罗盘是一种基于磁场理论的绝对方位感知传感器。借助于磁罗盘,机器人可以确定出自己相应于地磁场方向的偏转角度。常用的磁罗盘包括机械式磁罗盘、磁通门罗盘、霍尔效应罗盘、磁阻式罗盘。

1. 机械式磁罗盘

指南针就是一种机械式磁罗盘。早期的磁罗盘将磁针悬浮于水面或者悬置于空中来获取航向。现在的机械式磁罗盘系统将环形磁铁或者一对磁棒安装于云母刻度盘上,并将其悬浮于装有水与酒精或者甘油混合液的密闭容器中。

2. 磁通门罗盘

磁通门罗盘是在磁通门场强计的原理上研制出来的,它除了可应用在陆地的各种载体上之外,还广泛地应用在飞行体、舰船和潜水设备的导航与控制上。其主要优点是灵敏度高、可靠性好、体积小和启动快。

磁通门罗盘由检测头和信号处理电路两部分组成。检测头是两组在空间上相互垂直的带有磁芯的线圈，磁芯由高磁导率、低矫顽力的软磁材料制成，这种材料的特点是当外加磁场较弱时，磁化强度可达最大值，去掉外磁场后，材料保持的剩余磁化强度很小，容易退磁。

如图 3.18 所示，激励绕组缠绕在环形磁芯上，两组测量绕组相互正交。若在检测头的激励绕组上施加一个中心频率为 f_0 并足以使磁芯饱和的正弦电压 u_1，当将检测头置于被测直流磁场 H_0 中时就会发现：其测量绕组的输出信号中不但含有奇次谐波而且还含有偶次谐波，其中偶次谐波(特别是二次谐波)的大小和相位分别反映了直流磁场的强度和方向。因此，检测出测量绕组中偶次谐波的幅值和相位并加以鉴别，也就检测出了该直流磁场 H_0 的大小和方向。

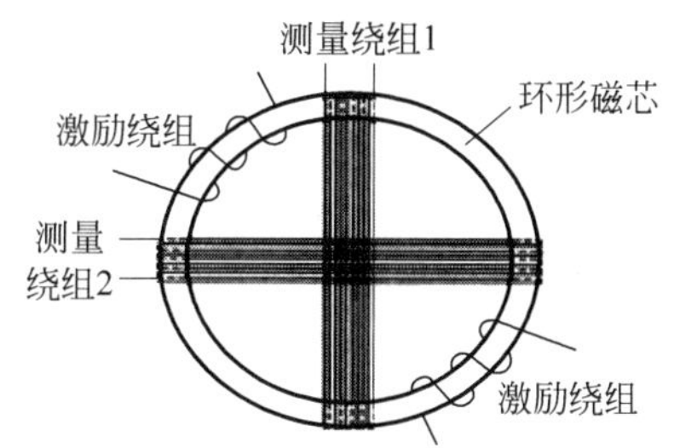

图 3.18　环形磁通门罗盘检测头的结构原理图

3. 霍尔效应罗盘

霍尔元件是一个长为 L、宽为 W、厚度为 d 的半导体薄片，如图 3.19 所示。

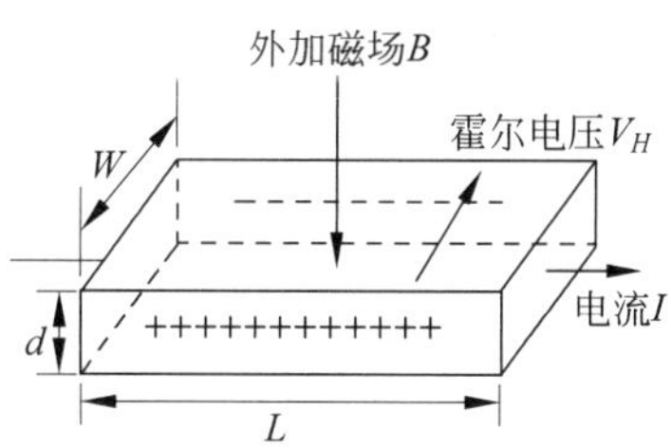

图 3.19　霍尔效应原理图

当在矩形霍尔元件中通以如图 3.19 所示的电流 I，并外加磁场 B，磁场方向垂直于霍尔元件所在平面时，霍尔元件中的载流子在洛仑兹力的作用下运动将发生偏转，在霍尔元件上下边缘出现电荷积聚，产生一个电场，该电场称为霍尔电场。达到稳态时霍尔电场和磁场对载流子的作用互相抵消，载流子恢复初始的运动方向，从而使霍尔元件上下边缘产生电压差，称为霍尔电压 V_H。霍尔电压可根据公式(3.6)进行计算：

$$V_H = \frac{\mu_H IB}{d} \tag{3.6}$$

式中，μ_H——比例常数，称为霍尔系数，它由导体或半导体材料的性质所决定；

B——磁场强度；

I——电流强度。

可以看出，霍尔元件的输出电压随磁场线性变化，基于这种原理可以实现能够检测载体方位角度的霍尔效应罗盘。

4. 磁阻式罗盘

磁阻式罗盘是利用磁阻元件制作而成的罗盘。磁阻元件可以分为各向异性磁阻元件和巨磁阻元件。目前,较为典型和应用较为广泛的基于磁阻效应的磁传感器是 Honeywell 公司的 HMC1001、HMC1002 和 HMC2003,其中 HMC1001 和 HMC1002 分别为单轴和双轴磁传感器,而 HMC2003 则是集成 HMC1001、HMC1002 磁阻传感器和高精度放大器而实现的三轴磁传感器。

这类传感器利用的是一种镍铁合金材料的磁阻效应工作的,给镍铁合金制成的薄片通上电流,磁场垂直于该薄片的分量将改变薄片的磁极化方向,从而改变薄片的电阻。这种合金电阻的变化叫作磁阻效应,并且这种效应直接与电流方向和磁化矢量之间的夹角有关。这种电阻变化可由惠斯通电桥测得。如图 3.20 所示,电桥中的四个电阻的标称值均为 R,供电电源 V_b 使电阻中流过电流,而磁场的有效分量 H 使四个电阻的阻值发生变化。经过推导可得出电路输出:

$$\Delta V_{\text{out}} = \left(\frac{\Delta R}{R}\right) V_b = SHV_b \tag{3.7}$$

其中,S 为传感器的灵敏度。此公式只适用于一定范围,当超出这一范围时 ΔV_{out} 与 H 便不再满足线性关系。

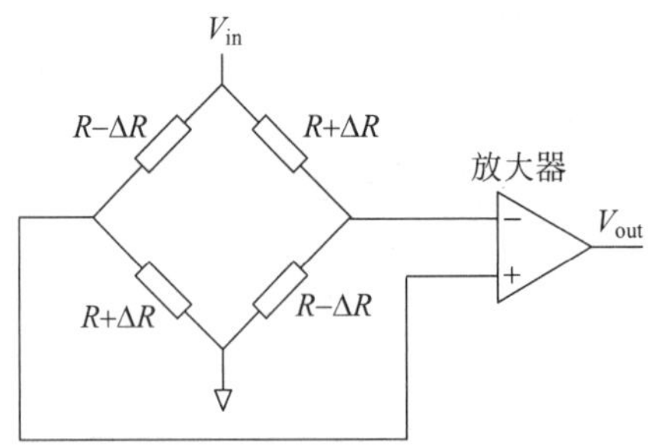

图 3.20　磁阻传感器检测电路

5. 电子罗盘系统实例

电子罗盘(数字罗盘,电子指南针,数字指南针)是测量方位角(航向角)比较经济的一种电子仪器。如今电子罗盘已广泛应用于:手持电子罗盘,手表,手机,对讲机,雷达探测器,望远镜,探星仪,寻路器,武器/导弹导航(航位推测),位置/方位系统,安全/定位设备,汽车、航海和航空的高性能导航设备,移动机器人设备等需要方向或姿态传感的设备中。

电子罗盘有以下几种传感器组合:

(1) 双轴磁传感器系统。由两个磁传感器垂直安装于同一平面组成,测量时必须持平,适用于手持、低精度设备。

(2) 三轴磁传感器双轴倾角传感器系统。由三个磁传感器构成 X、Y、Z 轴磁系统,加上双轴倾角传感器进行倾斜补偿,同时除了测量航向还可以测量系统的俯仰角和横滚角。适合于需要方向和姿态显示的精度要求较高的设备。

(3) 三轴磁传感器三轴倾角传感器系统。由三个磁传感器构成 X、Y、Z 轴磁系统,加上三轴倾角传感器(加速度传感器)进行倾斜补偿,同时除了测量航向,还可以测量系统的俯仰角和横滚角。适合于需要方向和姿态显示的精度要求较高的设备。

Honeywell 的 HMR3100 双轴电子罗盘如图 3.21 所示。采用 USART 串行通信连接系统，接口简单，体积小。单轴电子罗盘，尺寸小重量轻，精度较低（典型精度为 3～5°），价格便宜。

如图 3.22 所示，C100 Plus 是 KVH 公司新近推出的一种新型高精度电子罗盘，通过独特的滤波算法使得其航向精度提高到±0.2°左右。

图 3.21 HMR3100 双轴电子罗盘

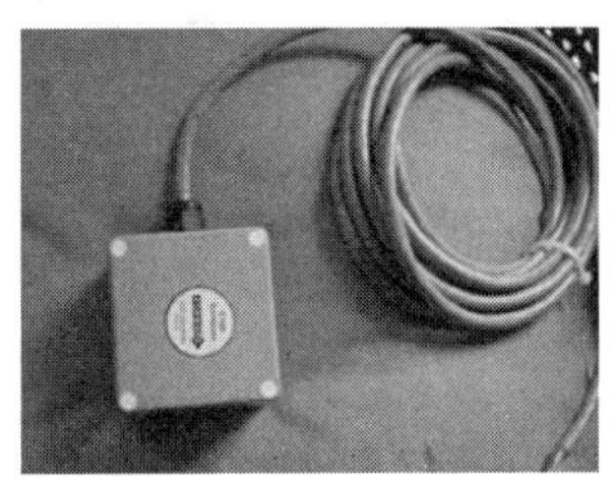

图 3.22 C100 Plus 新型高精度电子罗盘

3.5.2 角速度陀螺仪

商用的电子罗盘传感器精度通常为 0.5°或者更差。而如果机器人运动距离较长，0.5°的航向偏差可能导致机器人运动的线位移偏离值不可接受。而陀螺仪可以提供极高精度（16 位精度，甚至更高）的角速率信息，通过积分运算可以在一定程度上弥补电子罗盘的误差。

角速度陀螺仪就是能够检测重力方向或姿态角变化（角速度）的传感器，根据检测原理可以将其分为陀螺式和垂直振子式等。

1. 陀螺式

绕一个支点高速转动的刚体称为陀螺。在一定的初始条件和一定的外力矩的作用下，陀螺会在不停自转的同时，还绕着另一个固定的转轴不停地旋转，这就是陀螺的旋进（precession），又称为回转效应（gyroscopic effect）。人们利用陀螺的力学性质所制成的各种功能的陀螺装置称为陀螺传感器（gyroscope sensor）。

陀螺传感器检测随物体转动而产生的角速度，它可以用于移动机器人的姿态，以及转轴不固定的转动物体的角速度检测。陀螺式传感器大体上有速率陀螺仪、位移陀螺仪、方向陀螺仪等几种，在机器人领域中大都使用速率陀螺仪（rate gyroscope）。

根据具体的检测方法又可以将其分为振动型、光学型、机械转动型等。

1）振动陀螺仪

振动陀螺仪（vibratory gyroscope）是指给振动中的物体施加恒定的转速，利用哥氏（Coriolis）力作用于物体的现象来检测转速的传感器，如图 3.23 所示。

哥氏力 f_c 是质量 m 的质点，同时具有速度 v 和角速度 ω，相对于惯性参考系运动时所产生的惯性力，如图 3.23（a）所示，惯性力作用在对应于物体的两个运动方向的垂直方向上，该方向即为哥氏加速度 a_c 的方向。哥氏力 f_c 大小可表达为：

$$f_c = ma_c = 2mv \times \omega \tag{3.8}$$

在图 3.23(b)中，建立与图 3.23(a)中相同的姿态坐标系。假设让音叉的两个振子相互沿 y 轴进行振动，于是在 z 轴方向引起转动速度，音叉左侧的分叉沿 $-x$ 方向，而右侧的分叉沿 $+x$ 方向产生哥氏力。无论是直接检测哥氏力，或者是检测它们的合力作用在音叉根部向左转动的力矩，均能检测出转动的角速度 ω。之所以将音叉设计为两个分叉是由于此方法可以消除音叉加速度的影响。

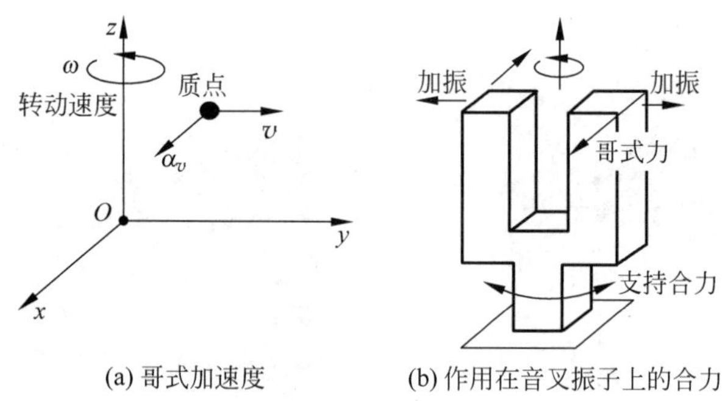

(a) 哥式加速度　　(b) 作用在音叉振子上的合力

图 3.23　检测哥氏力的转速陀螺仪

2）光纤陀螺仪

光纤陀螺仪的工作原理是基于 Sagnac 效应，能够实现高精度姿态测量。如图 3.24 所示，在环状光通路中，来自光源的光经过光束分离器被分成两束，在同一个环状光路中，一束向左转动，另一束向右转动进行传播。这时，如果系统整体相对于惯性空间以角速度 ω 转动，显然，光束沿环状光路左转一圈所花费的时间和右转一圈是不同的。这就是所谓的 Sagnac 效应，人们已经利用这个效应开发了测量转速的装置。图 3.25 就是其中的一例。

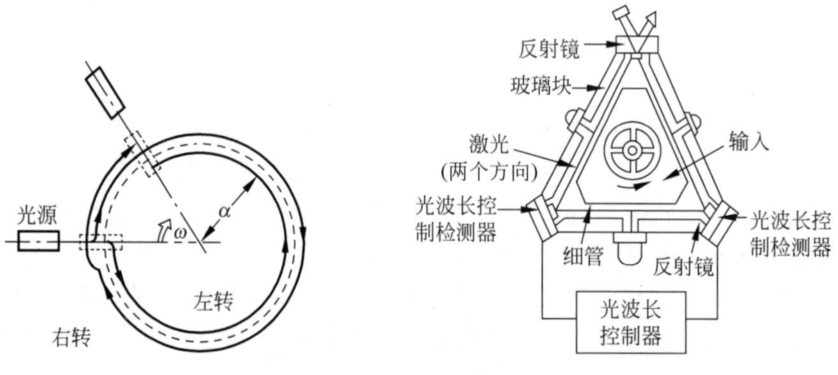

图 3.24　Sagnac 效应　　图 3.25　环状陀螺仪的结构

该装置的结构是共振频率 Δf 振动的两个方向的激光在等腰三角形玻璃块内通过反射镜传递波束。如果玻璃块围绕与光路垂直的轴以角速度 ω 转动时，左右转动的两束传播光波将出现光路长度差，导致频率上的差别。让两个方向的光发生干涉，该频率差就呈现出干涉条纹。这时有：

$$\Delta f = \frac{4S\omega}{\lambda L} \tag{3.9}$$

式中，S 为光路包围的面积；λ 为激光的波长；L 为光路长度。

2. 垂直振子式

图 3.26 为垂直振子式伺服倾斜角传感器的结构原理图。振子由挠性薄片支撑，即使传感器处于倾斜状态振子也能保持铅直姿态，为此振子将离开平衡位置。通过检测振子是否偏离了平衡点，或者检测由偏离角函数(通常是正弦函数)所给出的信号，就可以求出输入倾斜角度。该装置的缺点是，如果允许振子自由摆动的话，由于容器的空间有限，因此不能进行与倾斜角度对应的检测。实际上做了改进，把代表位移函数所输出的电流反馈到可动线圈部分，让振子返回平衡位置，此时振子质量产生的力矩 M 为：

$$M = mg \cdot l\sin\theta \tag{3.10}$$

转矩 T 为：

$$T = K \cdot i \tag{3.11}$$

在平衡状态下应有 $M=T$，于是得到：

$$\theta = \arcsin\frac{K \cdot i}{mg \cdot l} \tag{3.12}$$

这样，根据测出的线圈电流 i，即可求出倾斜角 θ，并克服了上述装置测量范围小的缺点。

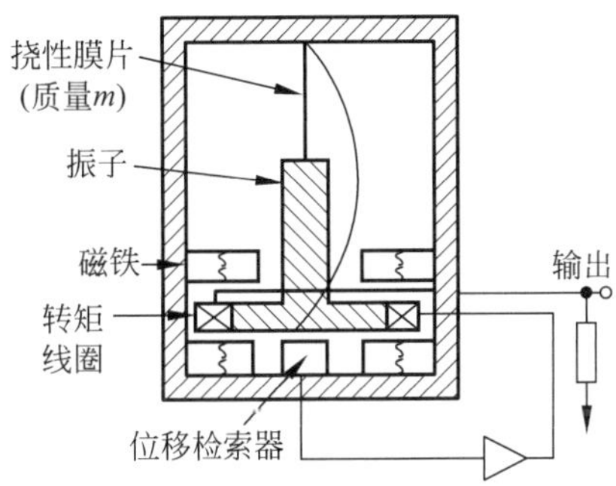

图 3.26　垂直振子式伺服倾斜角传感器

3. 实例

如图 3.27(a)所示，ADXRS150 是一款角速度范围为 150°/s 的 MEMS 角速度传感器。其内部结构如图 3.27(b)所示，ADXRS150 提供精确的参考电压和温度输出的补偿技术，7mm×7mm×3mm 微小的封装。Z-轴响应、宽频、抗高振动、噪音为 0.05°/S /sqrt Hz，2000g 冲击耐受力，温度传感器输出，精确电压参考输出，对精确应用绝对速率输出，5V 单

(a) ADXRS150速率陀螺

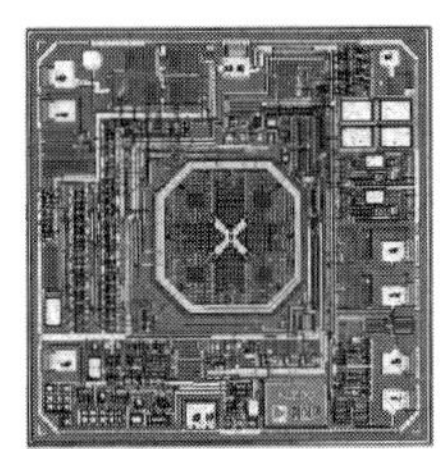

(b) ADXRS150内部结构

图 3.27　ADXRS150 角速度传感器

电压操作，小而轻（<0.15cm^2，<0.5g）等。

ADXRS150 通常应用于车辆底盘滚转传感，惯性测量单元 IMU，平台稳定控制，无人机控制，弹道测量等。由于人体容易累积高达 4000V 的静电，虽然 ADXRS150ABG 本身具有静电保护，但仍有可能被高能量的静电击穿而不被察觉。因此，在使用时应遵守恰当的防静电准则，以避免不必要的损失。

3.5.3 加速度计

为抑制振动，有时在机器人的各个构件上安装加速度传感器测量振动加速度，并把它反馈到构件底部的驱动器上。有时把加速度传感器安装在机器人的手爪部位，将测得的加速度进行数值积分，然后加到反馈环节中，以改善机器人的性能。

1. 质量片＋支持梁型的加速度传感器

如图 3.28(b)所示，一端固定、一端链接质量片的悬臂梁构成的加速度传感器向上运动时，作用在质量片上的惯性力导致梁支持部分的位移及梁的内应力的产生。梁支持部位的位移，可通过图 3.28(a)中的上下电极之间间隙长度的变化或内部应力的变化而被检测出来。由于半导体微加工技术的发展，已经能够通过硅的蚀刻来制作小型加速度传感器了。

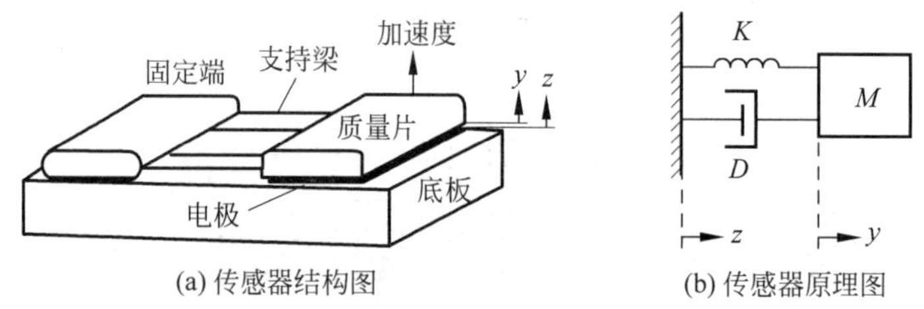

图 3.28 悬臂梁结构的加速度传感器

2. 质量片位移伺服型加速度传感器

质量片位移伺服型加速度传感器就是检测图 3.28 中梁所支持的质量片的位移。例如，通过相应的静电动势进行反馈，使质量片返回到位移为零的状态。这种传感器结构，由于不存在质量片的几何位移，所以比图 3.28 中所讲的传感器的加速度测量范围更大。

3. 压电加速度传感器

对于不存在对称中心的异极晶体加在晶体上的外力除了使晶体发生变形以外，还将改变晶体的极化状态，在晶体内部建立电场，这种由于机械力作用使介质发生极化的现象称为正压电效应。

压电加速度传感器利用具有压电效应的材料，它在受到外力时发生机械变形，并将产生加速度的力转换为电压（反之，若外加电压也能产生机械变形）。压电元件大多数由高介电系数的钛（锆）酸铅（$Pb(Ti,Zr)O_3$）系材料制成。

若压电常数为 d_{ij} (i,j)分别表示压电元件的极化方向和变形方向，加在元件上的应力 F 和产生电荷 Q 的关系可表示为：

$$Q = d_{ij}F \tag{3.13}$$

设压电元件的电容为 C_p，输出电压为 V，则有：

$$V = \frac{Q}{C_p} = \frac{d_{ij}F}{C_p} \tag{3.14}$$

显然,V 和 F 在很大动态范围内保持线性关系。

图 3.29 给出了压电元件的变形有三种基本模式,即压缩变形、剪切变形和弯曲变形。图 3.30 给出了基于剪切模式的加速度传感器的结构。传感器中一对平板形或圆筒形的压电元件被垂直固定在轴对称的位置上,压电元件的剪切压电常数大于压缩压电常数,而且不受横向加速度的影响,在一定的高温下仍然能保持稳定的输出。

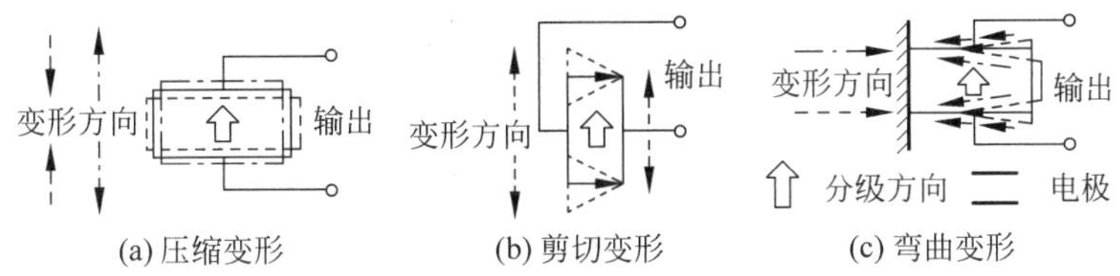

图 3.29 压电元件的变形模式

4. 应用实例

加速度传感器可以使机器人了解它现在身处的环境,是在爬山还是在走下坡,摔倒了没有等情况。对于飞行类的机器人(无人机)来说,加速度计对于控制飞行姿态也是至关重要的。由于加速度计可以测量重力加速度,因此可以利用这个绝对基准为陀螺仪等其他没有绝对基准的惯性传感器进行校正,消除陀螺仪的漂移现象。

笔记本电脑里内置的加速度传感器,能够动态的监测出笔记本在使用中的振动,智能地选择关闭硬盘还是让其继续运行。数码相机内置的加速度传感器,能够检测拍摄时候的手部振动,并根据这些振动,进行补偿达到“防抖”的目的。

如图 3.31 所示,ADI、HONEYWELL、FREESCALE 等公司都提供微机电系统(Micro Electrical & Mechanical System,MEMS)技术的加速度计。目前,在要求不很高的机器人应用中,比较广泛使用的是 ADI 的 ADXL 系列的双轴加速度计芯片。

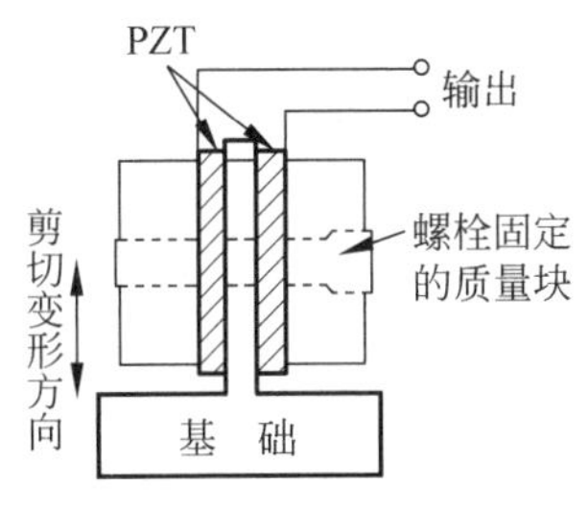

图 3.30 剪切式压电加速度传感器

图 3.31 ADXL 加速度传感器

3.5.4 姿态/航向测量单元

“姿态/航向测量单元”简称 AHRS,是一种集成了多轴加速度计、多轴陀螺仪以及电子磁罗盘等传感器的智能传感单元。AHRS 依靠这些传感器的数据,通过捷联航姿系统计算,可以以 50~200Hz 的速率输出实时测量的 XYZ 三轴的加速度、角速率,以及航向角、滚转角和俯仰角。具备 AHRS 的机器人可以实时地知道自己的姿态和航向,也可以获得实时的角速率、加速度等信息,这对于机器人的运动控制、时空认知有很大的意义。

如图 3.32 所示,Crossbow 公司的 AHRS500GA 是一种高性能、全固态的姿态、航向测量系统，广泛应用于航空领域。这种高可靠性、一体化的惯导系统提供了在静态和动态两种状态下的姿态、航向测量，是以往传统的垂直陀螺和指向陀螺的组合产品。

图 3.32　AHRS500GA

AHRS500GA 采用高性能的固态 MEMS 陀螺和加速计，通过使用卡尔曼滤波算法，测定出动态、静态两种状态下准确的横滚、俯仰和航向角度。卡尔曼滤波器的使用以及重力和地磁场位参照提高了陀螺对其漂移的纠偏功能。

3.6　视觉测量

有研究结果表明，视觉获得的感知信息占人对外界感知信息的 80%。视觉测量在机器人领域中的应用也很广泛。如图 3.33 所示，视觉传感器可以分为被动传感器（用摄像机等对目标物体进行摄影，获得图像信号）和主动传感器（借助于发射装置向目标物体投射光图像，再接收返回信号，测量距离）两大类。

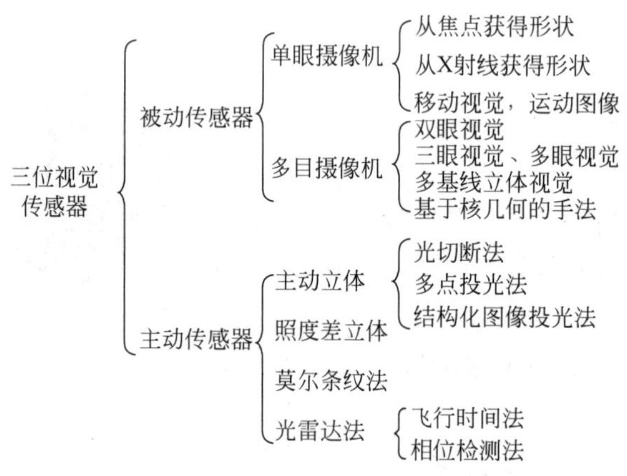

图 3.33　三维视觉传感器分类

3.6.1　被动视觉测量

1. 单眼视觉

采用单个摄像机的被动视觉传感器有两种方法：一种方法是测量视野内各点在透镜聚焦的位置，以推算出透镜和物体之间的距离；另一种方法是移动摄像机，拍摄到对象物体的多个图像，求出各个点的移动量再设法复原形状。

2. 立体视觉

双眼立体视觉是被动视觉传感器中最常用的方式。如图 3.34 所示，已知两个摄像机的相对关系，基于三角测量原理可计算出 P 的三维位置。

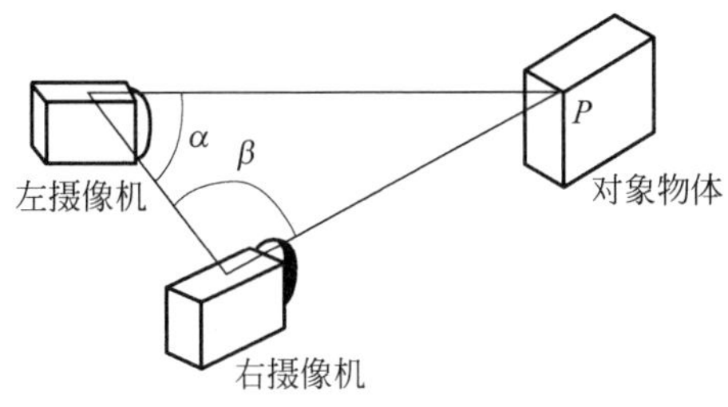

图 3.34　立体视觉传感器

3.6.2　主动视觉测量

1. 光切断法

光切断法把双眼立体视觉中的一个摄像机替换为狭缝投光光源的方法。原理如图 3.35 所示，从水平扫描狭缝光可得到的镜面角度和图像提取的狭缝像的位置关系，按照与立体视觉相同的三角测量原理就可以计算和测量出视野内各个点的距离。

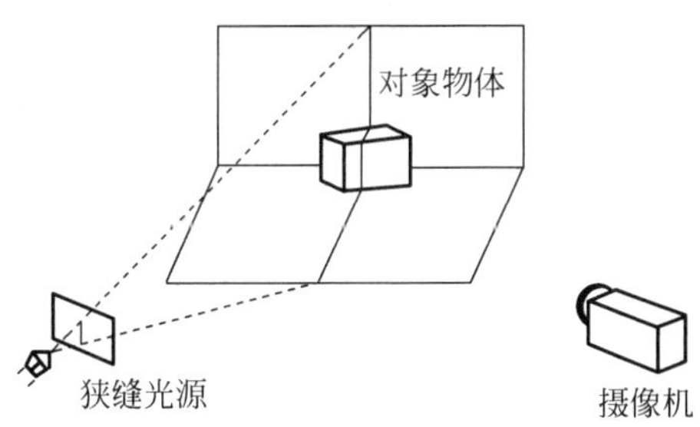

图 3.35　光切断法

2. 空间编码测距

空间编码测距仪在光切断法中要想获得整个画面的距离分布信息，必须取得多幅狭缝图像，这样做相当花费时间。要解决这个问题，可以将其改进为多个狭缝光线同时投光，不过此时需要对图像中的多个狭缝图像加以识别。这可以通过给各个狭缝编排适当的代码 ID，把多条狭缝光线随机切断后再投光的方法，以及利用颜色信息来识别多个狭缝的方法。

已经实现实用化的空间编码测距仪，它的原理是给狭缝图像附加有效 ID。如图 3.36 所示，利用掩膜片依次向对象物体投射多个编码图案光束，而编码的特点是让各个像素值按照一定的规律成时间序列变化。图 3.36 中，以[0 1]编码的区域的位置是 3，在已知几何位置的投影仪中，空间编码与各个狭缝像的投射角度是一一对应的，所以根据三角测量法就可以计算出到物体的距离。对于编码图案来说，采用相邻编码之间的代码间距为 1 的交替二进制符号，这样可以使符号边界导致的误差最小。另外一个措施是在每个编码投射黑白交替的相补图形，这样取得的图像差分值就可以用来减少对象物体表面反射率和光散射的影响。

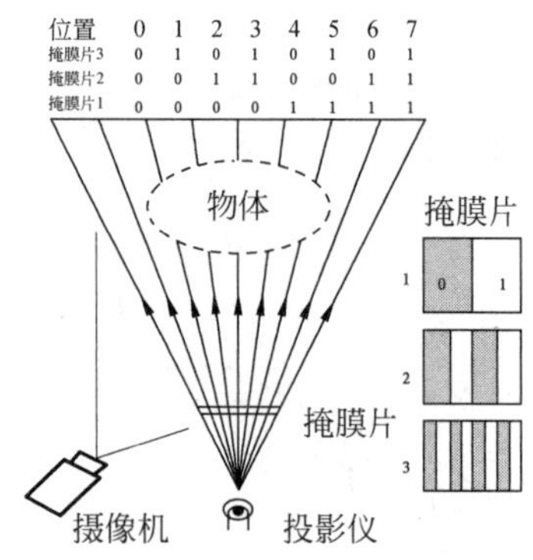

图 3.36　空间变法测距仪的原理

3. 莫尔条纹法

莫尔条纹法(Moire fringe)就是投射多个狭缝形成的条纹,然后在另一个位置上透过同样形状的条纹进行观察,通过对条纹间隔或图像中条纹的倾斜等进行分析,可以复原物体表面的凹凸形状。

4. 激光测距法

激光测距法是一种投射激光等高定向性光线,然后通过接收返回光线,测量距离的方式。其中,有计算从光线发送到返回的飞行时间的方法和投射调制光线通过测量接收光线的相位偏差来推算距离的方法等。

3.6.3 视觉传感器

视觉传感器将图像传感器、数字处理器、通信模块和 I/O 控制单元到一个单一的相机内,独立地完成预先设定的图像处理和分析任务。视觉传感器通常是一个摄像机,有的还包括云台等辅助设施。

1. 两自由度摄像云台

自主移动机器人往往采用摄像机作为视觉传感器。但是普通的摄像机无法同时覆盖机器人四周的环境,一种解决办法是采用 2 自由度云台,利用云台的旋转、俯仰来获得更大的视角范围;但是这种方式也有响应速度慢、无法实时做到 360°全方位监视等问题,并且机械旋转部件在机器人运动时会产生抖动造成图像质量下降、图像处理难度增加。

如图 3.37 所示,索尼 EVI-D100 摄像云台带有远程控制的变倍、聚焦、方位、亮度等功能的全方位的彩色一体化摄像机。图像传感器采用 1/4 寸、38 万像素的 CCD,镜头具备 10 倍光学变焦功能,云台可以高速旋转,此外还能认识被摄物体,同时具有自动跟踪和动态检测等功能。

2. 全景摄像机

全景摄像机是一种具有特殊光学系统的摄像机。它的 CCD 传感器部分与普通摄像机没有什么区别,但是配备了一个特殊的镜头,因此可以得到镜头四周 360°的环形图像(图像有一定畸变)。图像数据经过软件展平后即可得到正常比例的图像。摄像机和其环形图像的示例如图 3.38 所示。

图 3.37　索尼 EVI-D100 摄像云台

图 3.38　全景摄像机

3.7　其他传感器

3.7.1　温度传感器

温度传感器被广泛用于工农业生产、科学研究和生活等领域，数量高居各种传感器之首。近百年来，温度传感器的发展大致经历了以下三个阶段。

(1) 传统的分立式温度传感器(含敏感元件)。

(2) 模拟集成温度传感器/控制器。

(3) 智能温度传感器。智能温度传感器内部包含温度传感器、A/D 转换器、信号处理器、存储器(或寄存器)和接口电路。因此，它适配各种微控制器，构成智能化温控系统，也可脱离微控制器单独工作，自行构成一个温控仪。

3.7.2　听觉传感器

听觉是仅次于视觉的重要感觉通道。人耳能感受的声波频率范围是 16～20 000Hz，以 1000～3000Hz 最为敏感。

机器人听觉传感器(hearing sensor)可以分为语音传感器和声音传感器两种。

1. 语音传感器

语音属于 20Hz～20kHz 的疏密波。语音传感器是机器人和操作人员之间的重要接口，它可以使机器人按照“语言”执行命令，进行操作。在应用语音感觉之前必须经过语音合成和语音识别。

机器人上最常用的语音传感器就是麦克风。常见的麦克风包括动圈式麦克风、MEMS 麦克风和驻极体电容麦克风。其中，驻极体电容麦克风尺寸小、功耗低、价格低廉而且性能不错，是手机、电话机等常用的声音传感器。大量具有声音交互功能的机器人，例如，SONY AIBO，本田 ASIMO 均采用这类麦克风作为声音传感器。

2. 声音传感器

声波及超声波虽然传播的速度比较慢(在 20℃空气中为 334m/s)，但由于其容易产生和检测。除特殊情况外，声音传感器均采用超声波频域(从可听频率的上限到300kHz，个别的可达数兆赫兹)。

3.7.3 颜色传感器

颜色传感器可分为视觉传感器与反射式光电开关两类。

(1) 基于视觉传感器的颜色传感器。彩色摄像机采集颜色，并通过高速数字信号处理器的运算可以获得颜色信息。

(2) 基于普通光电开关的颜色传感器。反射式光电开关的有效感应距离是与反射面的反射率有关系的。只要在光电开关的光敏元件处加装一个特定颜色的滤色镜，相当于选择性地降低了其他颜色光的反射率，即可在特定距离下实现对颜色的检测。

例如，在一个有效距离为20cm(白色反射面)的光电开关前加装一个红色滤色镜。由于红色滤色镜只允许红色光通过，则在同等检测距离下，这个改装过的光电开关将只能检测到红色反射面，而无法检测到蓝色反射面，就得到了"红—蓝"颜色传感器。

3.7.4 气体传感器

人类对嗅觉的研究从最早的化学分析方法发展到仪器分析方法，经历了近百年的发展，仿生嗅觉技术的物质识别能力越来越强，识别率也逐步提高。

机器嗅觉是一种模拟生物嗅觉工作原理的新颖仿生检测技术，机器嗅觉系统通常由交叉敏感的化学传感器阵列和适当的计算机模式识别算法组成，可用于检测、分析和鉴别各种气味。

检测气体的浓度依赖于气体检测变送器，传感器是其核心部分，按照检测原理的不同，主要分为以下几类：

(1) 金属氧化物半导体式传感器。

(2) 催化燃烧式传感器。

(3) 定电位电解式气体传感器。

(4) 隔膜迦伐尼电池式氧气传感器。

(5) 红外式传感器。

(6) PID光离子化气体传感器。

3.7.5 味觉传感器

味觉有甜、咸、苦、酸、香味五要素，复杂的味道都是由这五种要素组合而成的。机器人一般不具备味觉(taste sensor)，但是，海洋资源勘探机器人、食品分析机器人、烹调机器人等则需要用味觉传感器进行液体成分的分析。

目前已经开发了很多种味觉传感器，用于液体成分的分析和味觉的调理。这些传感器通常使用了下列元件。

(1) 离子电极传感器(两种液体位于某一膜的两侧，检测所产生的电位差)。

(2) 离子感应型FET(在栅极上面覆盖离子感应膜，靠浓度检测漏电流)。

(3) 电导率传感器(检测液体的电导率)。

(4) pH传感器(检测液体的pH)。

(5) 生物传感器(提取与特定分子反应的生物体功能，固定后用于传感器)。

3.7.6 GPS 接收机

GPS(Global Positioning System)是美国军方研制的卫星导航系统。24 颗 GPS 卫星在离地面 12 000km 的高空上,以 12 小时的周期环绕地球运行,任意时刻在地面上的任意一点都可以同时观测到 4 颗以上的卫星。

GPS 定位的方法很多,常见的有伪距定位法、多普勒定位法、载波相位定位法等。后面两种定位方法虽然精度比较高,但是其成本造价要高很多,所以,在导航型 GPS 接收机中,多采用伪距定位法。伪距定位测量是基于到达时间(TOA)测距原理。从已知位置上的卫星发射机发射的信号到达地面用户接收机所需的时间间隔乘以信号的传播速度,可以得到发射机到接收机的距离。如果接收机接收到多个发射机的信号,便可以轻易测算出接收机的位置。

如图 3.39 所示,为了测量接收机的三维位置,需要 3 颗以上的卫星。

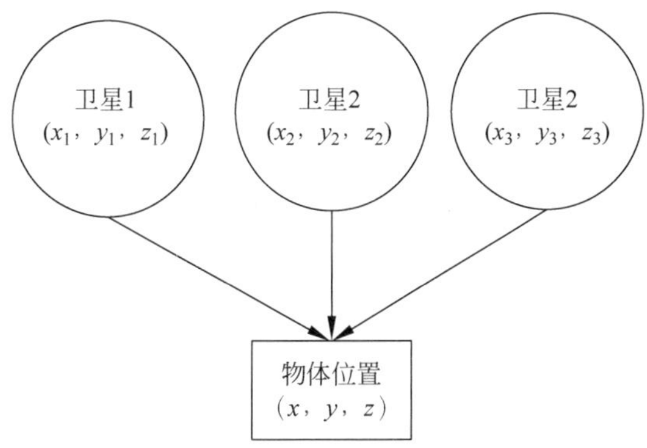

图 3.39　三颗卫星定位原理

求解下面三元一次方程,得出坐标(x,y,z)

$$d_1 = \sqrt{(x-x_1)^2+(y-y_1)^2+(z-z_1)^2} \tag{3.15}$$

$$d_2 = \sqrt{(x-x_2)^2+(y-y_2)^2+(z-z_2)^2} \tag{3.16}$$

$$d_3 = \sqrt{(x-x_3)^2+(y-y_3)^2+(z-z_3)^2} \tag{3.17}$$

其中,(x,y,z)是 GPS 接收机的位置,d_1,d_2,d_3 是测量的伪距,(x_1,y_1,z_1),(x_2,y_2,z_2),(x_3,y_3,z_3)是卫星的已知坐标。

但是由于接收机与 GPS 卫星的时间是不同步的,必须确定接收机与 GPS 卫星之间的时间偏差。因此,需要利用第 4 颗卫星参与运算解算出接收机接收到卫星信号的瞬时时间 t。在忽略电离层延迟,接收机噪声等误差项的基础上,距离方程可简化为:

$$\sqrt{(x-x_1)^2+(y-y_1)^2+(z-z_1)^2} = \mathrm{c}*(t-\mathrm{d}t_1) \tag{3.18}$$

$$\sqrt{(x-x_2)^2+(y-y_2)^2+(z-z_2)^2} = \mathrm{c}*(t-\mathrm{d}t_2) \tag{3.19}$$

$$\sqrt{(x-x_3)^2+(y-y_3)^2+(z-z_3)^2} = \mathrm{c}*(t-\mathrm{d}t_3) \tag{3.20}$$

$$\sqrt{(x-x_4)^2+(y-y_4)^2+(z-z_4)^2} = \mathrm{c}*(t-\mathrm{d}t_4) \tag{3.21}$$

其中,(x_1,y_1,z_1),(x_2,y_2,z_2),(x_3,y_3,z_3),(x_4,y_4,z_4)为已知的卫星坐标,c 为光速,t 为接收机接收到卫星信号的瞬时时间,$\mathrm{d}t_1$,$\mathrm{d}t_2$,$\mathrm{d}t_3$,$\mathrm{d}t_4$ 为 GPS 卫星时间,这样就可以求出

(x,y,z)和时间 t。

实际上，接收机往往可以锁住 4 颗以上的卫星，这时，接收机可按卫星的星座分布分成若干组，每组 4 颗，然后通过算法挑选出误差最小的一组用作定位，从而提高精度。

由于卫星运行轨道、卫星时钟存在误差，大气对流层、电离层对信号的影响，以及人为的 SA 保护政策，使得民用 GPS 的定位精度只有 10m。为提高定位精度，普遍采用差分 GPS (DGPS)技术。

DGPS 的原理如图 3.40 所示。建立基准站(差分台)进行 GPS 观测，利用已知的基准站精确坐标，与观测值进行比较，从而得出一个修正数，并对外发布。接收机收到该修正数后，与自身的观测值进行比较，消去大部分误差，得到一个比较准确的位置。通常情况下，利用差分 GPS 可将定位精度提高到米级。

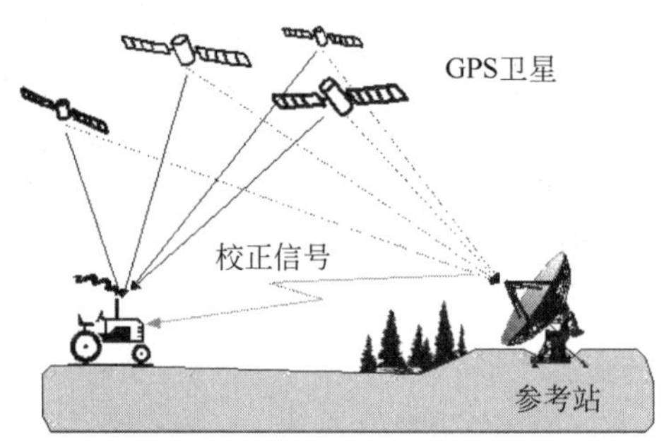

图 3.40　DGPS 的原理图

3.8　智能机器人多传感器融合

信息融合的概念始于 20 世纪 70 年代初期，来源于军事领域中的 C3I(command, control, communication and intelligence)系统的需要，当时称为多源相关、多传感器混合信息融合。多传感器信息融合已形成和发展成为一门信息综合处理的专门技术，广泛应用于工业机器人、智能检测、自动控制、交通管理和医疗诊断等多个领域。

多传感器信息融合技术对促进机器人向智能化、自主化起着极其重要的作用，是协调使用多个传感器，把分布在不同位置的多个同质或异质传感器所提供的局部不完整测量及相关联数据库中的相关信息加以综合，消除多传感器之间可能存在的冗余和矛盾，并加以互补，降低其不确定性，获得对物体或环境的一致性描述的过程，是机器人智能化的关键技术之一。数据融合在机器人领域的应用包括物体识别、环境地图创建和定位。

3.8.1　多传感器信息融合过程

多传感器信息融合是将来自多传感器或多源的信息和数据，模仿人类专家的综合信息处理能力进行智能化处理，从而获得更为全面、准确和可信的结论。其信息融合过程包括多传感器、数据预处理、信息融合中心和输出部分，图 3.41 为多传感器信息融合过程。其中多传感器的功能是实现信号检测，它将获得的非电信号转换成电信号后，再经过 A/D 转换为能被计算机处理的数字量，数据预处理用以滤掉数据采集过程中的干扰和噪声，然后融合中心对各种类型的数据按适当的方法进行特征(即被测对象的各种物理量)的提取和融合计算，最后输出结果。

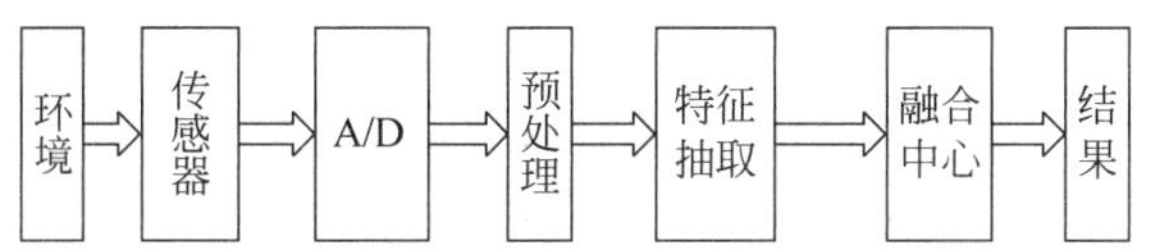

图 3.41　多传感器信息融合过程

多传感器信息融合与经典信号处理方法之间存在本质的区别，其关键在于信息融合所处理的多传感器信息具有更为复杂的形式，而且可以在不同的信息层次上出现。

按多源信息在传感器信息处理层次中的抽象程度，数据融合可以分为三个层次。

1. 数据层融合

数据层融合也称低级或像素级融合。首先将全部传感器的观测数据融合，然后从融合的数据中提取特征向量，并进行判断识别。这便要求传感器是同质的，即传感器观测的是同一个物理现象。如果多个传感器是异质的，那么数据只能在特征层或决策层进行融合。

2. 特征层融合

特征层融合也称中级或特征级融合。它首先对来自传感器的原始信息进行特征提取，然后对特征信息进行综合分析和处理。

3. 决策层融合

决策层融合也称高级或决策级融合。不同类型的传感器观测同一个目标，每个传感器在本地完成基本的处理（包括预处理、特征抽取、识别或判决）并建立对所观察目标的初步结论，然后通过关联处理进行决策层融合判决，得出最终的联合推断结果。

3.8.2　多传感器融合算法

信息融合可以视为在一定条件下信息空间的一种非线性推理过程，即把多个传感器检测到的信息作为一个数据空间的信息 M，推理得到另一个决策空间的信息 N，信息融合技术就是要实现 M 到 N 映射的推理过程，其实质是非线性映射 $f: M\sim N$。常见的多传感器融合的算法如图 3.42 所示。

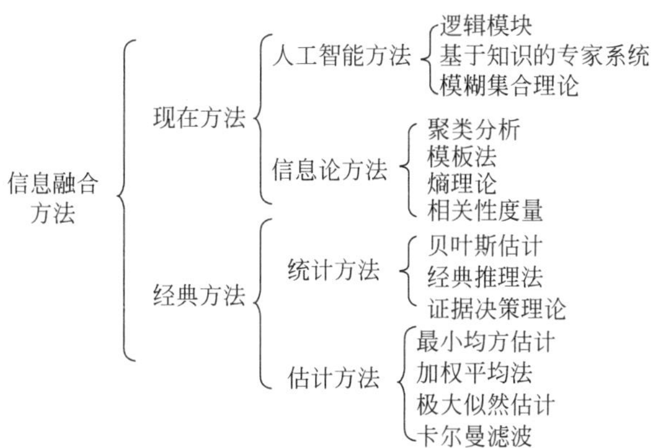

图 3.42　多传感器融合算法分类

机器人学中主要的数据融合方法常基于概率统计方法，现在也的确被认为是所有机器人学应用里的标准途径。概率性的数据融合方法一般是基于贝叶斯定律进行先验和观测信息的综合。实际上，这可以采用几条途径进行实现：通过卡尔曼滤波和扩展卡尔曼滤波器；通过连续蒙特卡罗方法；通过概率函数密度预测方法的使用。

3.8.3 多传感器融合在机器人领域的应用

多传感器融合系统已经广泛地应用于机器人学的各种问题中，但是应用最广泛的两个区域是动态系统控制和环境建模。

1. 动态系统控制

动态系统控制是利用合适的模型和传感器来控制一个动态系统的状态(比如，工业机器人、移动机器人、自动驾驶交通工具和医疗机器人)。通常此类系统包含转向、加速和行为选择等的实时反馈控制环路。除了状态预测，不确定性的模型也是必需的。传感器可能包括力/力矩传感器、陀螺仪、全球定位系统(GPS)、里程仪、照相机和距离探测仪等。

2. 环境建模

环境建模是利用合适的传感器来构造物理环境某个方面的一个模型。这可能是一个特别的问题，比如杯子；可能是个物理部分，比如一张人脸；或是周围事物的一大片部位，比如一栋建筑物的内部环境、城市的一部分或一片延伸的遥远或地下区域。典型的传感器包括照相机、雷达、三维距离探测仪、红外传感器(IR)、触觉传感器和探针(CMM)等。结果通常表示为几何特征(点、线、面)、物理特征(洞、沟槽、角落等)或是物理属性。一部分问题包括最佳的传感器位置的决定。

如图 3.43 所示，多传感器信息融合技术在移动机器人的感知系统中的立体视觉、地标识别、目标与障碍物的探测、移动机器人的定位与导航等多个方面均有不同程度的应用。从信息融合的层次上讲，移动机器人的感知既涉及数据层、特征层的信息融合，又需要决策层

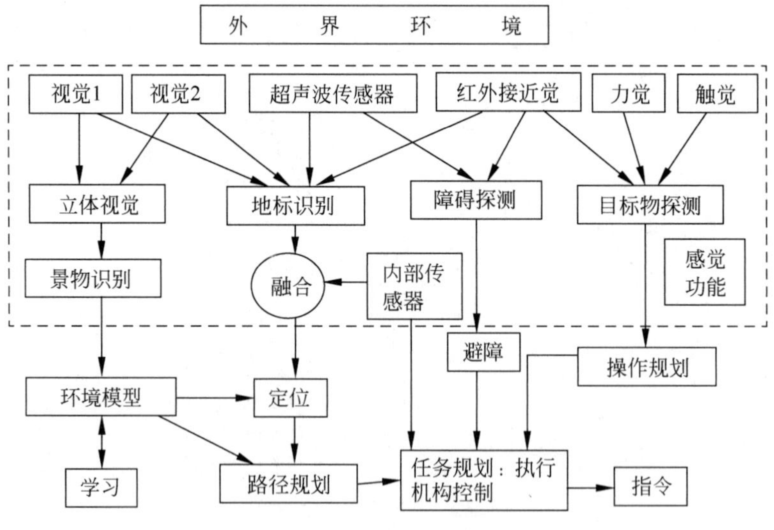

图 3.43　移动机器人多传感器信息融合示意图

的融合。从信息融合的结构上讲，移动机器人的感知也需要充分有效利用前述多传感器串行、并行与分散式融合等多种结构。从信息融合的算法上讲，移动机器人需要根据测距传感器信息融合、内部航迹推算系统信息融合、全局定位信息之间的信息融合等不同应用，采用不同层次与不同类型的融合方法，以准确、全面地认识和描述被测对象与环境，进而能够做出正确的判断与决策。

第4章 智能机器人的通信系统

通信系统是智能机器个体以及群体机器人协调工作中的一个重要组成部分。机器人的通信可以从通信对象角度分为内部通信和外部通信。内部通信是为了协调模块间的功能行为,它主要通过各部件的软硬件接口来实现。外部通信指机器人与控制者或者机器人之间的信息交互,它一般通过独立的通信专用模块与机器人连接整合实现。多机器人间能有效地通信,可有效共享信息从而更好地完成任务。

本章主要介绍移动机器人通信技术的发展历史和现状,现代通信技术基础以及机器人通信中广泛采用的通信方式、拓扑结构、通信协议及通信模型等。

4.1 现代通信技术

通信是指利用电子等技术手段实现从一地向另一地进行信息传递和交换的过程,其基本形式是在信源与信宿之间建立一个传输信息的通道(信道)。现代通信技术使得通信的功能不断扩大。

4.1.1 基本概念

1. 点对点通信系统的基本模型

图4.1为一个典型点对点通信系统的基本模型,各模块的作用如下:

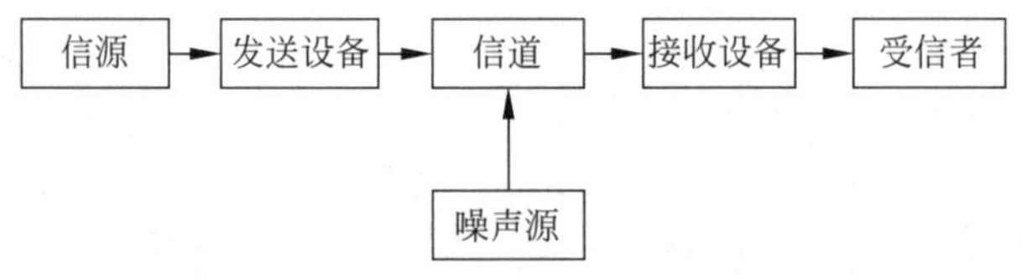

图4.1 通信系统的基本模型

(1) 信源把待传输的消息转换成原始电信号;发送设备也称为变换器,它将信源发出的信息变换成适合在信道中传输的信号,使原始信号(基带信号)适应信道传输特性的要求。

(2) 信道是传递信息的通道及传递信号的设施。按传输介质(又称传输媒质)的不同,分为有线信道和无线信道(如微波通信、卫星通信、无线接入等)。

(3) 接收设备的功能与发送设备相反,把从信道上接收的信号变换成信息接收者可以接收的信息,起着还原的作用。

(4) 受信者(信宿)是信息的接收者,将复原的原始信号转换成相应的消息。

(5) 噪声源是指系统内各种干扰影响的等效结果。为便于分析,一般将系统内所存在的干扰(环境噪声、电子器件噪声、外部电磁场干扰等)折合于信道中。

2. 现代通信系统的功能模型

图 4.2 为一个现代通信系统的功能模型,各模块作用如下:

(1) 接入功能模块——将语音、图像或数据进行数字化并变换为适合于网络传输的信号。

(2) 传输功能模块——将接入的信号进行信道编码和调制,变为适合于传输的信号形式。

(3) 控制功能模块——完成用户的鉴权、计费与保密,由信令网、交换设备和路由器等组成。

(4) 应用功能模块——为运营商提供业务经营。

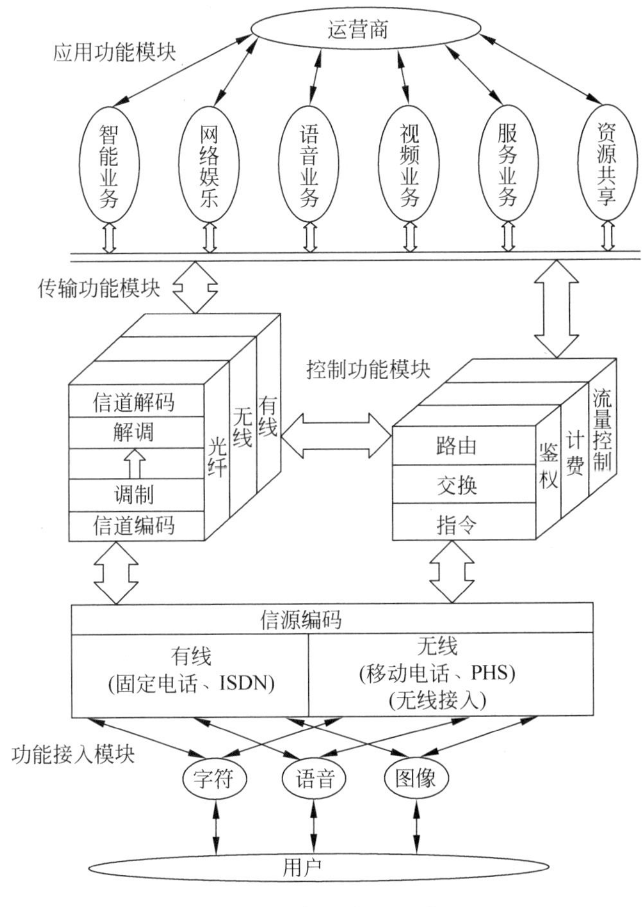

图 4.2 现代通信系统模型

3. 现代通信系统的分类

1) 按通信业务分类

(1) 按传输内容可分为单媒体通信与多媒体通信。

(2) 按传输方向可分为单向传输与交互传输。

(3) 按传输带宽可分为窄带通信与宽带通信。

(4) 按传输时间可分为实时通信与非实时通信。

2）按传输介质分类

（1）有线通信。有线通信的传输介质为电缆和光缆。

（2）无线通信。无线通信借助于电磁波在自由空间的传播来传输信号，根据波长不同可分为中/长波通信、短波通信和微波通信等。

3）按调制方式分类

（1）基带传输。基带传输将未经调制的信号直接在线路上传输。

（2）频带传输（调制传输）。频带传输先对信号进行调制后再进行传输。

4）按信道中传输的信号分类

按信道中传输的信号分类，可分为模拟通信和数字通信。

5）按收发者是否运动分类

按收发者是否运动分类，可分为固定通信和移动通信。

6）按多地址接入方式分类

按多地址接入方式分类，可分为频分多址、时分多址、码分多址通信等。

7）按用户类型分类

按用户类型分类，可分为公用通信和专用通信。

4. 通信系统的质量评价

1）有效性指标

有效性是指信道资源的利用效率（即系统中单位频带传输信息的速率问题）。模拟通信系统的有效性指标通常采用"系统有效带宽"来进行描述；数字通信系统有效性指标通常采用"传输容量"来进行描述。

传输容量的表示方法可采用以下两种：

（1）信息传输速率（比特速率）——系统每秒钟传送的比特数，单位为比特/秒（b/s）。

（2）符号传输速率（信号速率或码元速率）——单位时间内所传送的码元数，单位为波特（baud，Bd），每秒钟传送一个符号的传输速率为 1Bd。

符号传输速率和信息传输速率可换算；若是二进制码，符号传输速率则与信息传输速率相等。

2）可靠性指标

可靠性是指通信系统传输消息的质量（即传输的准确程度问题）。模拟通信系统的可靠性指标通常采用"输出信噪比"来衡量。数字通信系统的可靠性指标通常采用"传输差错率"来衡量。

传输差错率的表示方法可采用以下两种：

（1）误码率（码元差错率）。在传输过程中发生误码的码元个数与传输的总码元数之比，也指平均误码率。

（2）误比特率（比特差错率）。在传输过程中产生差错的比特数与传输的总比特数之比，也指平均误比特率。

当采用二进制码时，误码率与误比特率相等。误码率的大小与传输通路的系统特性和信道质量有关，提高信道信噪比（信号功率/噪声功率）和缩短中继距离，可使误码率减小。

4.1.2 相关技术简介

1. GSM 通信系统

全球移动通信系统(GSM)属第二代数字移动通信系统，是在蜂窝系统的基础上发展而来。GSM 网络技术成熟，覆盖范围广，能合理有效地利用 GSM 网络资源，可以避免组建专用数据传输网络的成本费用高，通信距离短，通信效果差等诸多难题。

如图 4.3 所示，GSM 通信系统主要由交换网络子系统(Network Station System，NSS)，无线基站子系统(Base Station System，BSS)和移动台(Mobile Station，MS)三大部分组成。

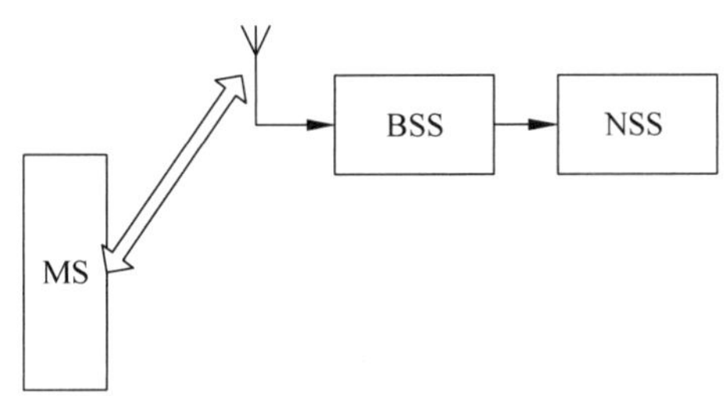

图 4.3 GSM 通信系统

(1) 移动台。通过无线接入进入通信网络，完成各种控制和处理以提供主叫或被叫通信服务。

(2) 基站子系统。负责无线传输，执行固定网与移动用户间的接口功能，提供移动台 MS 和 GSM 网络间无线信令和话音、数据信息交换。

(3) 网络交换子系统。负责管理 GSM 系统内部的用户之间以及与其他电信网用户之间的通信。

GSM 网络在机器人系统中，可以提供多种服务。例如，可以利用全球定位系统和 GSM 短信服务系统相结合实现机器人的定位、监控、调度指挥。

2. CDMA 通信系统

CDMA 又称码分多址，是在无线通信中使用的技术，在蜂窝移动通信各种技术体制中，码分多址(Code-Division Multiple Access，CDMA)占有十分重要的地位，它不仅是第二代数字蜂窝移动通信的两大体制(欧洲的 GSM 和北美的 IS-95)之一，也是第三代移动通信的主要体制。

CDMA 系统是基于码分技术(扩频技术)和多址技术的通信系统。CDMA 系统给每一用户分配一个唯一的码序列(扩频码)，且各用户的码序列之间是相互准正交的。发送时，系统用它对承载信息的信号进行编码，从而在时间、空间和频率上都可以重叠。由于码序列的带宽远大于所承载信息的信号的带宽，因此原有的数据信号的带宽被扩展，属于扩频调制。在接收端，用户接收机使用分配到的码序列对收到的信号进行解码，恢复出原始数据。

3. 常用短距离无线技术

1) ZigBee

随着物联网、车联网与智能家居概念的宣传，ZigBee 开始进入我们的视线。ZigBee 基于 IEEE 802.15.4 标准，由 ZigBee 联盟制定，具有自组网、低速率、低功耗的特点，尤其适合小型设备组网的需要。

2）Wi-Fi

Wi-Fi 被广泛应用于笔记本电脑、手机、平板电脑中，用于支持设备通过无线的方式连接互联网。Wi-Fi 的通信吞吐率很高，且与现存的网络设备具有良好的兼容性。

3）蓝牙

蓝牙技术的创始人是爱立信公司，用于手机与外围设备的连接，如蓝牙耳机、蓝牙 GPS 等。蓝牙使用时分双工的模式来实现全双工通信，是一种特殊的 2.4G 无线技术，遵循 IEEE 802.15.1 协议。蓝牙具有通信速率快、连接简单、全球通用、功耗低等特点，广泛用于手机、计算机、娱乐外围设备之中。

4）IrDA

IrDA 使用红外线进行通信，是一种低成本的通信方案。该标准制定了一个半双工的通信系统，通信范围 1m 左右，传输角度 30°～60°。因为使用红外线作为通信媒介，IrDA 的数据传输率最大可以达到 4Mbps。IrDA 较大的劣势就是其对传输路径的要求比较高，传输距离、收发角度都有限制，减小了它的应用领域。

4.2 机器人通信系统

4.2.1 移动机器人通信的特点

与传统意义上的有线电话网络或者无线蜂窝网络通信系统不同，移动机器人通信的主体是移动机器人，由于其应用背景的不同，而对于通信系统的要求有很大区别。

对于特殊环境应用的移动机器人，需要特别关注以下几方面。

1. 通信系统的健壮性

在移动机器人系统中，能够实时提取机器人系统的信息和发送控制指令是十分必要的。通信系统应当能够提供较好的通信质量，尽量降低网络延迟。对于多移动机器人系统的视频数据传输等场合，这一点尤其必要。在战场或科学考察等具有重大意义的场合，要求机器人的通信系统具有出色的健壮性，以确保设备回收或者数据反馈。

2. 能量受限

由于机器人采用自身电池供电，不但要提供通信所需电能，更要为行走、实物操作等对能量有较大需求的模块提供能量。但是其能量极其有限，这关系着系统的生存能力和安全性。一般来讲，通信模块能量的消耗包括发射能耗、计算能耗、存储能耗。因此，在设计移动机器人的通信系统时，有必要考虑其能量特性，尽可能采用能量消耗较少的系统设计。

3. 体积受限

通信模块过大，会带来安装上的不便，同时还会给机器人驱动模块带来额外的负荷，降低机器人的灵活性，限制其应用场合。

4.2.2 移动机器人通信系统的评价指标

综合以上特点，设计移动机器人通信系统时需要考虑以下几个因素。

1. 可靠性

机器人通信系统在工作时间内、在一定条件下无故障地执行指定功能的能力。

2. 能量效率

机器人的电能利用效率是否达标。

3. 带宽

带宽(band width)是指在固定的时间可传输资料数量,亦即在传输管道中可以传递数据的能力。对于数字信号而言,带宽指单位时间能通过链路的数据量。

4. QoS

服务质量(Quality of Service,QoS)指一个网络能够利用各种基础技术,为指定的网络通信提供更好的服务能力,是网络的一种安全机制,是用来解决网络延迟和阻塞等问题的一种技术。

4.2.3 移动机器人通信系统设计

1. 有线通信与无线通信方案的考虑

虽然现在生活中的趋势是无线通信的发展,但是在一些特定的环境中还是要用到有线通信。有线通信(Wire Communication)必须借助于有形媒介(电线或者光缆)来传送信息。无线通信(Wireless Communication)是利用电磁波信号可以在自由空间中传播的特性进行信息交换的一种通信方式。

有线通信与无线通信的比较如表 4.1 所示。

表 4.1 无线通信和有限通信的比较

	有线通信	无线通信
优势	① 信号稳定,抗干扰效果好 ② 对人体辐射小,安全可靠	① 方便快捷 ② 投资小
劣势	① 有固定线的束缚,不够方便 ② 投资建设成本大	① 信号不稳定,易被干扰 ② 安全问题,任何同频率的信号都有可能控制机器人或使得信号拥塞 ③ 频谱是一种稀缺资源,使用无线信道需要协调

2. 无线通信的比特率与传输距离

由于提供低功耗下的高速连接,Wi-Fi 成为了目前最流行的无线标准。它的传输距离在 100m 左右,Wi-Fi 无线网络通常由小范围内的互联接入点组成。覆盖距离有限使这种网络被限制在办公建筑、家用或其他室内环境中。Wi-Fi 对于室内使用的移动机器人和其人类操纵者是个不错的选择。如果机器人需要室外环境中的导航,第三代(3G)手机网络能提供最好的可用覆盖网络。

如果一个射频的发射源或者接收器在移动,根据多普勒效应电波的频率发生变化,这在通信中可能导致一些问题。Wi-Fi 并不是为高速移动的主机设计的。WiMax 和 3G 手机网络允许主机随速度低于 120km/h 的车辆移动。MWBA(移动版 WiMax 的标准,802.16e)允许主机以 250km/h 的速度移动,它是唯一能在高速铁路上工作的协议。WiMax 和 MWBA 的传输延迟都被设计为低于 20ms。而 3G 手机网络的延迟在 10～500ms 之间变化。

4.3 多机器人通信

4.3.1 多机器人通信模式

如图 4.4 所示，机器人之间的通信可以分为隐式通信和显式通信两种模式。

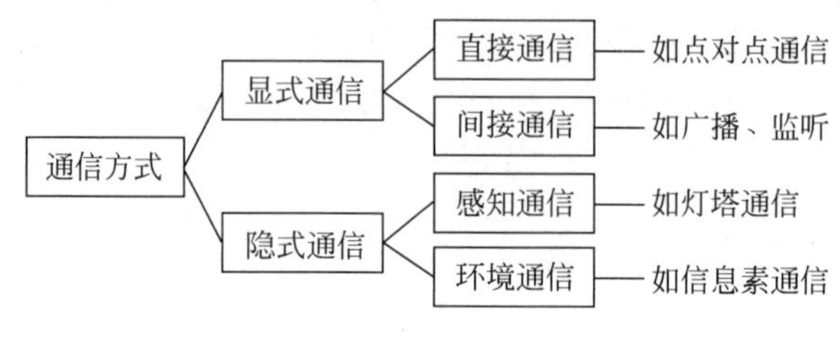

图 4.4 机器人的通信

1. 显式通信

显式通信是指多机器人系统利用特定的通信介质，通过某种共有的规则和方式实现信息的传递。这样，机器人群体不但可以快速、有效地完成节点之间的信息交换，还能够实现一些在隐式通信方式下无法完成的高级协作算法。

显式通信包括直接通信和间接通信两种。

1）直接通信

直接通信要求发送者和接收者保持一致，即通信时发送者和接收者同时在线，因此需要一种通信协议。

2）间接通信

间接通信不需要发送者与接收者保持一致。广播是一种间接通信类型，它不要求一定有接收者，也不保证信息是否正确地传送给接收者。监听（或观察）是另一种类型的间接通信，它侧重于信息接收者接收信息的方式。

显式通信虽然可以提高机器人间的协作效率，但也存在以下问题：各机器人之间的通信过程延长了系统对外界环境变化的反应时间；通信带宽的限制使机器人在信息传递交换时容易出现瓶颈；随着机器人数目的增加，通信所需时间大量增加，信息传递中的瓶颈问题突出。

2. 隐式通信

隐式通信是指多机器人系统通过外界环境和自身传感器来获取所需的信息并实现相互之间的协作，机器人之间没有通过某种共有的规则和方式进行数据转移和信息交换来实现特定含义信息的传递。

1）感知通信

多机器人系统感知问题时，多机器人系统就充分利用了基于自身传感器信息的隐式通信，通过感知环境的变化，并依据机器人内部一定的推理、理解模型来进行相应的决策和协作。

2）环境通信

机器人在通过传感器获取外界环境信息的同时也可能获取到其他机器人遗留在环境中

的某些特定信息，从而进行信息传递。

在使用隐式通信的多机器人系统中，由于各机器人不存在相互之间数据、信息的显式交换，所以多机器人系统可能无法使用一些高级的协调协作策略，从而影响了其完成某些复杂任务的能力，并且它要求高性能、高灵敏度的传感器及更复杂的识别算法。

3. 通信模式的实现

隐式通信与显式通信是多机器人系统各具特色的两种通信模式，如果将两者各自的优势结合起来，则多机器人系统就可以灵活地应对各种动态未知环境，完成许多复杂任务。利用显式通信进行少量的机器人之间的上层协作，通过隐式通信进行大量的机器人之间的底层协调，在出现隐式通信无法解决的冲突或死锁时，再利用显式通信进行少量的协调工作加以解决。这样的通信结构既可以增强系统的协调协作能力、容错能力，又可以减少通信量，避免通信中的瓶颈效应。

4.3.2 多机器人通信模型

在计算机系统中，目前常用的通信模型有"客户/服务器"模型(Client/Server，C/S)和"点对点"模型(Peer-to-Peer，P2P)。

1. C/S 模型

在基于 C/S 模型的通信系统中，机器人之间的通信必须通过服务器"中转"，系统具有中心服务器，所有客户进程与服务器进程进行双向通信，客户进程间无直接通路。

C/S 通信模型如图 4.5 所示，C/S 通信适用于需要集中控制的场合，其结构简单，易于实现，便于错误诊断及系统维护。一方面，中心服务器利用其特殊地位了解各客户机的需求，这有利于对客户进程的管理以及实现通信资源的合理分配与调度。另一方面，客户间进程通信效率低，中心服务器工作负荷大，其错误会导致整个系统的崩溃。

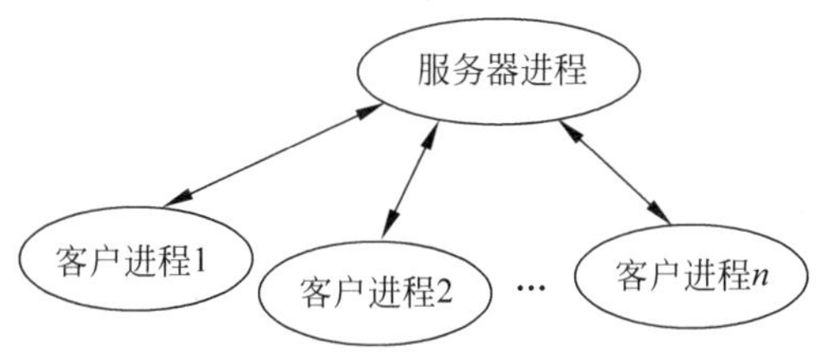

图 4.5 C/S 通信模型

2. P2P 模型

如图 4.6 所示，P2P 通信模型由中心结构改变为分布式结构，节点间通信不经过中心服务器的转发，而是直接进行通信，提高了通信效率。系统运行不依赖于模型中某个节点，因此系统负载较为均衡、可靠性高。

在 P2P 模型中，由于智能体的对等特性，那么每个智能体都要保存所有智能体的状态信息，增加了本地的存储负担；智能体内部状态的任何变化都必须及时通知其他智能体，增加了网络通信负担；每个智能体都必须处理控制或调度相关的计算，增加了系统负担。

由于多机器人系统是典型的分布式多任务实时系统，它运行在环境经常动态变化的真实世界中，为增强多机器人系统适应环境的能力，可以根据环境需要及具体任务的不同要求建立能支持系统复杂通信行为的基于 C/S 和 P2P 模型混合的模型结构。

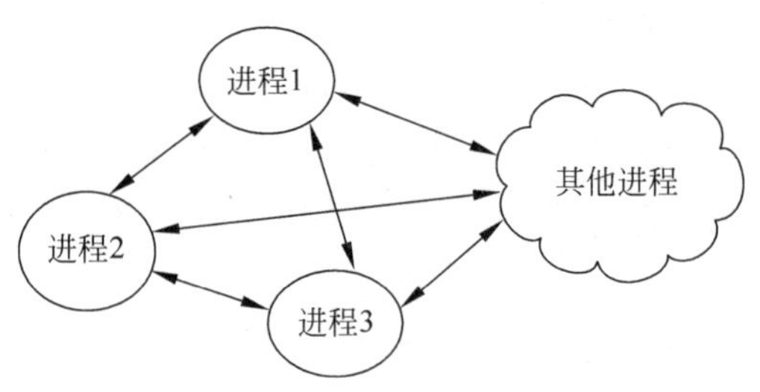

图 4.6　P2P 通信模型

4.4　多机器人通信举例

4.4.1　基于计算机网络的机器人通信

基于 Web 的远程控制机器人是指将机器人与 Internet 连接，使得人们可以在任何地方通过浏览器访问机器人，实现对机器人的远程监视和控制。

1. 系统结构图

图 4.7 给出了一种基于 Web 的远程控制机器人系统的结构。系统从功能上包括 Web 服务器、应用程序服务器、图像服务器、数据库服务器、机器人控制服务器五个部分。

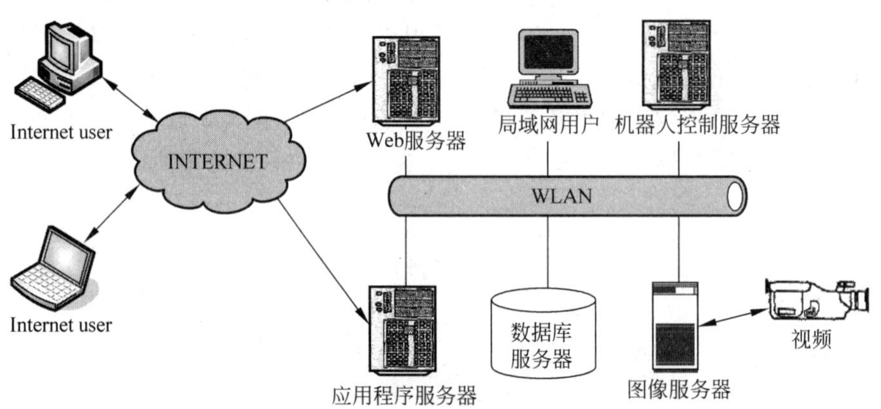

图 4.7　机器人网络控制系统结构图

(1) Web 服务器。负责提供用户访问界面，远程注册服务，并进行访问权限设置和身份确认。

(2) 应用程序服务器。负责接受客户端控制命令发送和进行应用层协议命令的解析，并直接调用机器人服务器相应的控制命令。

(3) 图像服务器。负责采集移动机器人及现场场景图像，进行图像处理以后将视频图像实时地传输给远端用户，并存入机器人图像数据库。

(4) 数据库服务器。负责提供存储、管理系统运行中所要用到的数据，主要包括用户数据库、图像数据库和机器人运动数据库。

(5) 机器人控制服务器。主要提供本地的人机交互界面，可以使操作人员对机器人进行参数设置、任务的指定等。

2. 基于网络的机器人远程控制需要解决的问题

1）时间延迟

由于受带宽和网络负载变化的影响，网络的长时间延迟具有不确定性。

2）系统安全性

与其他的 Internet 站点一样，基于网络远程机器人控制的站点也要面对网络上潜在的恶意攻击。

4.4.2 集控式机器人足球通信系统

图 4.8 为 Mirosot 机器人足球比赛赛场的全视图。根据不同的场地，可分为小型组(3V3)、中型组(5V5)、大型组(11V11)比赛。

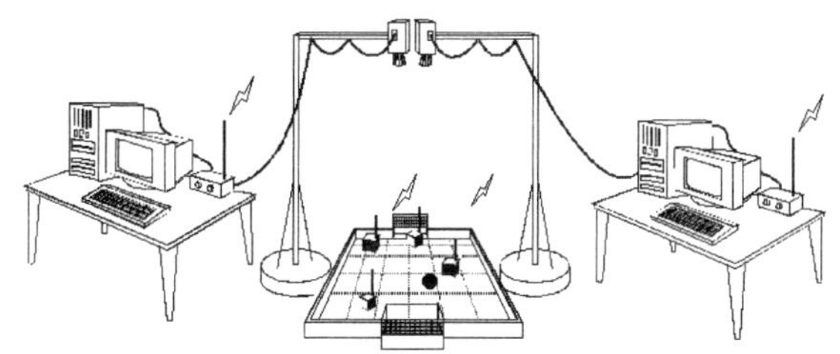

图 4.8　足球机器人比赛平台示意图

集控式足球机器人系统在硬件设备方面包括机器人小车、摄像装置、计算机主机无线发射装置。从功能上分包括视觉、决策、通信和机器人小车 4 个子系统。

如图 4.9 所示，通信子系统负责主机和足球机器人之间信息的传递。通信系统分为发射系统和车载接收系统两部分，发射装置与主机相连，接收装置安装在足球机器人上。来自主机决策系统的控制指令通过计算机送至通信发射模块，经过调制后发射出去，机器人的通信接收模块接收命令并解调后传送给车载微处理器进一步处理，以决定机器人的动作和行为。

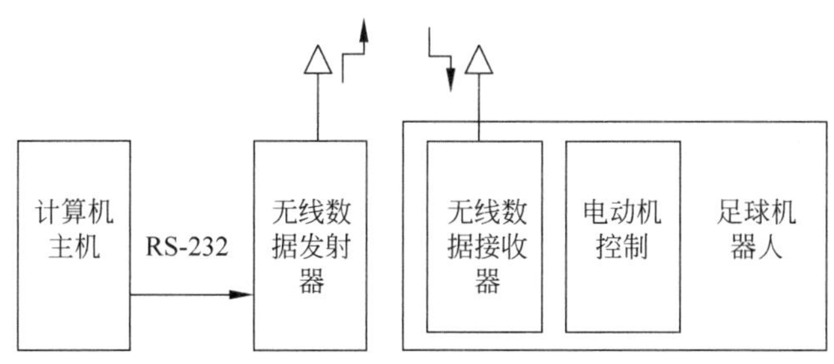

图 4.9　无线通信子系统框图

4.4.3 基于 Ad Hoc 网络的机器人通信

Ad Hoc 网络是随着近年来计算机网络技术发展出现的一种分布式结构的无线通信网络。它强调在一个广阔的区域实现多跳的无线通信，是一种无线移动自组织网络。

Ad Hoc 一词最早来源于拉丁语，在拉丁语中，Ad Hoc 的意思是 for this，后来又完善为 for this purpose only，中文意思是“仅用于此目的”，因此可以把 Ad Hoc 网络认为是一种有着特殊用途的网络。在 Ad Hoc 网络中，所有节点都拥有平等的地位，也不用增加任何中心控制节点，具有很强的生存能力。每个节点都兼顾路由功能和转发功能，如果通信的初始节点无法和目的节点进行通信，则可以通过两节点之间的中间节点转发来进行通信。

Ad Hoc 网络具有无中心、自组织、动态拓扑等特性，可以为机器人提供地位平等的通信，特别适用于多机器人系统的通信。图 4.10 给出了一种基于 Ad Hoc 网络的多个机器人灾难救援系统结构。

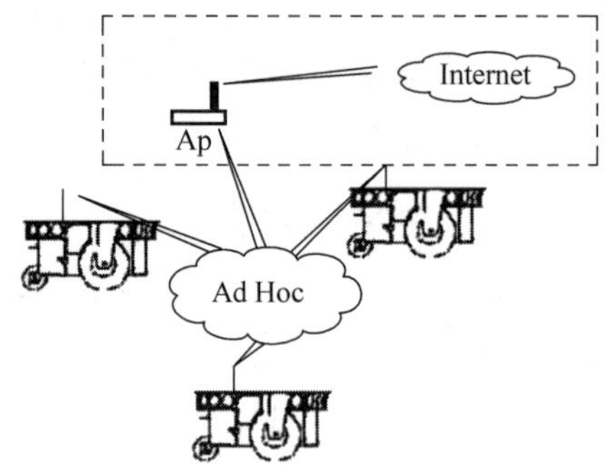

图 4.10　多个机器人灾难救援系统结构

由于受到电池容量的限制，单个机器人生存能力也有限。一旦通信中断或失去电能，任务将无法完成，面临巨大危险。如采用多个机器人组成系统，通过多跳转发，可以增加通信距离，保证对机器人的掌控，并能根据传回的数据，进行实时的人工干预控制，极大地提高了操作的准确性、安全性。并且，由于多跳传输可以极大地降低机器人个体的发射功率，延长其平均寿命。

第5章 智能机器人的视觉技术

机器人的视觉功能在于识别环境、理解人的意图并完成工作任务。机器人的视觉技术包括：给定图像的检测与跟踪、多目视觉与距离测量、时序图像检测运动并跟踪、主动视觉等。移动机器人通常利用立体视觉恢复周围环境的三维信息、识别道路、判断障碍物，实现路径规划、自主导航等。

5.1 机器视觉基础理论

机器视觉是光学成像问题的逆问题，它通过获取图像、创建或恢复现实世界模型，从而实现对现实客观世界的观察、分析、判断与决策。机器视觉技术正广泛地应用于工业检测等各个方面，在一些危险场景感知、不可见物体感知等场合，机器视觉更突显其优越性。

5.1.1 理论体系

1982年，Marr首次从信息处理的角度综合了图像处理、心理物理学、神经生理学及临床精神病学的研究成果，提出了一个较为完善的视觉系统框架，Marr从信息处理系统的角度出发，认为对视觉系统的研究应分为三个层次，即计算理论层、表达与算法层和硬件实现层，如图5.1所示。

计算理论层	计算的目的	计算的合理性	执行计算的策略
表达与算法层	信息的编码	数据结构和符号	对应功能的算法
硬件实现层	I/O设备	计算机配置	计算机体系结构

图5.1 Marr视觉理论的三个层次及其所对应的内容

Marr理论是机器视觉研究领域的划时代成就，多年来对图像理解和机器视觉的研究发展起了重要的作用。Marr认为视觉系统的研究应分为三个层次：

(1) 计算理论层是视觉信息处理的最高层次，是抽象的计算理论层次，它回答系统各个部分的计算目的和计算策略。

(2) 表达与算法层是要进一步回答如何表达视觉系统各部分的输入、输出和内部的信息，以及实现计算理论所规定目标的算法。

(3) 硬件实现层要回答的是"如何用硬件实现各种算法"。

机器视觉研究可以分为如下五大研究内容:

1. 低层视觉

低层视觉主要任务是采用大量的图像处理技术和算法,对输入的原始图像进行处理。

(1) 利用图像滤波、图像增强、边缘检测等技术,抽取图像中诸如角点、边缘、线条、边界以及色彩等关于场景的基本特征。

(2) 各种图像变换(如校正)、图像纹理检测、图像运动检测。

2. 中层视觉

中层视觉的主要任务是恢复场景的深度、表面法线方向、轮廓等有关场景的 2.5 维信息。

(1) 系统标定、测距成像系统、立体视觉等。

(2) 明暗特征、纹理特征、运动估计等。

3. 高层视觉

高层视觉的任务是在以物体为中心的坐标系中,在原始输入图像、图像基本特征、2.5 维图的基础上,恢复物体的完整三维图,建立物体三维描述,识别三维物体并确定物体的位置和方向。另外,主动视觉(active vision)涵盖了上述各个层次的研究内容。

4. 输入设备

输入设备通过光学摄像机或红外、激光、超声、X 射线对周围场景或物体进行探测成像,得到关于场景或物体的二维或三维数字化图像。

5. 体系结构

研究机器视觉从设计到实现中涉及的信息流结构、拓扑结构等一系列相关的问题。

5.1.2 关键问题

机器视觉系统的主要困难体现在以下几个方面。

1. 图像多义性

三维场景被投影为二维图像,深度和不可见部分的信息被丢失。不同形状的三维物体投影在图像平面上可能产生相同图像,如图 5.2 所示。不同角度获取的同一物体图像可能存在很大差异。

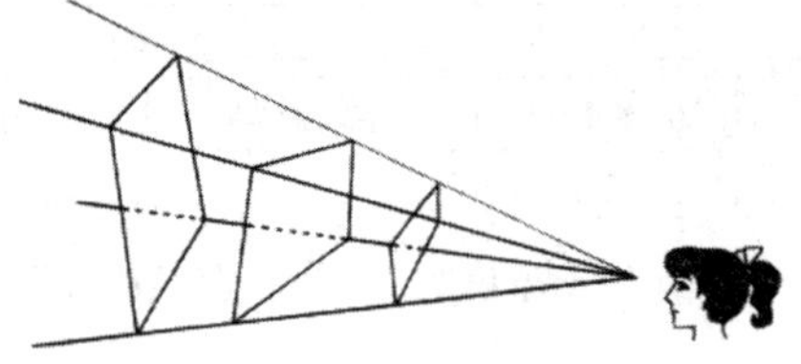

图 5.2 不同形状的三维物体投影在图像平面上产生相同图像

2. 环境因素影响

照明、物体形状、表面颜色、摄像机以及空间关系变化都会对获取的图像有影响,几个立方体构成的多义性图像如图 5.3 所示。

图 5.3　几个立方体构成的多义性图像

3. 知识导引

同样的图像在不同的知识导引下，将会产生不同的识别结果。不同的知识导引也可能产生不同的空间关系。

4. 大数据

灰度图像、彩色图像、高清图像、深度图像、图像序列的信息量会非常大，需要很大的存储空间和计算处理能力。

5.2　成像几何基础

成像系统即是将三维场景变换成二维灰度或彩色图像。这种变换可以用一个从三维空间到二维空间的映射(如式(5.1)所示)来表示：

$$
\begin{aligned}
&f: R^3 \rightarrow R^2 \\
&(x, y, z) \rightarrow (x', y')
\end{aligned}
\tag{5.1}
$$

如果考虑时变三维场景，则上述变换是四维空间到三维空间的变换；如果再考虑某一波段或某几个波段的光谱，则上式的维数将增加到五维或更高维。

5.2.1　基本术语

简单的三维图形获取过程如图 5.4 所示。

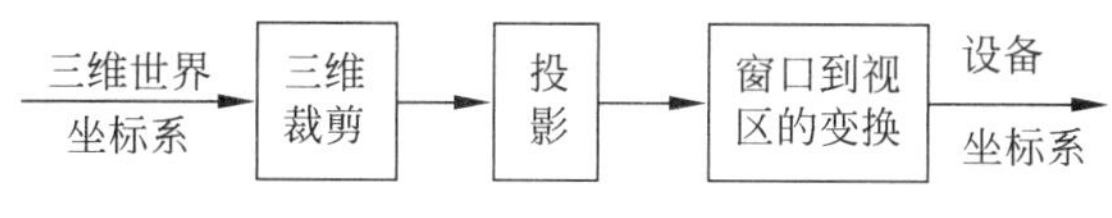

图 5.4　三维图形获取过程

1. 投影

一般地，将 n 维的点变换成小于 n 维的点称为投影，平面几何投影的分类如图 5.5 所示。三维场景投影将三维空间的点变换成二维图像中的点。

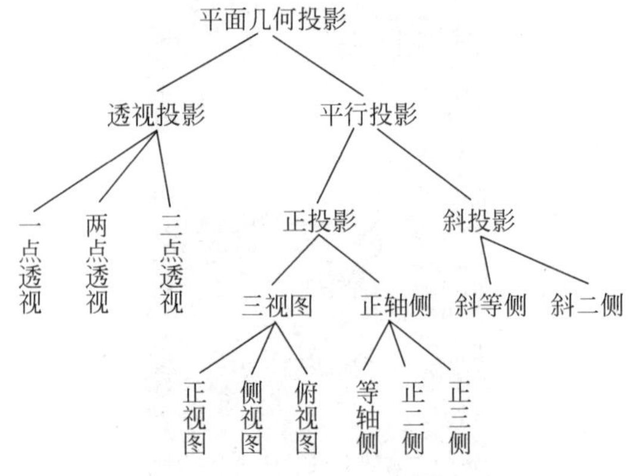

图 5.5　平面几何投影分类

2. 投影中心

如图 5.6 (a)所示,投影线回聚于投影中心(COP)。对于视觉系统,投影中心也称为视点或观察点。

3. 投影线与投影面

从投影中心向物体上各点发出的射线称为投影线,投影面是物体投影所在的假想面。如图 5.6 (b)所示,投影线可以是直线或曲线。投影面通常是平面,但也的场合也应用曲面作为投影面。

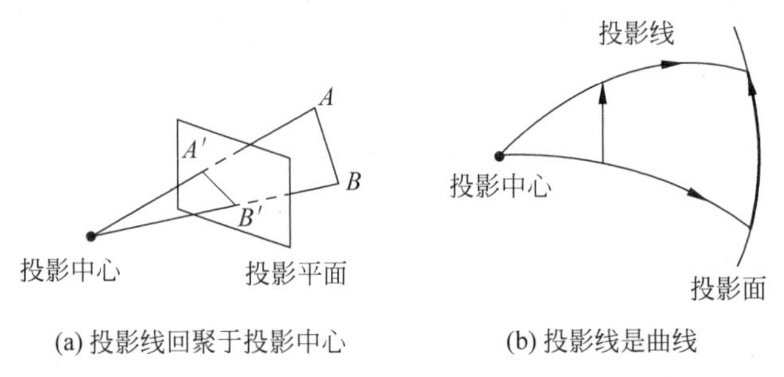

(a) 投影线回聚于投影中心　　(b) 投影线是曲线

图 5.6　投影过程中的投影线与投影面

4. 投影变换

投影变换是将一种投影点的坐标变换为另一种投影点的坐标的过程。三维空间到二维空间的两种常用映射分别是透视投影变换和平行投影变换,如图 5.7 所示。

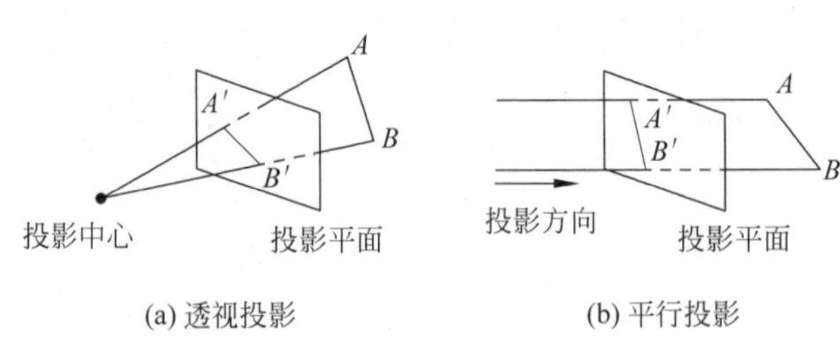

(a) 透视投影　　(b) 平行投影

图 5.7　透视投影变换和平行投影变换

(1) 透视投影。如图 5.7(a)所示,透视投影的投影中心与投影平面之间的距离为有限远。

(2) 平行投影。如图 5.7(b)所示,投影中心与投影平面之间的距离为无限远。可见,平行投影是透视投影的极限状态。

5.2.2 透视投影

1. 透视现象

由于观察距离及方位引起视觉的不同反映,就是透视现象。利用透视规律,可以正确表现出物体之间的远近层次关系,使观察者获得立体的空间感觉,如图 5.8 所示。

图 5.8 透视现象

文艺复兴时期,人们发现要把一个事物画在一块画布上就好比是用自己的眼睛当作投影中心,把实物的影子影射到画布上去。数学家对图形在中心投影下的性质进行研究,逐渐产生了射影几何这门学科。

在 17 世纪初期,开普勒最早引进了无穷远点概念。"无限远点"在有限的图像上形成的像却是看得见的。与画面成一个角度的平行线簇经透视变换后都汇流成一个远方的点,这个点称为灭点或是消失点。

图 5.9 给出了一点透视、两点透视与三点透视的效果图。近大远小的视觉效果,使得图形深度感强,看起来更加真实。

2. 透视投影成像模型

如图 5.10 所示,透视投影可以用针孔成像模型来近似,其特点是所有来自场景的光线均通过一个投影中心(针孔中心)。透视投影倒立成像几何示意图如图 5.11 所示,经过投影中心且垂直于图像平面(成像平面)的直线称为投影轴或光轴。

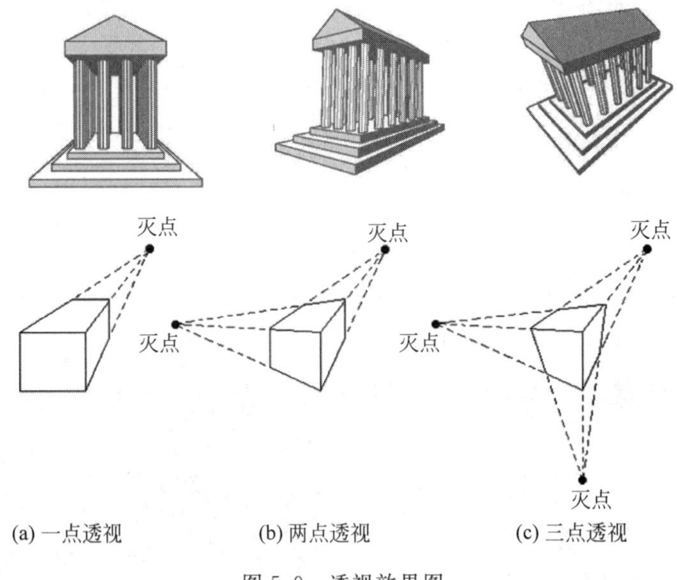

图 5.9　透视效果图

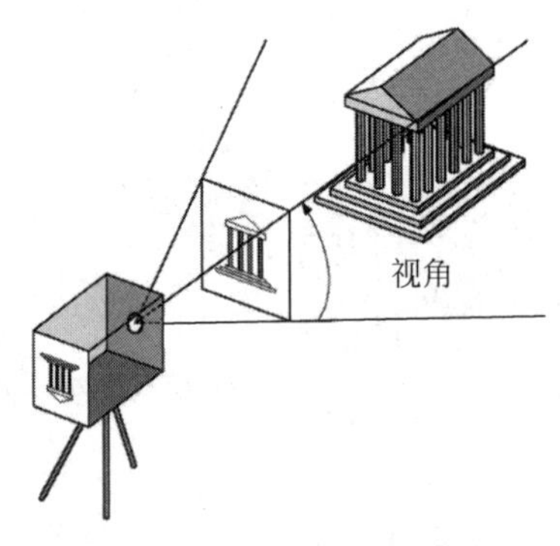

图 5.10　针孔成像模型

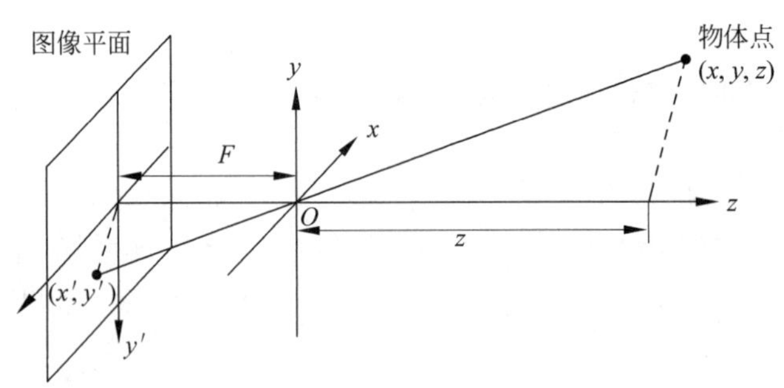

图 5.11　透视投影倒立成像几何示意图

5.2.3　平行投影

平行投影也称为正交投影，是指用平行于光轴的光将场景投射到图像平面上。如图 5.12 所示，正交投影是透视投影的一个特例，当透视投影模型的焦距 f 很大且物体距投影中心很远时，透视投影就可以用正交投影来近似。

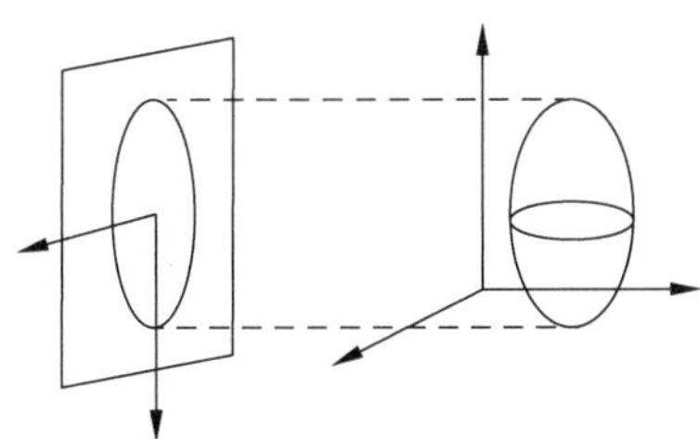

图 5.12　正交投影几何示意图

5.2.4 视觉系统坐标变换

1. 坐标系

在几何学中，为了用数字描述空间物体的大小、形状和位置，必须引进笛卡儿坐标系。用户总是习惯于在自己熟悉的坐标系中描述客体或绘制图形，这个用户定义客体的坐标系，称为用户坐标系，或称为客体坐标系。

(1) 用户坐标系有直角坐标系、极坐标系、对数坐标系、球形坐标系等。在图形系统中，一般只用到直角坐标系。直角坐标系又称为宇宙坐标系，可以分为二维直角坐标系和三维直角坐标系。

(2) 设备坐标系一般是二维坐标系，图形的输出在设备坐标系中进行。设备坐标系包括绘图仪坐标系和显示屏幕坐标系。

(3) 规格化坐标系是与设备无关的坐标系，用来构造与设备无关的图形系统。通常取无量纲的单位长度作为在规格化坐标系中图形输入输出的有效空间，x 和 y 方向的取值范围为[0,1]。

用户坐标系、规格化坐标系和设备坐标系三者之间的关系如图 5.13 所示。

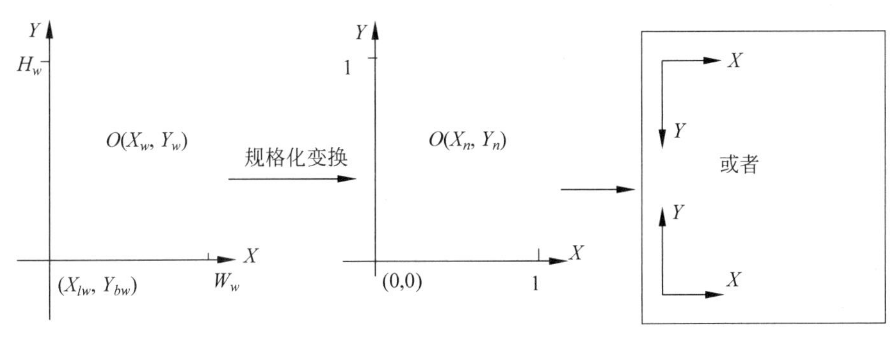

图 5.13　三种坐标之间的关系

机器视觉系统中通常涉及以下几种坐标系：

(1) 像素坐标——表示图像阵列中图像像素的位置。

(2) 图像平面坐标——表示场景点在图像平面上的投影。

(3) 摄像机坐标——以观察者为中心的坐标，将场景点表示成以观察者为中心的数据形式。

(4) 场景坐标——也称作绝对坐标(或世界坐标),用于表示场景点的绝对坐标。

2. 齐次坐标

齐次坐标表示法就是用 $n+1$ 维向量表示一个 n 维向量。这使得二维的几何变换可以用一种统一的矩阵方式来表示。

在 n 维空间中,点的位置矢量具有 n 个坐标分量($P_1,P_2,\cdots,P_n$),它是唯一的。若用齐次坐标表示时,此向量有 $n+1$ 个坐标分量($hP_1,hP_2,\cdots,hP_n,h$),它不是唯一的。

考虑对笛卡儿空间内点 P 分别进行旋转、平行移动、放大、缩小,对应的射影空间内 $P[p]\to P'[p']$ 的变换操作可用 4×4 矩阵 $\boldsymbol{T}_i$ 来作为 P 的齐次坐标的线性变换:

$$p' = p\boldsymbol{T}_i \tag{5.2}$$

式中 $P'[p']$ 表示 P 点变换后,对应在射影空间内的点。

1) 旋转变换

空间内物体绕 x、y、z 轴旋转角度 θ,对应的变换矩阵 $\boldsymbol{T}_i$ 可表示为:

$$\boldsymbol{T}_x = \begin{bmatrix} 1 & 0 & 0 & 0 \\ 0 & \cos\theta & \sin\theta & 0 \\ 0 & -\sin\theta & \cos\theta & 0 \\ 0 & 0 & 0 & 1 \end{bmatrix} \quad \boldsymbol{T}_y = \begin{bmatrix} \cos\theta & 0 & -\sin\theta & 0 \\ 0 & 1 & 0 & 0 \\ \sin\theta & 0 & \cos\theta & 0 \\ 0 & 0 & 0 & 1 \end{bmatrix} \quad \boldsymbol{T}_z = \begin{bmatrix} \cos\theta & \sin\theta & 0 & 0 \\ -\sin\theta & \cos\theta & 0 & 0 \\ 0 & 0 & 1 & 0 \\ 0 & 0 & 0 & 1 \end{bmatrix} \tag{5.3}$$

2) 平移变换

空间内物体在 x、y、z 方向平移(h,k,l),对应的变换矩阵 $\boldsymbol{T}_i$ 可表示为:

$$\boldsymbol{T}_t = \begin{bmatrix} 1 & 0 & 0 & 0 \\ 0 & 1 & 0 & 0 \\ 0 & 0 & 1 & 0 \\ h & k & l & 1 \end{bmatrix} \tag{5.4}$$

3) 扩大、缩小变换

空间内物体以原点为中心,在 x、y、z 轴方向扩大或者缩小 m_x、m_y、m_z 倍,或者全体的 $1/m_w$ 倍,则对应的变换矩阵 $\boldsymbol{T}_i$ 可表示为:

$$\boldsymbol{T}_m = \begin{bmatrix} m_x & 0 & 0 & 0 \\ 0 & m_y & 0 & 0 \\ 0 & 0 & m_z & 0 \\ 0 & 0 & 0 & m_\omega \end{bmatrix} \tag{5.5}$$

表现移动的上述 4×4 矩阵 $\boldsymbol{T}_i$ 的各元素的效果图如图 5.14 所示。

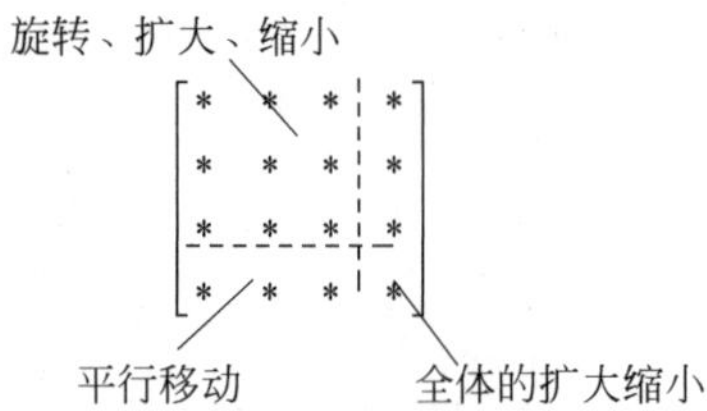

图 5.14 矩阵 $\boldsymbol{T}_i$ 各元素的效果图

5.2.5 射影变换

三维空间中,以某一个视点为中心向二维平面上投影的过程称为透视变换。如图 5.15 所示,这种将平面 π 上的图形投影到另一图像平面 μ 上这一过程称作"配景映射"。这种"配景映射"可以多次进行,称为射影变换。在显示这个图像时,显示器有固定的坐标系,用它的坐标直接表现是必要的,这个变换称为表示变换。

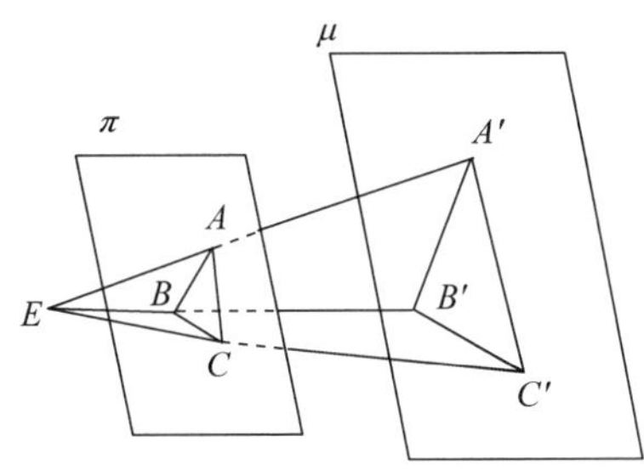

图 5.15 配景映射

三维空间的坐标系规定为现实世界坐标,称为实坐标或者世界坐标。在三维空间中,三维物体的投影和图像化过程如图 5.16 所示。

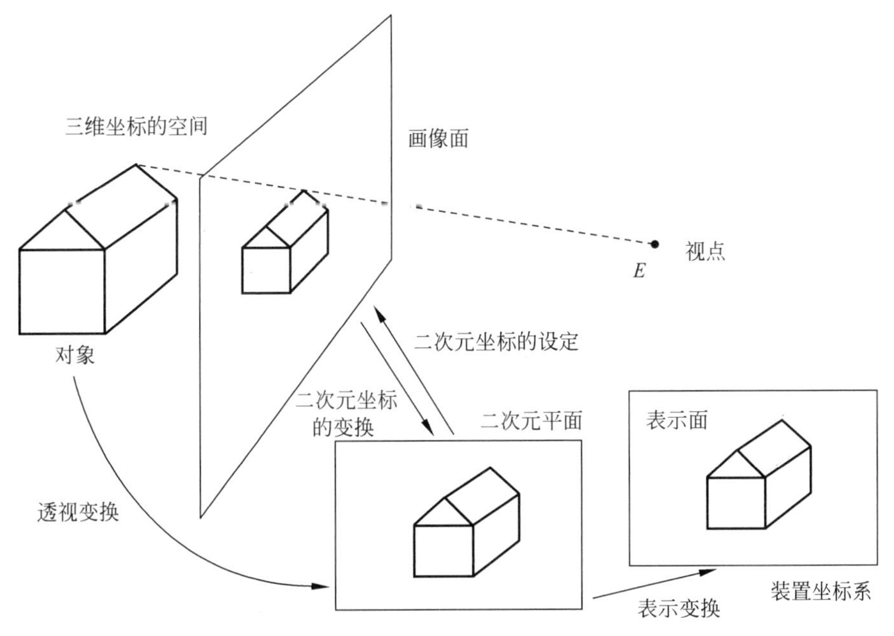

图 5.16 三维空间内物体图像的形成过程

(1) 三维空间内物体的坐标变换,从作为笛卡儿坐标的世界坐标变换到齐次坐标。

(2) 如有必要,可以旋转、扩大、缩小。这由 4×4 且秩为 4 的矩阵 $\boldsymbol{T}$ 来表达。

(3) 在射影空间内的平面上进行透视变换。这由 4×4 且秩为 3 的矩阵 $\boldsymbol{M}_1$ 来表达。

(4) 从射影空间内的平面到射影平面的变换。这由 4×3 且秩为 3 的矩阵 $\boldsymbol{M}_2$ 来表达。

(5) 从射影平面出发到表示射影平面的变换,用 4×3 且秩为 3 的矩阵 $\boldsymbol{M}_3$ 来表达。

(6) 射影平面上的点齐次坐标进行笛卡儿坐标变换。

步骤(2)到步骤(5)变换全部为线性变换,可以用矩阵形式表达:

$$\boldsymbol{M} = \boldsymbol{T} \cdot \boldsymbol{M}_1 \cdot \boldsymbol{M}_2 \cdot \boldsymbol{M}_3 \tag{5.6}$$

对于步骤(1)中对象点 $P(x,y,z)$,齐次坐标变换为$(x,y,z) \rightarrow [x,y,z,1]$。射影变换的结果即是右乘矩阵 $\boldsymbol{M}$:

$$[s,t,u] = [< x,y,z,1 > \boldsymbol{M}] \tag{5.7}$$

步骤(6)是为了得到成像平面的坐标进行的笛卡儿坐标变换,可表达为:

$$[s,t,u] \rightarrow [s/u,t/u] \tag{5.8}$$

5.3 图像的获取和处理

5.3.1 成像模型

成像系统的建模是建立摄像机成像面坐标与客观三维场景的对应关系。

1. 成像坐标变换

成像变换涉及不同坐标系之间的变换,从三维场景到数字图像的获得所经历成像变换如图 5.17 所示。

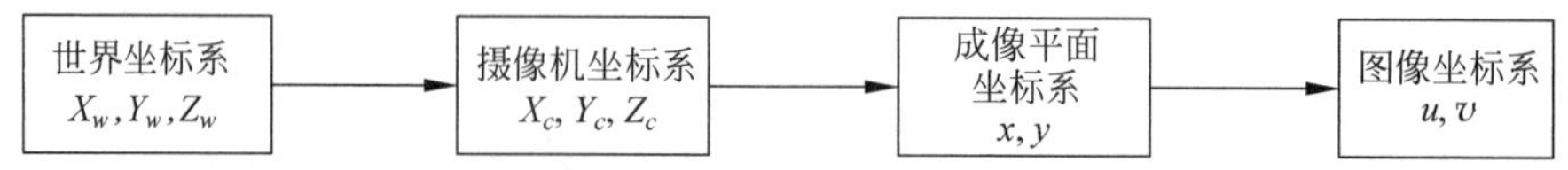

图 5.17 坐标系转换关系图

1) 图像坐标系

摄像机采集的图像以 $M \times N$ 的二维数组存储的。如图 5.18 所示,在图像上定义的直角坐标系 uv 中,坐标系原点位于图像的左上角,图像坐标系的坐标(u,v)是以像素为单位的坐标。

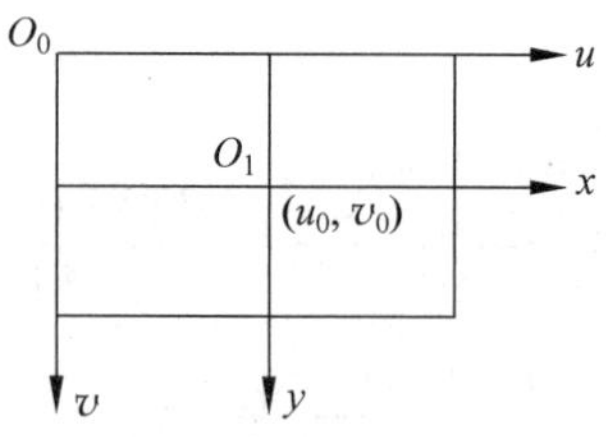

图 5.18 图像坐标系 uv

2) 成像平面坐标系

图像坐标系中的坐标(u,v)只表示像素位于数组中的列数与行数,并没有用物理单位表示出该像素在图像中的位置,因此需要在建立以物理单位(例如,毫米)表示的像平面坐标系 x-y。

若原点 q 在 uv 坐标系中的坐标为(u_0,v_0),每一个像素在 x 轴与 y 轴方向上的物理尺寸为 $\mathrm{d}x$,$\mathrm{d}y$,则图像中任意一个像素在两个坐标系下的坐标关系:

$$u = \frac{x}{\mathrm{d}x} + u_0 \tag{5.9}$$

$$v = \frac{y}{\mathrm{d}y} + v_0 \tag{5.10}$$

用齐次坐标与矩阵将上式表示为：

$$\begin{bmatrix} u \\ v \\ 1 \end{bmatrix} = \begin{bmatrix} \frac{1}{\mathrm{d}x} & 0 & u_0 \\ 0 & \frac{1}{\mathrm{d}y} & v_0 \\ 0 & 0 & 1 \end{bmatrix} \begin{bmatrix} x \\ y \\ 1 \end{bmatrix} \tag{5.11}$$

3）摄像机坐标系

摄像机坐标系是以摄像机为中心制定的坐标系。摄像机成像几何关系如图 5.19 所示。

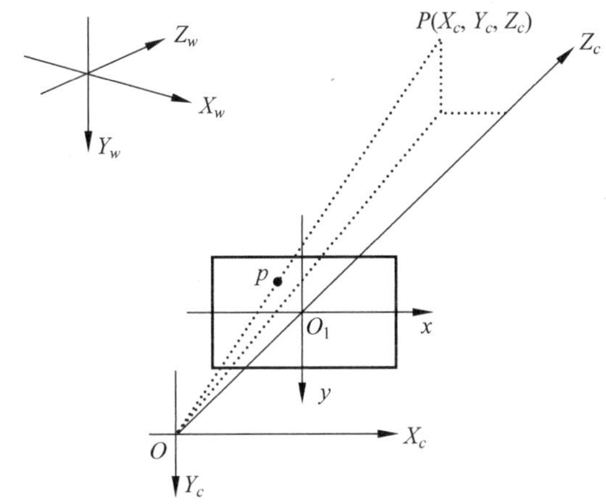

图 5.19　摄像机成像与摄像机为中心制定的坐标系的几何关系

O 点称为摄像机光心；Z_c 轴为摄像机的光轴，它与图像平面垂直；光轴与图像平面的交点为像平面坐标系的原点 O_1；由点 O 与 X_c、Y_c、Z_c 轴组成的直角坐标系称为摄像机坐标系。OO_1 为摄像机焦距。

4）世界坐标系

在环境中选择世界坐标系来描述摄像机的位置，一般的三维场景都是用这个坐标系来表示的。世界坐标系由 X_w、Y_w、Z_w 轴组成，如图 5.19 所示。

摄像机坐标系与世界坐标系之间的关系可以用旋转矩阵 $\boldsymbol{R}$ 与平移向量 $\boldsymbol{t}$ 来描述。

设三维空间中任意一点 P 在世界坐标系的齐次坐标为 $[X_w, Y_w, Z_w, 1]^{\mathrm{T}}$，在摄像机坐标系下的齐次坐标为$[X_c, Y_c, Z_c, 1]^{\mathrm{T}}$，摄像机坐标系与世界坐标系的关系：

$$\begin{bmatrix} X_c \\ Y_c \\ Z_c \\ 1 \end{bmatrix} = \begin{bmatrix} \boldsymbol{R} & \boldsymbol{t} \\ 0^{\mathrm{T}} & 1 \end{bmatrix} \begin{bmatrix} X_w \\ Y_w \\ Z_w \\ 1 \end{bmatrix} = \boldsymbol{M}_1 \begin{bmatrix} X_w \\ Y_w \\ Z_w \\ 1 \end{bmatrix} \tag{5.12}$$

其中，$\boldsymbol{R}$ 为 3×2 单位正交矩阵；$\boldsymbol{t}$ 为三维平移向量；$0=(0,0,0)^{\mathrm{T}}$；$\boldsymbol{M}_1$ 为 4×4 矩阵。

2. 摄像机小孔成像模型

实际成像系统应采用透镜成像原理，物距 u、透镜焦距 f、像距 v 三者满足如下关系：

$$\frac{1}{f} = \frac{1}{u} + \frac{1}{v} \tag{5.13}$$

因为在一般情况下有 $u>>f$，由式可知 $v\approx f$，所以实用中可以小孔成像模型来代替透镜成像模型，空间任何一点 P 在图像上的成像位置 P 可以采用针孔模型近似表示。这种关系也称为中心射影或透视投影，比例关系如下：

$$x=\frac{fX_c}{Z_c}$$
$$y=\frac{fY_c}{Z_c} \tag{5.14}$$

或用齐次坐标与矩阵将上式表示为：

$$Z_c\begin{bmatrix}x\\y\\1\end{bmatrix}=\begin{bmatrix}f&0&0&0\\0&f&0&0\\0&0&1&0\end{bmatrix}\begin{bmatrix}X_c\\Y_c\\Z_c\\1\end{bmatrix} \tag{5.15}$$

综上所述，世界坐标表示的 P 点坐标与其投影点 p 的坐标 $(u\ ,v)$ 的关系：

$$\begin{aligned}Z_c\begin{bmatrix}u\\v\\1\end{bmatrix}&=\begin{bmatrix}\frac{1}{\mathrm{d}x}&0&u_0\\0&\frac{1}{\mathrm{d}y}&v_0\\0&0&1\end{bmatrix}\begin{bmatrix}f&0&0&0\\0&f&0&0\\0&0&1&0\end{bmatrix}\begin{bmatrix}R&t\\0^{\mathrm{T}}&1\end{bmatrix}\begin{bmatrix}X_w\\Y_w\\Z_w\\1\end{bmatrix}\\&=\begin{bmatrix}a_x&0&u_0&0\\0&a_y&v_0&0\\0&0&1&0\end{bmatrix}\begin{bmatrix}R&t\\0^{\mathrm{T}}&1\end{bmatrix}\begin{bmatrix}X_w\\Y_w\\Z_w\\1\end{bmatrix}=M_1M_2X_W=\boldsymbol{M}X_W\end{aligned} \tag{5.16}$$

其中，$\boldsymbol{M}$ 为 3×4 的投影矩阵；M_1 完全由 a_x,a_y,u_0,v_0 决定，它们只与摄像机内部结构有关，称这些参数为摄像机内部参数；M_2 完全由摄像机相对于世界坐标系的方位决定，称为摄像机外部参数。

3. 摄像机非线性成像模型

由于实际成像系统中存在着各种误差因素，如透镜像差和成像平面与光轴不垂直等，这样像点、光心和物点只在同一条直线上的前提假设不再成立，这表明实际成像模型并不满足线性关系，而是一种非线性关系。尤其在使用广角镜头时，在远离图像中心处会有较大的畸变，如图 5.20 所示。像点不再是点 P 和 O 的连线与图像平面的交点，而是有了一定的偏移，这种偏移实际上就是镜头畸变。

主要畸变类型有两类，即径向畸变和切向畸变，其中径向畸变是畸变的主要来源，它是关于相机镜头主轴对称的，可用数学公式表示如下：

$$\begin{cases}\hat{x}=x+x[k_1(x^2+y^2)+k_2(x^2+y^2)^2]\\\hat{y}=y+y[k_1(x^2+y^2)+k_2(x^2+y^2)^2]\end{cases} \tag{5.17}$$

4. 摄像机的标定

视觉检测根据应用需求的不同，不仅需要做缺陷等目标的定性检测，可能还需要进一步做定量检测。这就需要从相机拍摄的图像信息出发，计算三维世界中物体的位置、形状等几

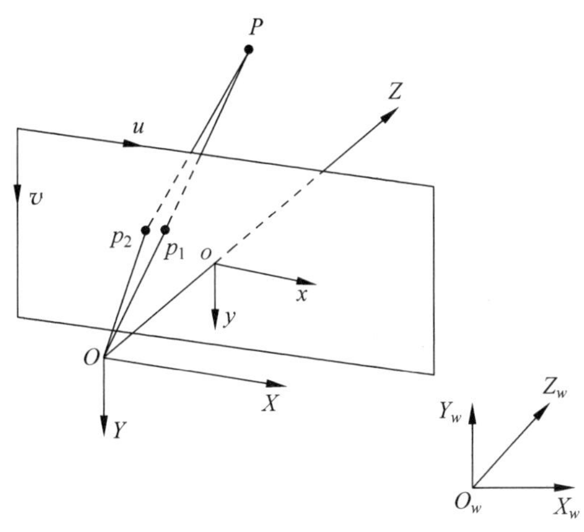

图 5.20　镜头畸变示意图

何信息，并由此识别检测目标中的真实景象。图像上每一点的亮度反映了空间物体表面反射光的强度，而该点在图像上的几何位置与空间物体表面相对应的几何位置有关。这些位置的相互关系，由前面所述的摄像机的成像几何模型决定。相机标定是为了在三维世界坐标系和二维图像坐标系之间建立相应的投影关系，一旦投影关系确定，我们就可以从二维图像信息中推导出三维信息。因此，对于任何一个需要确定三维世界坐标系和二维图像坐标之间联系的视觉系统，相机标定是一项必不可少的工作，标定的具体工作即是确定成像模型中的待定系数，标定的精度，往往决定了检测的精度。

1）传统标定方法

传统的标定方法采用 个标定块（高精度的几何物体）的精确数据与摄像机获得的标定块图像数据进行匹配，求取摄像机的内部参数。

传统方法的优点是可以使用任意的相机模型，标定精度高，其缺点是标定过程复杂，需要高精度的标定块。而实际应用中在很多情况下无法使用标定块，如空间机器人和危险、恶劣环境下工作的机器人等。所以，当应用场合要求的精度很高且相机的参数不经常变化时，传统标定方法应为首选。

2）自标定方法

相机自标定是指仅通过相机运动所获取的图像序列来标定内部参数，而不需要知道场景中物体的几何数据。相机自标定已成为机器视觉领域的研究热点之一。如果不知道场景的几何知识与相机的运动情况，所有的自标定算法都是非线性的，从而需要非常复杂的计算。

自标定方法的优点是不需要标定块，仅依靠多幅图像对应点之间的关系直接进行标定，灵活性强，应用范围广泛。

自标定方法的缺点是鲁棒性差，需要求解多元非线性方程。自标定方法的主要应用场所是精度要求不高的场合。这些场合主要考虑的是视觉效果而不是绝对精度，这也是自标定方法近年来受到重视的根本原因。

5.3.2　图像处理

摄像机所获得的图像是一个矩阵数组，视觉传感系统的目标是要从图像中得到有用的信息，在图像采集的过程中，由于外界干扰和摄像机本身物理条件的影响，难免会有噪声、成像不均匀等问题。为取得图像中的特征信息，必须进行有效的图像处理。

视觉传感系统的软件一般来说包括实时图像处理、存储、输出显示、数据管理等功能。各个功能模块之间以图像信息流为基础相互联系，而在实现上又相对独立。在视觉传感系统中，图像处理分析模块任务最重，涉及算法最多，而且实时性要求颇为严格，其主要任务是将数据量巨大的原始数据抽象处理为反映检测对象特征的数据量很小的符号。视觉传感系统的图像处理流程如图 5.21 所示。图像处理算法上通常应考虑算法的实时性、算法的精确性与算法的稳定性。

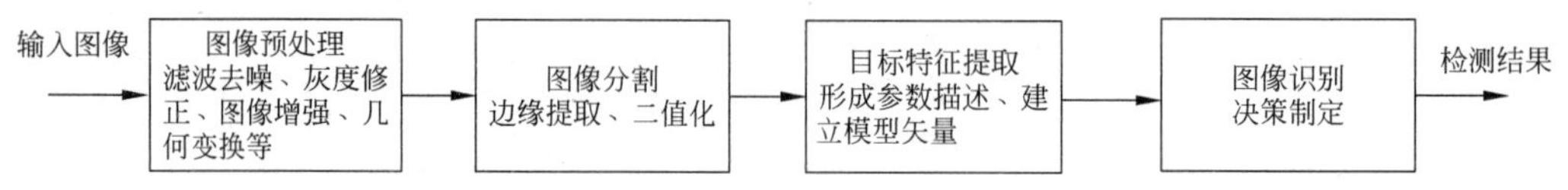

图 5.21 视觉传感系统图像处理的一般流程

1. 图像预处理

图像预处理的目的就是增强图像，以便为后续过程做好准备。但由于图像的千差万别，还没有一种通用的方案，只能根据实际图像的质量来进行调整。具体处理方法多为图像平滑（高通或低通滤波）、图像灰度修正（如直方图均衡化、灰度拉伸、同态滤波方法）等。

1）图像平滑

图像平滑的目的是消除图像中的噪声。凡是统计特征随时间的变化而变化的噪声称为非平稳噪声，而统计特征并不随时间的变化而变化的噪声称为平稳噪声，如图 5.22 所示。在图 5.22(a)中，几乎每一处都存在有噪声，而且噪声在幅值上和色彩上也是随机分布的。而图 5.22(b)中的噪声幅值相似，但是位置是随机的，图中的黑色噪点称为椒，白色的噪点称为盐，这一类的噪声称为椒盐噪声。

可在空间域采用邻域平均、中值滤波的方法来减少噪声。由于噪声频谱通常多在高频段，因此可以采用各种形式的低通滤波的方法来减少噪声。

2）图像灰度修正

由于各种条件的限制和光照强度、感光部件灵敏度、光学系统不均匀性、元器件电特性不稳定等诸多外部因素的影响，由同样的像源获得的原始图像往往会有失真。具体表现为灰度分布不均匀，某些区域亮，某些区域暗。图像灰度修正就是根据检测的特定要求对原始图像的灰度进行某种调整，使得图像在逼真度和可辨识度两个方面得到改善。适当的灰度修正方法，可以将原本模糊不清甚至根本无法分辨的原始图像处理成清晰且富含大量有用信息的可使用图像。

2. 图像分割

图像分割就是把图像分成各具特征的区域并提取出感兴趣目标的技术和过程，这里的特征可以是灰度、颜色、纹理等。

图像分割一般包括边缘检测、二值化、细化以及边缘连接等。图像的边缘是图像的基本特征，是物体的轮廓或物体不同表面之间的交界在图像中的反映。边缘轮廓是人类识别物体形状的重要因素，也是图像处理中重要的处理对象。在一幅图像中，边缘有方向和幅度两个特征。沿边缘走向的灰度变化平缓，而垂直于边缘走向的灰度变化强烈，这种变化可能是

(a) 高斯噪声

(b) 椒盐噪声

图 5.22　图像噪声

阶跃形或斜坡形。

图像分割可被粗略分为三类：

(1) 基于直方图的分割技术(阈值分割、聚类等)。

(2) 基于邻域的分割技术(边缘检测、区域增长)。

(3) 基于物理性质的分割技术(利用光照特性和物体表面特征等)。

3. 特征提取

特征提取就是提取目标的特征，也是图像分析的一个重点。一般是对目标的边界、区域、矩、纹理、频率等方面进行分析，具体到每一个方面又有许多分支。目前，人们一般是根据所要检测的目标特性来决定选取特征的，也就是说这一步的工作需要大量的试验。

计算机视觉和图像识别最重要的任务之一就是特征检测。最常见的图像特征包括线段、区域和特征点。特征点提取主要是明显点，如角点、圆点等。角点是图像的一种重要特征，它决定了图像中目标的形状，所以在图像匹配、目标描述和识别以及运动估计、目标跟踪等领域，角点的提取都具有重要的意义。对于角点的定义，在计算机视觉和图像处理中有不同的表述，如图像边界上曲率足够高的点；图像边界上曲率变化明显的点；图像中梯度值和梯度变化率都很高的点等。

4. 图像识别

根据预定的算法对图像进行图像识别，或区分出合格与不合格产品，或给出障碍物的分类，或给出定量的检测结果。

综上所述，图像处理、图像分析和图像识别是处在三种不同抽象程度和数据量各有特点的不同层次上。图像预处理是比较低层的操作，它主要在图像像素级上进行处理。图像分割和特征提取进入了中层，把原来以像素描述的图像转变成比较简洁的抽象数据形式的描述，属于图像分析的处理层次。这里，抽象数据可以是对目标特征测量的结果，或者是基于测量的符号表示，它们描述了图像中目标的特点和性质。图像识别则主要是高层操作，基本上是对从描述抽象出来的符号进行运算，以研究图像中各目标的性质和它们之间的相互联系，其处理过程和方法与人类的思维和推理有许多类似之处。

5.4 智能机器人的视觉传感器

视觉传感器将图像传感器、数字处理器、通信模块和 I/O 控制单元到一个单一的相机内，独立地完成预先设定的图像处理和分析任务。视觉传感器一般由图像采集单元、图像处理单元、图像处理软件、通信装置、I/O 接口等构成，视觉传感器构成如图 5.23 所示。

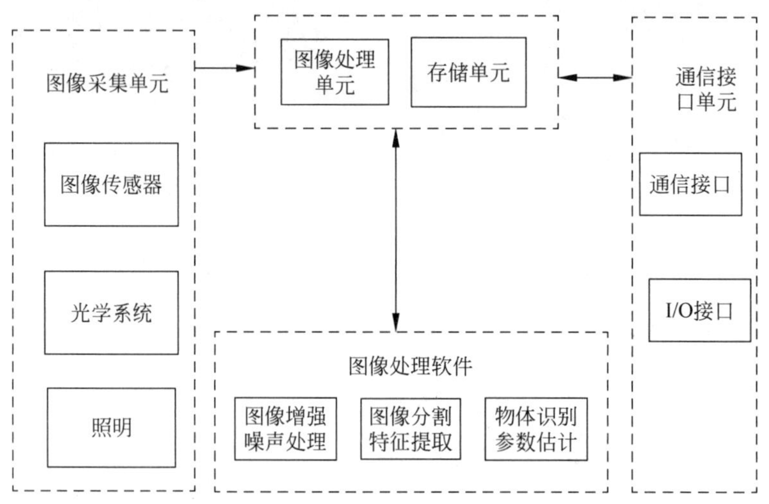

图 5.23 视觉传感器构成

5.4.1 照明系统

照明系统的主要任务是以恰当的方式将光线投射到被测物体上，从而突出被测特征部分的对比度。照明系统直接关系到检测图像的质量，并决定后续检测的复杂度。好的照明系统设计能够改善整个系统分辨率，简化软件运算，直接关系到整个系统的成败。不合适的照明系统，则会引起很多问题，如曝光过度会溢出重要的信息；阴影会引起边缘的误检；信噪比的降低与不均匀的照明会导致图像分割中阈值选择困难。

5.4.2 光学镜头

镜头是视觉传感系统中的重要组件，对成像质量有着关键性的作用。镜头对成像质量的几个最主要指标，如分辨率、对比度、景深以及像差等都有重要影响。

1. 镜头的分类

根据焦距能否调节，镜头可分为定焦距镜头和变焦距镜头两大类。变焦距镜头在需要经常改变摄影视场的情况下非常方便,因此有着广泛的应用领域。但变焦距镜头的透镜片数多、结构复杂,所以最大相对孔径不能做得太大,设计中也难以针对不同焦段、各种调焦距离做像差校正,因此其成像质量无法和同档次的定焦距镜头相比。变焦距镜头最长焦距值和最短焦距值的比值称为该镜头的变焦倍率。变焦镜头又可分为手动变焦和电动变焦两大类。

2. 镜头的选择方法

1) 镜头主要性能指标

(1) 最大像场。

摄影镜头安装在一个很大的伸缩暗箱前端,并在该暗箱后端装有一块很大的磨砂玻璃。当将镜头光圈开至最大,并对准无限远景物调焦时,在磨砂玻璃上呈现出的影像均位于一个圆形面积内,而圆形外面则漆黑,无影像。此有影像的圆形面积称为该镜头的最大像场。

(2) 清晰场。

在最大像场范围的中心部位,有一个能使无限远处的景物结成清晰影像的区域,这个区域称为清晰像场。

(3) 有效场。

照相机或摄影机的靶面一般都位于清晰像场之内,这个限定范围称为有效像场。

2) 选取镜头应考虑的几个方面

(1) 相机 CCD 尺寸。

视觉系统中所使用的摄像机的靶面尺寸有各种型号,不同的 CCD 尺寸对应不同的镜头视场,因此在选择镜头时一定要注意镜头的有效像场应该大于或等于摄像机的靶面尺寸,否则成像的边角部分会模糊甚至没有影像。

(2) 所需视场。

不同的镜头的放大倍数、视野参数不同,因此,在选用光学镜头时,必须结合实际应用,考虑所需视场大小。

(3) 景深。

由于有的检测过程中,检测对象的位置可能发生变化,如果不考虑景深问题,将严重影响成像目标体积、结构的清晰度。

(4) 畸变。

不恰当的镜头会导致获取图像的畸变,我们必须根据实际应用来选择镜头。鱼眼镜头畸变严重,但视角大,因此很少应用于视觉检测,而多用于视觉监控。

镜头的选取必须考虑检测精度、范围、摄像机型号等因素,必须经过大量有效的实验与数据计算分析才能确定。

3. 特殊镜头

针对一些特殊的应用要求,在设计机器视觉系统时,我们还可以选择一些特殊的光学镜头来改善检测系统的性能,常用的特殊镜头有如下几种。

1) 显微镜头

一般是指成像比例大于 10∶1 的拍摄系统所用的镜头,但由于现在的摄像机的像元尺寸已经做到 3μm 以内,所以一般成像比例大于 2∶1 时也会选用显微镜头。

2) 远心镜头

主要是为纠正传统镜头的视差而特殊设计的镜头,它可以在一定的物距范围内,使得到的图像放大倍率不会随物距的变化而变化，这对被测物不在同一物面上的情况是一个非常重要的应用。

3）紫外镜头和红外镜头

由于同一个光学系统对不同波长的光线折射率的不同，导致同一点发出的不同波长的光成像时不能会聚成一点，会产生色差。常用镜头的消色差设计也是针对可见光范围的，紫外镜头和红外镜头即是专门针对紫外线和红外线进行设计的镜头。

4. 接口

镜头与摄像机之间的接口有许多不同的类型，工业摄像机常用的包括C接口、CS接口、F接口、V接口等。C接口和CS接口是工业摄像机最常见的国际标准接口，为1英寸～32UN英制螺纹连接口，C接口和CS接口的螺纹连接是一样的，区别在于C型接口的后截距为17.5mm，CS接口的后截距为12.5mm。所以CS接口的摄像机可以和C口及CS口的镜头连接使用，只是使用C接口镜头时需要加一个5mm的接圈，而C接口的摄像机不能用CS接口的镜头。

F接口镜头是尼康镜头的接口标准，所以又称尼康口，也是工业摄像机中常用的类型，一般摄像机靶面大于1英寸时需用F口的镜头。

V接口镜头是著名的专业镜头品牌施奈德镜头所主要使用的标准，一般也用于摄像机靶面较大或特殊用途的镜头。

5.4.3 摄像机

摄像机是机器视觉系统中的一个核心部件，其功能是将光信号转变成有序的电信号。摄像机以其小巧、可靠、清晰度高等特点在商用与工业领域都得到了广泛的使用。

1. 类型

1）CCD摄像机和CMOS摄像机

目前使用的摄像机根据成像器件的不同可分为，CCD摄像机和CMOS摄像机。1969年美国贝尔实验室的W. S. Boyle和G. E. Smith发明了电荷耦合器件（Charge Couple Device，CCD）。CCD的组成主要是由一个类似马赛克的网格、聚光镜片以及垫于最底下的电子线路矩阵所组成。CCD具有灵敏度高、抗强光、畸变小、体积小、寿命长、抗震动等优点，已成为现代光电子学和测试技术中最活跃、最富有成果的领域之一。因此项成果，W. S. Boyle和G. E. Smith获得了2009年诺贝尔物理学奖。互补性氧化金属半导体（Complementary Metal-Oxide Semiconductor，CMOS）主要是利用硅和锗这两种元素所做成的半导体。CMOS上共存着带N（带负电）和P（带正电）级的半导体，这两个互补效应所产生的电流即可被处理芯片记录和解读成影像。然而，由于CMOS在处理快速变化的影像时，电流变化过于频繁而产生过热现象，因此CMOS容易出现噪点。

2）线阵式和面阵式摄像机

摄像机按照其使用的器件可以分为线阵式和面阵式两大类。线阵摄像机一次只能获得图像的一行信息，被拍摄的物体必须以直线形式从摄像机前移过，才能获得完整的图像。线阵摄像机主要用于检测那些条状、筒状产品，例如，布皮、钢板、纸张等。面阵摄像机一次获得整幅图像的信息。面阵式摄像机中又可以按扫描方式分为隔行扫描摄像机和逐行扫描摄像机。

2. 摄像机的主要性能指标

1) 分辨率

摄像机每次采集图像的像素点数(Pixels)。对于数字摄像机一般是直接与光电传感器的像元数对应的,对于模拟摄像机则取决于视频制式,PAL 制为 768×576,NTSC 制为640×480。

2) 像素深度

像素深度,即每像素数据的位数,一般常用的是 8b,此外还有 10b、12b 等。

3) 最大帧率/行频

摄像机采集传输图像的速率,对于面阵摄像机一般为每秒采集的帧数(Frames/Sec.),对于线阵摄像机为每秒采集的行数(Hz)。

4) 曝光方式和快门速度

对于线阵摄像机都是逐行曝光的方式,可以选择固定行频和外触发同步的采集方式,曝光时间可以与运行周期一致,也可以设定一个固定的时间;面阵摄像机有帧曝光、场曝光和滚动行曝光等几种常见方式,数字摄像机一般都提供外触发采图的功能。快门速度一般可到 10μs,高速摄像机还可以更快。

5) 像元尺寸

像元大小和像元数(分辨率)共同决定了摄像机靶面的大小。目前数字摄像机像元尺寸一般为 3~10μm,一般像元尺寸越小,制造难度越大,图像质量也越不容易提高。

6) 光谱响应特性

光谱响应特性是指该像元传感器对不同光波的敏感特性,一般响应范围是 350nm~1000nm,一些摄像机在靶面前加了一个滤镜,滤除红外光线,如果系统需要对红外感光时可去掉该滤镜。

5.4.4 图像处理器

一般嵌入式系统可以采用的处理器类型有专用集成电路(ASIC)、数字信号处理器(DSP)及现场可编程逻辑阵列(FPGA),智能相机中最常用的处理器是 DSP 和 FPGA。

ASIC 是针对具体应用定制的集成电路,可以集成一个或多个处理器内核,以及专用的图像处理模块(如镜头校正、平滑滤波、压缩编码等),实现较高程度的并行处理,处理效率最高。但是 ASIC 的开发周期较长,开发成本高,不适合中小批量的视觉系统领域。

DSP 由于信号处理能力强,编程相对容易,价格较低,在嵌入式视觉系统中得到较广泛应用。比如德国 Vision Components 的 VC 系列和 Fastcom Technology 的 iMVS 系列。由于 DSP 在图像和视频领域日见广泛的应用,不少 DSP 厂家近年推出了专用于图像处理领域的多媒体数字信号处理器(Media processor)。典型产品有 Philip 的 Trimedia、TI 的 DM64x 和 Analog Device 的 Blackfin。

随着 FPGA 的价格下降,FPGA 开始越来越多地应用在图像处理领域。作为可编程、可现场配置的数字电路阵列,FPGA 可以在内部实现多个图像处理专用功能块,可以包含一个或多个微处理器,为实现底层图像处理任务的并行处理提供了一个较好的硬件平台。典型 FPGA 器件有 Xilinx 的 Virtex II Pro 和 Virtex-4。

5.5 智能机器人视觉系统

5.5.1 智能机器人视觉系统构成

人类视觉立体感的建立过程为：双眼同时注视物体，双眼视线交叉于一点(注视点)，从注视点反射回到视网膜上的光点是对应的，这两点将信号转入大脑视中枢合成一个物体完整的像。这样不但看清了这一点，而且也能辨别出这一点与周围物体间的距离、深度、凹凸等特征。

人眼的深度感知能力(Depth Perception)，主要依靠人眼的如下几种机能：

(1) 双目视差。由于人的两只眼睛存在间距(平均值为 6.5cm)，左右眼看到的是有差异的图像。

(2) 运动视差。观察者(viewer)和景物(object)相对运动使景物的尺寸和位置在视网膜的投射发生变化，使其产生深度感。

(3) 眼睛的适应性调节。人眼的适应性调节主要是指眼睛的主动调焦行为(focusing action)。主动调焦使我们可以看清楚远近不同的景物和同一景物的不同部位。

(4) 视差图像在人脑的融合。人眼肌肉需要牵引眼球转动，肌肉的活动再次反馈到人脑，使双眼得到的视差图像在人脑中融合。

(5) 其他因素。人的经验和心理作用、颜色差异、对比度差异、景物阴影、显示器尺寸、观察者所处的环境等因素也会对景象的深度感知能力有影响，但这些因素是微不足道的。

常见的有机器人视觉系统有单目视觉、双目视觉以及多目视觉等。单目视觉具有快速和便捷的特点，通常应用在一些对精度要求不高的领域。多目立体系统具有精度较高、信息丰富与探测距离广等优点。立体视觉系统可以划分为图像采集、摄像机标定、特征提取、立体匹配、三维重建和机器人视觉伺服六个模块。

1. 图像采集

采集含有立体信息图像的方式很多，主要取决于应用的场合和目的。通常利用 CCD 摄像器件或 CMOS 摄像器件并经过预处理获得景物的本征图像。其基本方式是由不同位置的两台或者移动或旋转的一台摄像机(CCD)拍摄同一幅场景，获取立体图像对。

2. 摄像机标定

立体视觉的最终目的是能够从摄像机获取的图像信息出发，计算三维环境中物体的位置、形状等几何信息，并由此识别环境中的物体。

摄像机标定是指建立图像像素位置与三维场景位置之间的关系。摄像机成像模型决定了这些位置的相互关系，该模型的参数称为摄像机参数，需要标定获得。标定涉及两组参数：用于刚体变换(外部定位)的非固有参数和摄像机自身(内部定位)所拥有的固有参数。摄像机标定一般都需要一个放在摄像机前的特制标定参照物，获取该物体的图像，并由此计算摄像机的内外参数。

3. 特征提取

特征提取是为了得到匹配赖以进行的图像特征。迄今为止，还没有一种普遍适用的理论可用于图像特征的提取，从而导致了立体匹配特征的多样性。目前，常用的匹配特征主要有点状特征、线状特征和区域特征。良好的匹配特征应具有可区分性、稳定性和唯一性以及有效解决歧义匹配的能力。

4. 立体匹配

立体匹配的本质就是给定一幅图像中的一点，寻找另一幅图像中的对应点。它是双目立体视觉中最关键、最困难的一步。根据匹配基元和方式的不同，立体匹配算法基本上可分为三类：基于区域的匹配、基于特征的匹配和基于相位的匹配。目前较为常用的是基于特征的角点匹配。

5. 三维重建

当通过立体匹配得到视差图像后，就可以获取匹配点的深度，然后利用获得的匹配点进行深度插值，进一步得到其他各点的深度，即对离散数据进行插值以得到不在匹配特征点处的视差值，通过得到的数据进行三维重建，从而达到恢复场景 3D 信息的目的。

6. 机器人视觉伺服

视觉伺服是利用机器视觉的原理，从直接得到的图像反馈信息中，快速进行图像处理，在尽量短的时间内给出反馈信息，构成机器人的位置闭环控制。

5.5.2 单目视觉

如图 5.24 所示，焦距为 f 的 CCD 摄像机距离地面的高度为 h，其俯仰角度为 α；O_o 是镜头中心；$O(x_o, y_o)$是光轴与像平面的交点，可作为像平面坐标系原点；R 为目标物体，假设被测点为 P，它与镜头中心的水平距离为 d；$P'(x,y)$是被测点 P 在像平面上的投影。

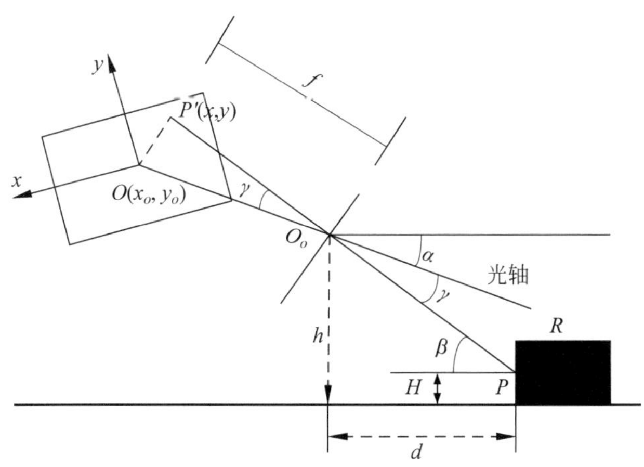

图 5.24 单目测距原理

被测点 P 与摄像机的光学成像几何关系有：

$$\beta = \alpha + \gamma \tag{5.18}$$

$$\tan\beta = (h - H)/d \tag{5.19}$$

$$\tan\gamma = OP'/f \tag{5.20}$$

联立式(5.18)、式(5.19)和式(5.20)，可得：

$$d = (h - H)/\tan(\alpha + \gamma) = (h - H)/\tan[\alpha + \arctan(OP'/f)] \tag{5.21}$$

其中，h 和 α 已知，而且有如下关系：

$$OP'^2 = y^2 + x^2 \tag{5.22}$$

设(u,v)为以像素为单位的图像坐标系的坐标，$O''(u_0,v_0)$是摄像机光轴与像平面交点$O(x_o,y_o)$的像素坐标；$P''(u,v)$是$P'(x,y)$的像素坐标。设 CCD 一个像素对应于像平面在x轴与y轴方向上的物理尺寸分别为d_x,d_y，则：

$$\begin{bmatrix} u \\ v \\ 1 \end{bmatrix} = \begin{bmatrix} 1/d & 0 & u_0 \\ 0 & 1/d & v_0 \\ 0 & 0 & 1 \end{bmatrix} \begin{bmatrix} x \\ y \\ 1 \end{bmatrix} \tag{5.23}$$

则$x=(u-u_0)d_x$，$y=(v-v_0)d_x$，代入(5.22)得：

$$OP'^2 = [(u-u_0)d_x]^2 + [(v-v_0)d_y]^2 \tag{5.24}$$

令$f_x=f/d_x$，$f_y=f/d_y$，有：

$$(OP'/f)^2 = [(u-u_0)/f_x]^2 + [(v-v_0)/f_y]^2 \tag{5.25}$$

其中，f_x，f_y，u_0，v_0是摄像机的内部参数，通过离线标定已得到。摄像机的俯仰角度α可以通过直接设置云台摄像机的参数得到，联立式(5.21)和式(5.25)可以求得被测点P与摄像机之间的距离：

$$d = (h-H)/\tan\left[a + \arctan\sqrt{[(u-u_0)/f_x]^2 + [(v-v_0)/f_y]^2}\right] \tag{5.26}$$

图 5.25 为国际仿人机器人奥林匹克竞赛高尔夫比赛项目示意图，机器人配备了一只 CMOS 摄像头。根据上述原理，可以通过二维图像获取深度信息。具体步骤如下：

(1) 通过摄像机标定来获取摄像机的参数。

(2) 实时获取摄像机的俯仰角。

(3) 选取目标物体的目标像素点。

(4) 通过正运动学原理建模获取机器人当前的摄像头的实时高度。

(5) 计算距离。

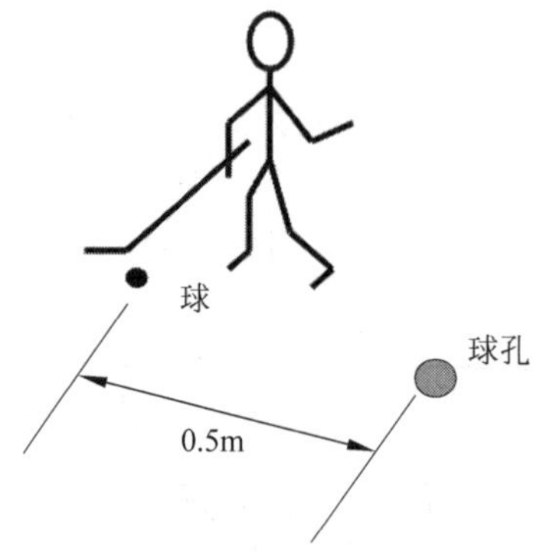

图 5.25 仿人机器人高尔夫比赛示意图

5.5.3 立体视觉

双目视觉系统用两台性能相同、位置相对固定的图像传感器，获取同一景物的两幅图像，通过“视差”来确定场景的深度信息，可实现场景的三维重构。

1. 平行式立体视觉模型

最简单的摄像机配置，如图 5.26 所示。在水平方向平行地放置一对相同的摄像机，其

中基线距 B 等于两台摄像机的投影中心连线的距离，摄像机焦距为 f。前方空间内的点 $P(x_c,y_c,z_c)$，分别在“左眼”和“右眼”成像，它们的图像坐标分别为 $p_{\text{left}}=(X_{\text{left}},Y_{\text{left}})$，$p_{\text{right}}=(X_{\text{right}},Y_{\text{right}})$。

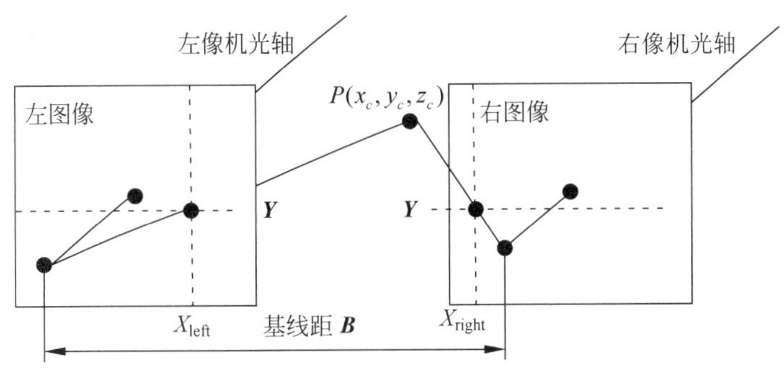

图 5.26 双目立体成像原理

1）几何关系

现在两台摄像机的图像在同一个平面上，则特征点 P 的图像坐标 Y 坐标相同，即 $Y_{\text{left}}=Y_{\text{right}}=Y$，则由三角几何关系得到：

$$\begin{cases} X_{\text{left}}=f\dfrac{x_c}{z_c} \\ X_{\text{right}}=f\dfrac{x_c-B}{z_c} \\ Y=f\dfrac{y_c}{z_c} \end{cases} \tag{5.27}$$

则视差为 $\text{Disparity}=X_{\text{left}}-X_{\text{right}}$。由此可计算出特征点 P 在相机坐标系下的三维坐标为：

$$\begin{cases} x_c=\dfrac{B\cdot X_{\text{left}}}{\text{Disparity}} \\ y_c=\dfrac{B\cdot Y}{\text{Disparity}} \\ z_c=\dfrac{B\cdot f}{\text{Disparity}} \end{cases} \tag{5.28}$$

因此，左相机像面上的任意一点只要能在右相机像面上找到对应的匹配点，就可以确定出该点的三维坐标。这种方法是完全的点对点运算，像面上所有点只要存在相应的匹配点，就可以参与上述运算，从而获取其对应的三维坐标。

2）性能分析

(1) 由 P 点坐标公式可知，两台摄像机投影中心连线的距离 B 越大，空间内位置的测定精度也就越高。但是从另一方面讲，能够测定的范围相应的减小。双目立体成像的视场关系如图 5.27 所示。

(2) 摄像机 CCD 分辨率直接影响视差 $\text{Disparity}=X_{\text{left}}-X_{\text{right}}$ 的测量精度，CCD 分辨率越高，空间内位置测定精度越高。p 点的距离越远，视差越小。当 p 点趋于无穷远时，视差趋于零。因此远处物体位置的测量精度会极端恶化。

3）立体视觉测量过程

从上面的简化公式可以看出，双目立体视觉方法的原理较为简单，计算公式也不复杂。

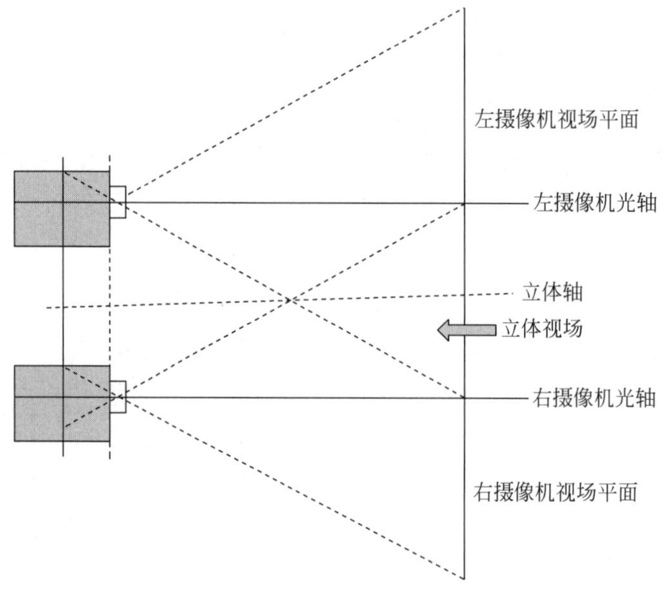

图 5.27　双目立体成像的视场关系

立体视觉的测量过程如下：

(1) 图像获取。单台相机移动获取；双台相机获取可有不同位置关系(一个在直线上、一个在平面上、立体分布)。

(2) 相机标定。确定空间坐标系中物体点同它在图像平面上像点之间的对应关系。

(3) 图像预处理和特征提取。

(4) 立体匹配。根据对所选特征的计算，建立特征之间的对应关系，将同一个空间物理点在不同图像中的映像点对应起来。

(5) 深度确定。通过立体匹配得到视差图像之后，便可以确定深度图像，并恢复场景3D信息。

4) 立体视觉的关键技术

视差本身的计算是立体视觉中最困难的一步工作，它涉及模型分析、摄像机标定、图像处理、特征选取及特征匹配等过程。特征匹配的本质就是给定一幅图像中的一点，寻找另一幅图像中的对应点。它是双目立体视觉中最关键、最困难的一步。根据匹配基元和方式的不同，立体匹配算法基本上可分为三类：基于区域的匹配、基于特征的匹配和基于相位的匹配。目前较为常用的是基于特征的角点匹配。

2. 汇聚式立体视觉模型

在实际情况中，很难得到绝对的平行立体摄像系统。摄像机安装时，无法看到摄像机光轴，因此难以将摄像机的相对位置调整为理想情形。一般情况下，汇聚式立体视觉采用如图5.28所示的任意放置的两个摄像机来组成双目立体视觉系统。

3. 多目立体视觉模型

多个摄像机设置于多个视点，观测三维对象的视觉传感系统称为多目视觉传感系统。生活中，人们对物体的多视角观察就是多目视感系统的一个生动实例。

事实上，利用单个摄像机也可达到恢复3D的目的，其方法是让相机有“足够”的运动。

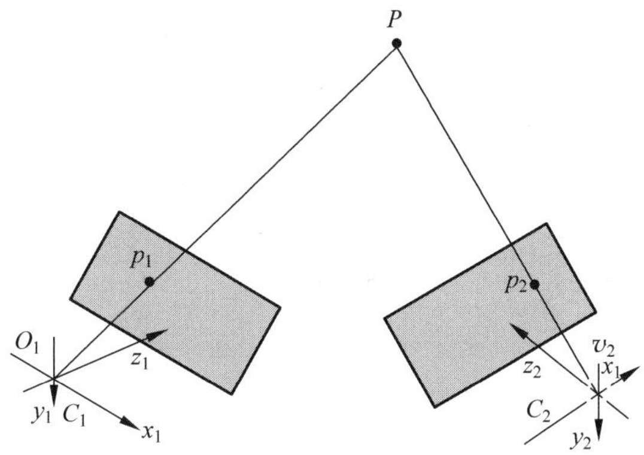

图 5.28　汇聚式立体视觉模型

多目视觉传感系统能够在一定程度上弥补双目视感系统的技术缺陷，获取了更多的信息，增加了几何约束条件，减少了视觉中立体匹配的难度，但结构上的复杂性也引入了测量误差，降低了测量效率。

5.5.4　主动视觉与被动视觉

机器人视觉系统可分为主动视觉和被动视觉两大类。

1. 被动视觉

视觉系统接收来自场景发射或反射的光能量，形成有关场景光能量分布函数，即灰度图像，然后在这些图像的基础上恢复场景的深度信息。最一般的方法是使用两个相隔一定距离的摄像机同时获取场景图像来生成深度图。另一种方法是一个摄像机在不同空间位置上获取两幅或两幅以上图像，通过多幅图像的灰度信息和成像几何来生成深度图。深度信息还可以使用灰度图像的明暗特征、纹理特征、运动特征间接地估算。

2. 主动视觉

被动视觉，含义是研究如何识别从外界接收到的图像，它不包含对外界的"行为"。主动视觉强调以下两点：

(1) 视觉系统应具有主动感知的能力。

(2) 视觉系统应基于一定的任务或目的。

主动视觉主要是研究通过主动地控制摄像机位置、方向、焦距、缩放、光圈、聚散度等参数，或广义地说，通过视觉和行为的结合来获得稳定的、实时的感知。主动视觉系统还可以向场景发射能量，然后接收场景对所发射能量的反射能量。雷达测距系统和三角测距系统是两种最常用的主动测距传感系统。

5.5.5　移动机器人系统实例

1. 双目视觉实例

图 5.29 是一个基于双目视觉的移动机器人系统框架图。图中系统主要分为计算机视觉和机器人控制两部分，双目摄像头采集环境信息并完成分析，以实现对机器人运动的控制。视觉系统带云台的两个摄像头，左右眼协同实现运动目标的实时跟踪和三维测距。与单目视觉相比，双目视觉能够提供更准确的三维信息。三维信息的获得，为机器人的控制提

供了基础。

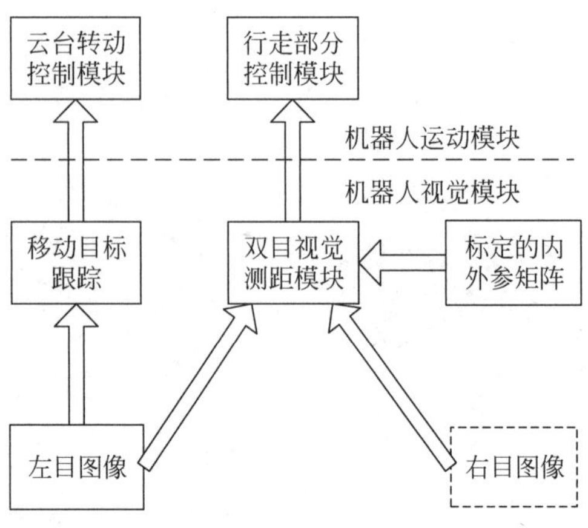

图 5.29 移动机器人系统框架

图 5.30 是加拿大 Dr Robot 公司生产的sputnik^2 型具有 2 个云台式高清光学变焦摄影镜头的无线智能机器人开发平台。

图 5.30 sputnik^2 型移动机器人开发平台

2. Kinect 立体视觉实例

Kinect 开发之初是为了给 Xbox360 充当体感摄像机，它利用动态捕捉、影像识别等技术让用户可以通过自己的肢体动作来控制终端完成相应的任务。

如图 5.31 所示，RGB 彩色摄影机最大支持 1280×960 分辨率成像，用来采集彩色图像。3D 结构光深度感应器，由红外线发射器和红外线 CMOS 摄影机构成，最大支持 640×480 成像。Kinect 还采用了追焦技术，底座马达会随着对焦物体移动而跟着转动。Kinect 也内建有阵列式麦克风，由四个麦克风同时收音，比对后消除杂音，并通过其采集声音进行语音识别和声源定位。

Kinect 中集成的深度传感器是基于光编码技术(light coding)。Kinect 摄像头中的红外投影机会发射一束红外光线，红外线经过散射片的散射作用后会分成许多束光线，这些光束重新聚合在一起便形成了散射光斑。红外摄像头会将捕获的散射光斑与之前内部存储的参考模式进行比较。当所捕获的光斑的距离与之前存储的参考模式不同时，光斑在红外图像中的位置将会沿着基准线有一定的移动，通过图像的相关性过程可以测量所有光斑的移动范围，此时系统中会形成一幅视差图像，我们可以通过视差图像中相应的位移计

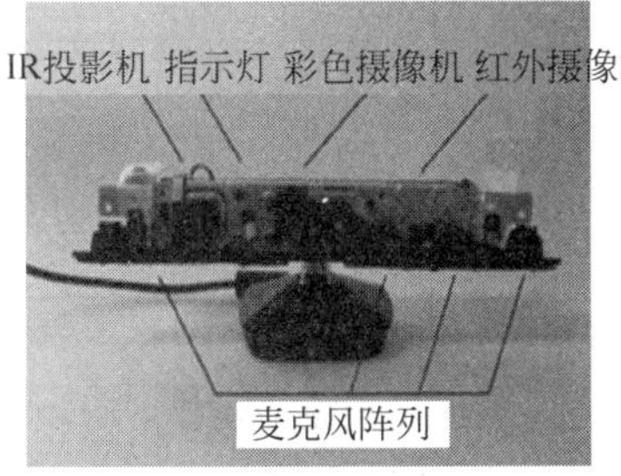

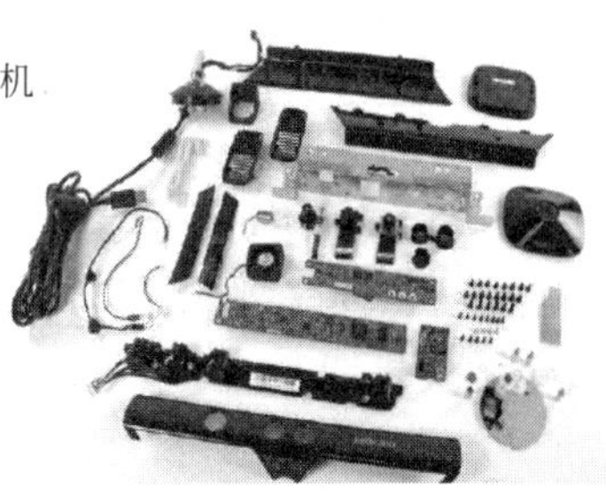

(a) Kinect外观　　(b) Kinect内部结构　　(c) Kinect拆解

图 5.31　Kinect 外观及结构图

算出每个像素点的深度距离。图 5.32 给出了一种基于 Kinect 深度摄像机的机器人视觉系统实例。

图 5.32　基于 Kinect 的机器人视觉系统

5.6　视觉跟踪

早期机器视觉系统主要针对静态场景。移动机器人视觉技术必须研究用于动态场景分析的机器视觉系统。视觉跟踪是根据给定的一组图像序列，对图像中物体的运动形态进行分析，从而确定一个或多个目标在图像序列中是如何运动的。

20 世纪 80 年代初光流法被提出来，动态图像序列分析进入了一个研究高潮。但由于其运算量很大，当时很难满足实时性要求。1998 年，Michael Isare 和 Andrew Black 提出 Condensation 算法，首次将粒子滤波的思想应用到视频序列目标跟踪研究中。2003 年，Comaniciu 等提出 MeanShift 跟踪框架，理论严谨，计算复杂度低，对目标的外表变化、噪音、遮挡、尺度变化等具有一定的自适应能力，已成为目标跟踪算法的研究热点。

5.6.1　视觉跟踪系统

1. 视觉跟踪系统构成

图像的动态变化可能是由物体运动、物体结构、大小或形状变化引起，也可能由摄像机运动或光照改变引起。

根据摄像机与场景目标的运动状态，可以分为以下四类：

(1) 摄像机静止/目标静止。这是最为简单的静态场景分析模式。

(2) 摄像机静止/目标运动。这是一类非常重要的动态场景分析模式,包括运动目标检测、目标运动特性估计等。它主要用于视频监控、目标跟踪。

(3) 摄像机运动/目标静止。这是另一类非常重要的动态场景分析模式,包括基于运动的场景分析、理解,三维运动分析等。它主要用于移动机器人视觉导航、目标自动锁定与识别等。

(4) 摄像机运动/目标运动。这是最一般的情况,也是最复杂的问题。

如图 5.33 所示,给出了一个移动机器人视觉跟踪系统流程及结构。目标跟踪就是在视频图像的每一幅图像中确定出我们感兴趣的运动目标的位置,并把不同帧中同一目标对应起来。目标检测与跟踪是低层视觉功能,目标识别属于高层视觉功能。将跟踪的目标保持在图像中央位置,将获得最佳图像质量,可以为目标识别打下基础。

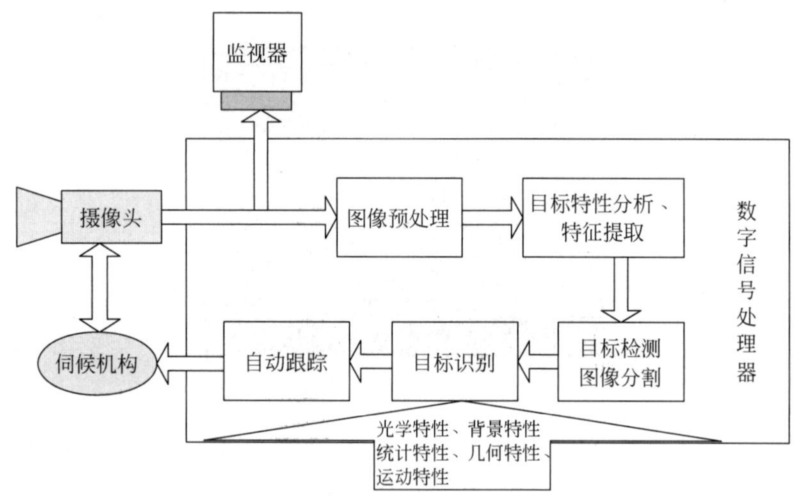

图 5.33　移动机器人视觉跟踪系统流程及结构

2. 视觉跟踪算法及性能要求

对常用视觉跟踪算法进行了总结分类,如图 5.34 所示。

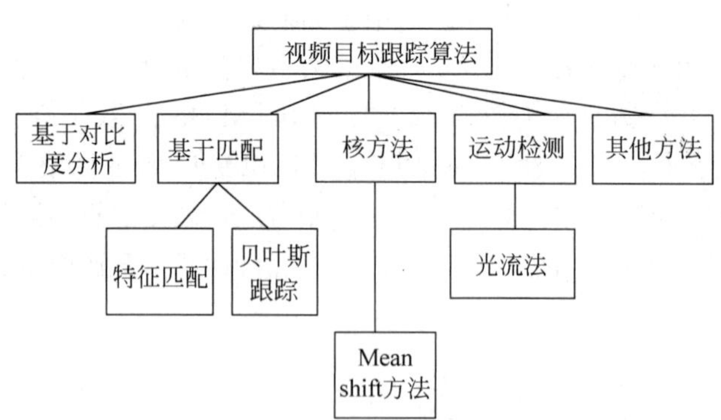

图 5.34　常用的视觉跟踪算法分类

一个好的视觉跟踪算法一般应满足以下两个基本要求:

(1) 实时性。算法的处理速度要与图像帧的采集速度相匹配,以保证正常跟踪。

(2) 鲁棒性。算法应具有较强的鲁棒性,以适应实际观测环境中复杂的图像背景、光照变化、目标遮挡等情况。

上述两条要求往往需要某种折中,以得到较好的综合性能。在复杂的背景下跟踪一个和多个运动目标是困难的,应就具体问题进行分析。不同算法往往是针对不同的应用环境,作相应的假设,然后建模求解,因此缺乏一定的通用性。

5.6.2 基于对比度分析的目标追踪

基于对比度分析的目标追踪是利用目标与背景在对比度上的差异来提取、识别和跟踪目标。显然,这种方法不适合复杂背景中的目标跟踪,但对于空中背景下的目标跟踪却非常有效。

检测图像序列相邻两帧之间变化的最简单方法是直接比较两帧图像对应像素点的灰度值。在这种最简单的形式下,帧 $f(x,y,j)$ 与帧 $f(x,y,k)$ 之间的变化可用一个二值差分图像表示,如图 5.35 所示。

在差分图像中,取值为 1 的像素点被认为是物体运动或光照变化的结果。这里假设帧与帧之间配准或套准得很好。

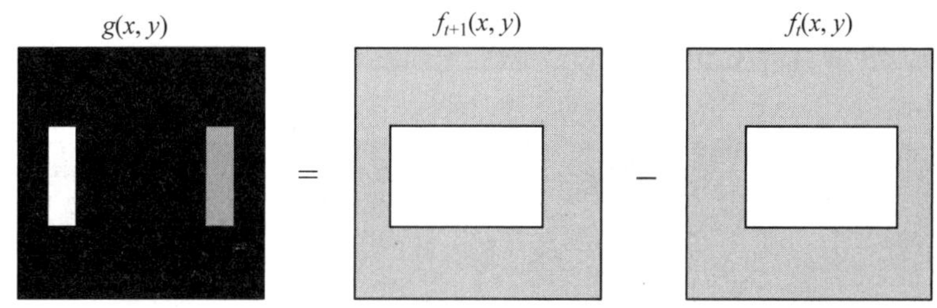

图 5.35 二值差分图像表示

帧差法的处理流程如图 5.36 所示。

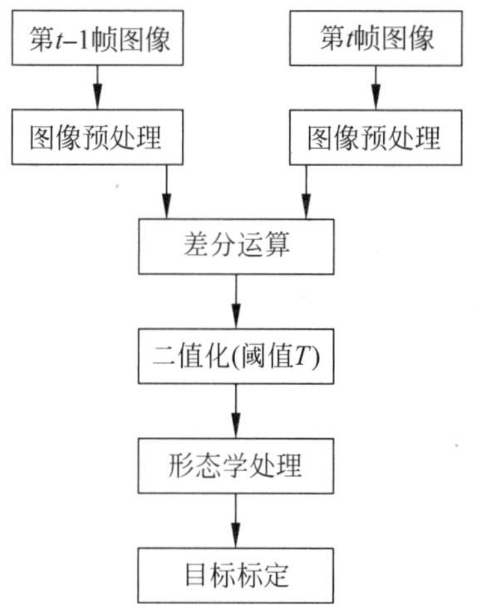

图 5.36 帧差法处理流程

实验结果如图 5.37 所示。通过对实验结果的观察可知,通过帧差法可以获得较好的结果。并且通过二值化后可以明显地将运动目标显示出来。

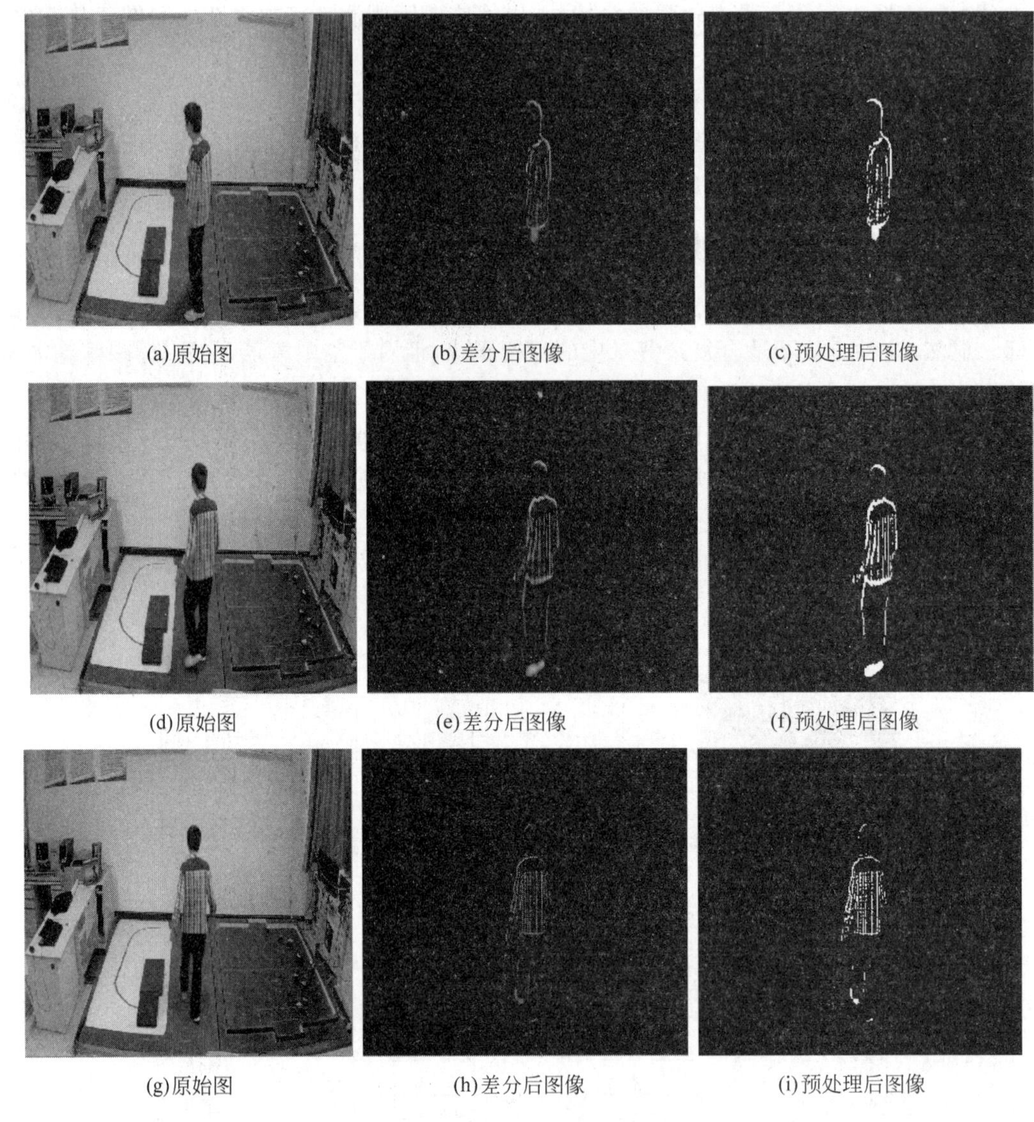
(a)原始图 (b)差分后图像 (c)预处理后图像

(d)原始图 (e)差分后图像 (f)预处理后图像

(g)原始图 (h)差分后图像 (i)预处理后图像

图 5.37 帧差法

5.6.3 光流法

光流法是基于运动检测的目标跟踪代表性算法。光流是空间运动物体在成像面上的像素运动的瞬时速度，光流矢量是图像平面坐标点上的灰度瞬时变化率。光流的计算是利用图像序列中的像素灰度分布的时域变化和相关性来确定各自像素位置的运动。

图 5.38 是一个非常均匀的球体，由于球体表面是曲面，因此在某一光源照射下，亮度会呈现一定的空间分布或明暗模式。

(1) 当球体在摄像机前面绕中心轴旋转时，明暗模式并不随着表面运动，所以图像也没有变化。此时光流在任意地方都等于零，但运动场却不等于零。

(2) 当光源运动、球体不动时，明暗模式运动将随着光源运动。此时光流不等于零，但运动场为零，因为物体没有运动。

一般而言，当物体运动时，在图像上对应物体的亮度模式也在运动。因此，可以认为光流与运动场没有太大的区别，这就允许我们根据图像运动来估计相对运动。

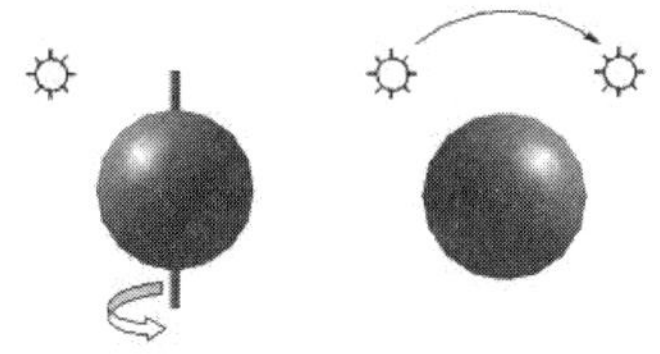

图 5.38　光流与运动场差别示意图

1. 基本原理

给图像中的每一像素点赋予一个速度向量，就形成了图像运动场。在运动的一个特定时刻，图像上某一点 p_i 对应三维物体上某一点 P_0，这种对应关系可以由投影方程得到。

如图 5.39 所示，设物体上一点 P_0 相对于摄像机具有速度$\boldsymbol{v}_0$，从而在图像平面上对应的投影点 p_i 具有速度$\boldsymbol{v}_i$。在时间间隔为 δ_t 时，点 P_0 运动了$\boldsymbol{v}_0\delta_t$，图像点 p_i 运动了$\boldsymbol{v}_i\delta_t$。速度可由下式表示：

$$\boldsymbol{v}_0 = \frac{\mathrm{d}\,\boldsymbol{r}_0}{\mathrm{d}t} \quad \boldsymbol{v}_i = \frac{\mathrm{d}\,\boldsymbol{r}_i}{\mathrm{d}t} \tag{5.29}$$

式中$\boldsymbol{r}_0$ 和$\boldsymbol{r}_i$ 之间的关系为：

$$\frac{1}{f'}\boldsymbol{r}_i = \frac{1}{\boldsymbol{r}_0 \cdot \hat{\boldsymbol{z}}}\boldsymbol{r}_0 \tag{5.30}$$

其中，f'表示图像平面到光学中心的距离，$\hat{\boldsymbol{z}}$表示 z 轴的单位矢量。

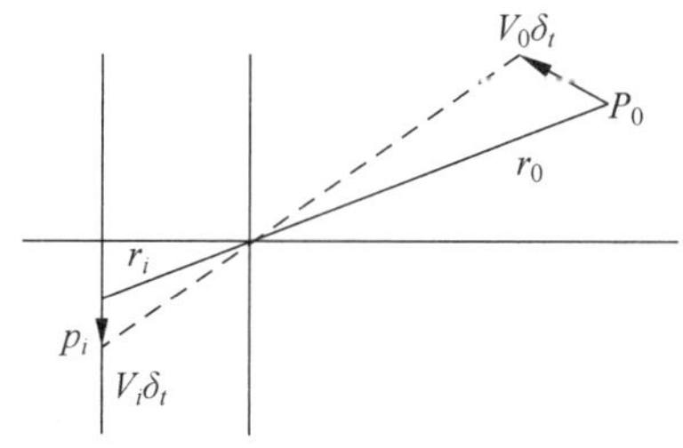

图 5.39　三维物体上一点运动的二维投影

式(5.30)只是用来说明三维物体运动与在图像平面投影之间的关系，但我们关心的是图像亮度的变化，以便从中得到关于场景的信息。

2. 特点

光流法能够很好地用于二维运动估计，也可以同时给出全局点的运动估计，但其本身还存在着一些问题，需要多次迭代，运算速度慢，不利于实时应用。

5.6.4　基于匹配的目标跟踪

1. 基本原理

基于匹配的目标跟踪算法需要提取目标的特征，并在每一帧中寻找该特征。寻找的过程就是特征匹配过程。目标跟踪中用到的特征主要有几何形状、子空间特征、外形轮廓和特征点等。其中，特征点是匹配算法中常用的特征。特征点的提取算法很多，如，Kanade

Lucas Tomasi(KLT)算法、Harris 算法、SIFT(尺度不变特征变换)算法以及 SURF 算法等。

2. 算法步骤

大多数特征跟踪算法的执行都遵循如图 5.40 所示的目标预测→特征检测→模板匹配→更新四个步骤的闭环结构。

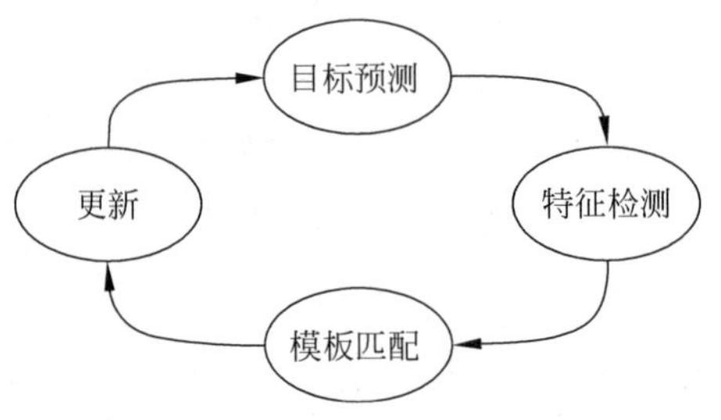

图 5.40　基于特征的跟踪算法结构图

(1) 目标预测步骤主要基于目标的运动模型,以前一帧目标位置预测出当前帧中目标的可能位置。运动模型可以是很简单的等速平移运动,也可以是很复杂的曲线运动。

(2) 特征检测步骤是在目标区域通过相应的图像处理技术获得特征值,组合成待匹配模板。候选区域的特征和初始特征相匹配,通过优化匹配准则来选择最好的匹配对象,其相应的目标区域即为目标在本帧的位置。

(3) 模板匹配步骤是选择最匹配的待匹配模板,它的所在区域即是目标在当前帧的位置区域。一般以对目标表象的变化所做的一些合理的假设为基础,一个常用的方法是候选特征与初始特征的互相关系数最小。

上述三个步骤不断往复,一般在一个迭代中完成。

更新步骤一方面对初始模板(特征)进行更新,以适应在目标运动过程中,目标姿态、环境的照度发生的变化。另一方面进行位置的更新。在当前帧中找到与目标模板最匹配的模板后,常把该模板的中心位置作为目标在当前帧中的位置,并用该位置对目标的初始位置进行更新,作为下一帧处理时的目标初始位置。

5.6.5 Mean Shift 目标跟踪

1. 基本原理

Mean Shift 算法称为均值偏移方法,其基本思想是对相似度概率密度函数或者后验概率密度函数采用直接的连续估计。Mean Shift 跟踪算法采用彩色直方图作为匹配特征,反复不断地把数据点朝向 Mean Shift 矢量方向进行移动,最终收敛到某个概率密度函数的极值点。

核函数是 Mean Shift 算法的核心,可以通过尺度空间差的局部最大化来选择核尺度,若采用高斯差分计算尺度空间差,则得到高斯差分 Mean Shift 算法。

Mean Shift 算法的算法原理可用下面例子进行直观说明。如图 5.41 所示,在完全相同的桌球分布中找出最密集的区域。

(1) 如图 5.41(a)所示,根据要求随机给出一定半径的感兴趣区域。显然,该区域并非最密集的区域。根据桌球分布情况,容易求得感兴趣区域数据点的质心。在这一步将感兴

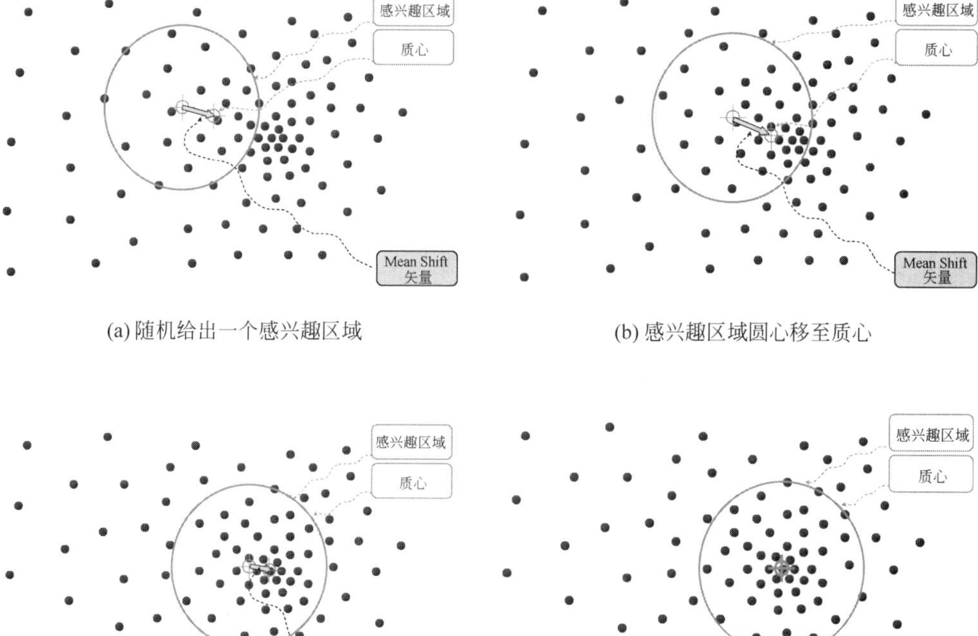

(a) 随机给出一个感兴趣区域　(b) 感兴趣区域圆心移至质心

(c) 感兴趣区域圆心移至质心　(d) 感兴趣区域收敛至最密集的区域

图 5.41　Mean Shift 算法原理举例

趣区域圆心移动至数据点的质心。移动之后的密集程度较之前的高。

(2) 如图 5.41(b)和(c)所示，重复上述算法，根据桌球分布情况，求取数据点的质心并将圆心移动至数据点的质心。

(3) 如图 5.41(d)所示，反复迭代后，随机给定的圆将收敛至桌球分布最密集的区域。

2. 算法步骤

与粒子滤波跟踪不同，Mean Shift 算法属于基于特征模板匹配的确定性跟踪方法。颜色分布特征对非刚体目标和目标旋转形变保持较强的鲁棒性，因此常被选择作为目标模板的描述。在起始图像开始，通过手工选择方式确定运动目标的特征模板，并计算该搜索窗口的核函数加权直方图分布。假定目标模板为以 x_0 为中心的区域 A，颜色分布离散为 m bins，将像素 x_i 处的像素颜色值量化并将其分配到相应的 bin，则对于中心在 x_0 的目标模板的颜色直方图分布表示为 $p=\{\hat{p}_u(x_0)\}, u=1,\cdots,m$，其中：

$$\hat{p}_u = C\sum_{x_i \in A} k\left(\frac{\| x_i - x_0 \|}{a}\right)\delta[b(x_i)-u] \tag{5.31}$$

式中，a 表示区域 A 的面积，$\{x_i\}, i=1,\cdots,n$ 为 A 中的点集，$b(x_i): R^2 \to \{1,\cdots,m\}$ 为直方图函数，核函数 $k(\cdot)$ 为单调递减的凸函数，用来为目标区域内的 n 个像元分配权值系数，常用的核为 Epanechnikov 核，C 为规范化常数，保证 $\sum_{u=1}^{m} \hat{p}_u = 1$。

同样方法，在当前图像中，中心为 y 的候选目标区域 D 的颜色直方图分布可以描述为

$q=\{\hat{q}_u(y)\}, u=1,\cdots,m$，其中：

$$\hat{q}_u(y)=C_h\sum_{x_i\in D}k\left(\frac{\| x_i^* - y\|}{d}\right)\delta[b(x_i^*)-u] \tag{5.32}$$

在实际跟踪中，参考模板与候选模板的相似关系通常利用颜色概率分布 p 与 $q(y)$ 之间的 Bhattacharyya 系数来度量，即：

$$\rho[q(y),p]=\sum_{u=1}^{m}\sqrt{q_u(y)\cdot p_u(x_0)} \tag{5.33}$$

则 Bhattacharyya 距离 d 可通过下式计算：

$$d=\sqrt{1-\rho[q,p]} \tag{5.34}$$

Mean Shift 算法基于两个分布的相似度(Bhattacharyya 系数)最大化准则，使搜索窗口沿梯度方向向目标真实位置移动。

在初始时刻，确定初始帧中目标的窗口位置 x_0，以此窗口作为特征模板，利用式(5.31)计算其颜色直方图分布。在开始跟踪的后续各时刻，Mean Shift 跟踪算法迭代过程如下：

Step1，以上一时刻的跟踪中心 y 作为当前帧候选目标区域 D 的中心，利用式(5.32)计算颜色直方图分布，由式(5.33)估计其与特征模板的 Bhattacharyya 系数 $\rho[q(y),p]$。

Step2，计算候选区域内各像素点的权值：

$$w_i=\frac{1}{\sqrt{2\pi}\sigma}\mathrm{e}^{-\frac{d^2}{2\sigma^2}}=\frac{1}{\sqrt{2\pi}\sigma}\mathrm{e}^{-\frac{1-\rho[q,p]}{2\sigma^2}} \tag{5.35}$$

Step3，计算目标的新位置：

$$y_j=\frac{\sum_{i=1}^{H}\omega_i x_i g\left(\left\|\frac{y_{j-1}-x_i}{h}\right\|^2\right)}{\sum_{i=1}^{H}\omega_i g\left(\left\|\frac{y_{j-1}-x_i}{h}\right\|^2\right)}-x \tag{5.36}$$

Step4，计算新位置的颜色直方图分布 $p=\{\hat{p}_u(y_j)\}, u=1,\cdots,m$，并估计其与特征模板的 Bhattacharyya 系数 $\rho\lfloor q(y_j),p\rfloor$。

Step5，判断，若 $\rho\lfloor q(y_j),p\rfloor>\rho\lfloor q(y_{j-1}),p\rfloor$，则 $y_j=(y_j+y_{j-1})/2$。

Step6，判断，若 $\| y_j-y_{j-1}\|<\varepsilon$，则跳出循环；否则，令 $y_{j-1}=y_j$，返回 Step1。

在 OpenCV 中主要使用 cvMeanShift()函数实现 meanshift 跟踪算法，其中输入的模板图像为反向投影图，meanshift 跟踪算法的效果图，如图 5.42 所示。

3. 算法特点

(1) Mean Shift 算法就是沿着概率密度的梯度方向进行迭代移动，最终达到密度分布的最小值位置。其迭代过程本质上是最速下降法，下降方向为一个阶梯度方向，步长为固定值。

(2) Mean Shift 算法基于特征模板的直方图，假定了特征直方图足够确定目标的位置，并且足够稳健，对其他运动不敏感。该方法可以避免目标形状、外观或运动的复杂建模，建立相似度的统计测量和连续优化之间的联系。但是，Mean Shift 算法不能用于旋转和尺度运动的估计。

为克服以上问题，人们提出了许多改进算法，如多核跟踪算法、多核协作跟踪算法和有效的最优核平移算法等。

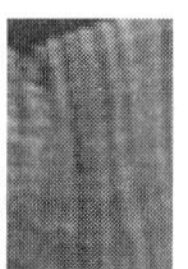

(a) 模板

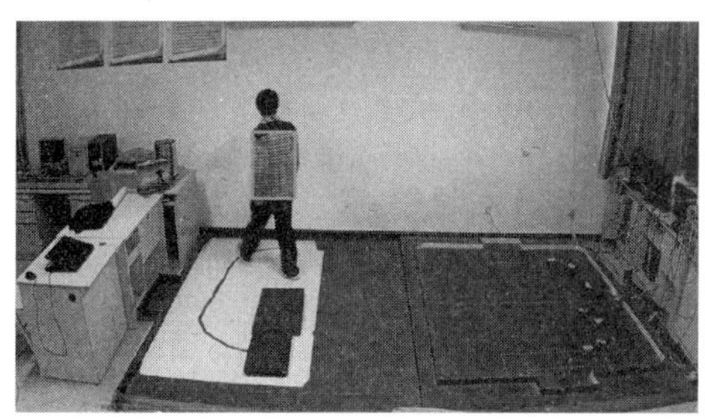

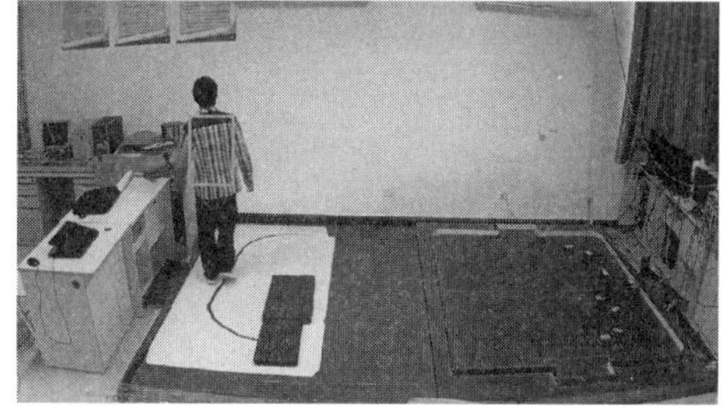

(b) meashift跟踪效果

(c) meashift跟踪效果

图 5.42　meanshift 跟踪算法效果图

5.7　主 动 视 觉

人的视觉是主动的,主动视觉理论强调视觉系统对人眼的主动适应性的模拟,即模拟人的“头—眼”功能,使视觉系统能够自主选择和跟踪注视的目标物体。

主动视觉(active vision)理论最初由宾西法尼亚大学的 R. Bajcsy 于 1982 年提出。主动视觉强调在视觉信息获取过程中,能够主动地调整摄像机的参数以及与环境动态的交互,根据具体要求分析有选择的得到视觉数据。显然,主动视觉可以更有效地理解视觉环境。

根据摄像机放置位置的不同,可以分为固定视点视觉系统和非固定视点视觉系统。非固定视点视觉系统主要是指手眼系统和自主移动车的视觉系统。另外,云台 Pan/Tilt/Zoom(PTZ)主动控制摄像机也作为一种非固定视点视觉系统,以其可变视角和变焦能力被越来越多地应用于视频监控领域。

1. 主动视觉的控制机构

主动视觉强调与环境的动态交互与主动适应和调整。从控制机构的角度可以对主动视觉进行如下分类。

1) 根据环境控制视觉传感器

根据环境条件控制视觉传感器的特性,主动改变的有摄像系统的内部参数和外部参数。

(1) 改变摄像机内部参数。改变焦距、改变光圈或 CCD 的增益,可以对场景整体做宏观的观察,同时也能对特定细节做仔细辨认。

(2) 改变摄像机外部参数。改变摄像机位置和姿态,这样可以实现对环境中特定部位的注视控制。

2) 根据环境控制光源

多视点图像的对应点匹配,是立体视觉系统的关键。合理的光源控制,将使得这个困难比较容易解决。结构光照明和基于干涉条纹的立体视觉系统便是光源控制的具体例子。

2. 主动视觉与传感器融合

传感器融合是对特性互不相同的多个传感器输出进行综合,从而提高机器人对外观测的数量和质量的一种传感器搭配形式。从融合的效果看,可以分为竞争融合和互补融合。

1) 竞争融合

多个传感器获取同一种信息,比较彼此的精度、观测的可靠性与传感器的特性等方面,从而更准确地估计出需要的信息。

2) 互补融合

将不同种类信息的传感器组合起来进行观测。例如,一方面用彩色图像检测对象物的范围;另一方面又用距离传感器检测和识别物体的形状等。

移动机器人的主动视觉系统广泛采用不同特性的两种视觉传感器。例如,可以采用全景视觉传感器和注视控制传感器进行互补融合。全景视觉传感器的主要任务是观察周围环境,对机器人周边状况做宏观的评测,并选择注视点。注视控制传感器的目的则在于获得更为详细的信息。

3. 主动视觉的实时性

1) 实时视觉

实时视觉是为满足特定目的,对图像进行实时识别与在线处理。根据任务不同,所需要的实时性程度也有区别。

为做到实时性,通常采取的措施有:

(1) 适当降低图像的清晰度。

(2) 注视处理仅把图像处理的对象限制在注视区域内,从而获得高速、连续处理。

(3) 利用前后图像帧的相关性,节省搜索时间。

2) 实时视觉系统的构成方法

实时视觉系统可以根据实际需求采用下列四种方案来进行构建:

(1) 通用计算机。

(2) 通用计算机+图像处理端口。

(3) DSP 系统。

(4) 专用视觉芯片。

基于 PC 的视觉处理系统价格低廉,存储器空间大,性能易于升级;存在的问题是大量图像数据输入和处理时总线带宽不够。专用视觉芯片处理方案处理速度快,但可扩展性能不足。DSP 系统在设计时就考虑到并行机器结构,特别适合并行图像的处理。

5.8 视觉伺服

视觉伺服是利用机器视觉的原理,直接基于图像反馈信息,快速进行图像处理,在尽量短的时间内给出控制信号,构成机器人的位置闭环控制。

5.8.1 视觉伺服系统的分类

根据不同的标准,机器人视觉伺服系统可以被划分为不同的类型。

1. 根据摄像机的数目分类

根据摄像机的数目的不同,可分为单目视觉伺服系统、双目视觉伺服系统以及多目视觉伺服系统。

1) 单目视觉

单目视觉无法直接得到目标的三维信息,一般通过移动获得深度信息。单目视觉适用于工作任务比较简单且深度信息要求不高的工作环境。

2) 双目视觉

双目视觉可以得到深度信息,当前的视觉伺服系统主要采用双目视觉。

3) 多目视觉

多目视觉伺服可以得到更为丰富的信息,但视觉控制器的设计比较复杂,且相对于双目视觉伺服更加难以保证系统的稳定。

2. 根据摄像机放置位置分类

根据摄像机放置位置的不同,可以分为固定摄像机系统和手眼系统。

1) 固定摄像机系统

固定摄像机系统中摄像机处于静止状态,要求摄像机得到大的工作空间场景,以便得到机器人末端相对于目标的相对速度。但这种配置可能无法得到目标的准确信息,且机器人运动可能造成目标图像的遮挡。

2) 手眼视觉

手眼视觉将摄像机固定在移动机器人手臂末端执行器上,并随着末端执行器的移动而移动。手眼系统能得到目标的精确位置,可以实现精确控制,但只能得到小的工作空间场景。手眼系统能降低对摄像机标定精度的要求,还可避免末端手爪遮挡目标物、目标定位精度与视差的大小之间难以平衡等缺点。

图 5.43 给出了一种基于自主移动车平台的手眼视觉系统实例。Pioneer II 型轮式移动服务机器人由 PTZ 摄像机和手眼摄像机组成了双目系统。系统中两台摄像机构成基线可变的双目配置,机器人本体通过独立控制装有摄像机的机械手和 PTZ 云台运动,可同时实现双目之间相对姿态和相对位置的调整,从而具备多方位、多分辨率的灵活观测能力。

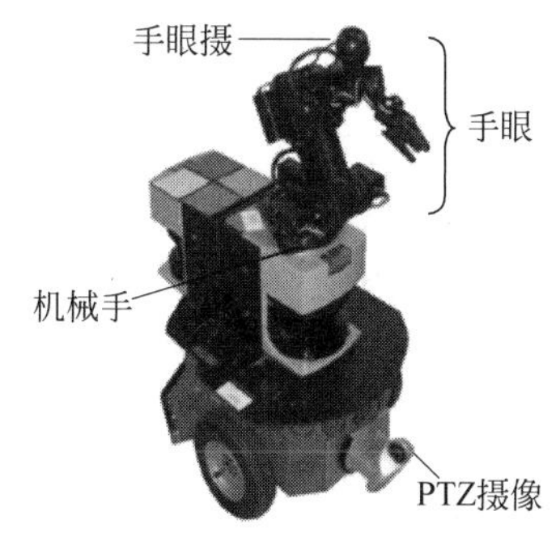

图 5.43 Pioneer Ⅱ型轮式移动服务机器人变基线双目视觉系统

3. 根据误差信号分类

根据误差信号定义的不同,可将视觉伺服分为基于位置的视觉伺服和基于图像的视觉伺服。基于位置的误差信号定义在三维笛卡儿空间,而基于图像的误差信号定义在二维图像空间。

1）基于位置的视觉伺服

如图 5.44 所示，基于位置的视觉伺服是根据得到的图像，由目标的几何模型和摄像机模型估计出目标相对于摄像机的位置，得到当前机器人的末端位姿和估计的目标位姿的误差，通过视觉控制器进行调节。

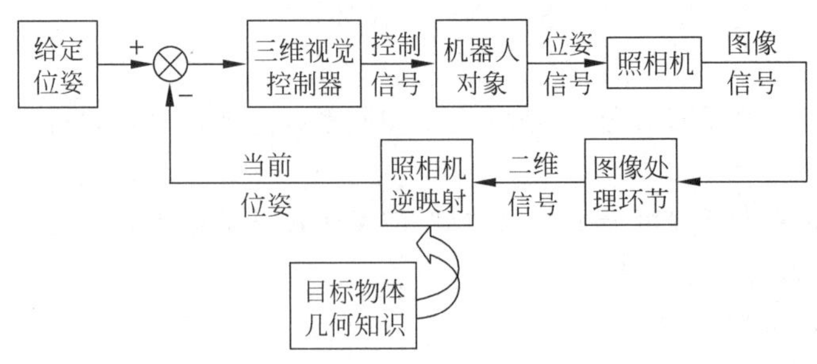

图 5.44　基于位置的视觉伺服系统结构

显然，基于位置的视觉伺服需要通过图像进行三维重构，在三维笛卡儿空间计算误差。其优点在于误差信号和关节控制器的输入信号都是空间位姿，实现起来比较容易。但另一方面，由于根据图像估计目标的空间位姿，机器人的运动学模型误差和摄像机的标定误差都直接影响系统的控制精度，目标也容易离开视场。

2）基于图像的视觉伺服

如图 5.45 所示，基于图像的视觉伺服不需要三维重建，直接计算图像误差，产生相应的控制信号。

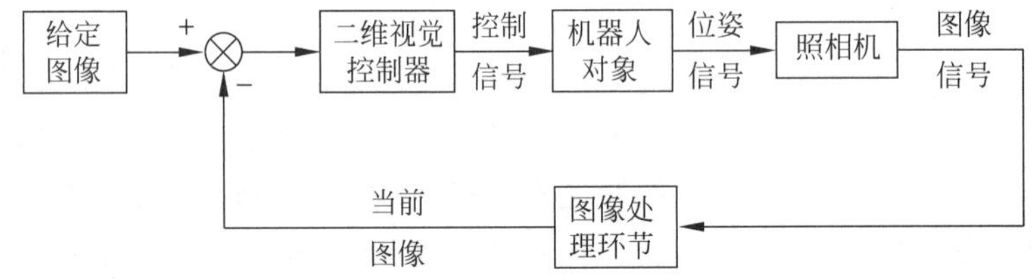

图 5.45　基于图像的视觉伺服系统结构

基于图像视觉伺服的突出优点是对标定误差和空间模型误差不敏感。其缺点是设计控制器困难，伺服过程中容易进入图像雅可比矩阵的奇异点，一般需要估计目标的深度信息，而且只在目标位置附近的邻域范围内收敛。

3）混合视觉伺服方法

图 5.46 是一种混合视觉伺服方法，旨在克服以上 2 种视觉伺服方法的局限性，并利用它们产生一种综合的误差信号进行反馈。2.5 维视觉控制器将二维图像信号与根据图像所提取的非完整的位姿信号进行了有机结合。

5.8.2　视觉伺服的技术问题

图像处理，包括特征的选择及匹配，仍然是视觉伺服在实际应用中的瓶颈问题。而对于特征的选择和匹配，如何提高其鲁棒性仍然是面临的主要问题。多视觉信息融合的方法以

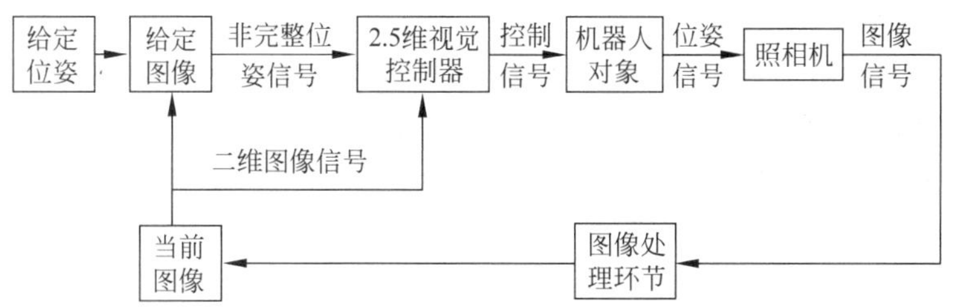

图 5.46　混合视觉伺服系统结构

及自动特征选择的方法具有良好的发展前景。

视觉伺服所面临的主要问题主要体现在以下两方面。

1. 稳定性

稳定性是所有控制系统首先考虑的问题。对于视觉伺服控制系统，无论是基于位置、基于图像或者混合的视觉伺服方法都面临着系统稳定性问题。当初始点远离目标点时，应增大稳定区域和保证全局收敛。为避免伺服失败，应保证特征点始终处在视场内。

2. 实时性

图像处理速度是影响视觉伺服系统实时性的主要瓶颈之一。图像采集速度较低以及图像处理需要较长时间给系统带来明显的时滞，此外视觉信息的引入也明显增大了系统的计算量，例如计算图像雅可比矩阵、估计深度信息等。现有的解决方法主要有基于 Smith 预估器的补偿方法和基于滤波器预测目标运动方法等。

5.9 视觉导航

早期的视觉导航是为自主地面移动机器人而研发。近年来，视觉导航方法由于其自主性、廉价性和可靠性等特点，已成为导航领域的研究热点。视觉导航在无人飞行器、深空探测器和水下机器人上获得了广泛应用。

5.9.1 视觉导航中的摄像机类型

视觉导航按照传感器类型可分为被动视觉导航和主动视觉导航。

1. 被动视觉导航

被动视觉导航是依赖于可见光或不可见光成像技术的方法。CCD 相机作为被动成像的典型传感器，广泛应用于各种视觉导航系统中。

2. 主动视觉导航

主动视觉导航是利用激光雷达、声呐等主动探测方式进行环境感知的导航方法。例如，1997 年着陆的火星探路者号使用编码激光条纹技术进行前视距离探测，可靠地解决了未知环境中的障碍识别问题。

主动视觉导航在视觉信息获取过程中，能够主动地调整摄像机的参数以及与环境动态的交互，根据具体要求分析有选择的得到视觉数据，更有效地理解视觉环境。

5.9.2 视觉导航中的摄像机数目

根据摄像机的数目不同，可以分为单目视觉导航、立体视觉导航。

1. 单目视觉导航

单目视觉的特点是结构和数据处理较简单,研究的方向集中在如何从二维图像中提取导航信息,常用技术有阈值分割、透视图法等。

(1) 基于阈值分割模型的导航通过对机器人行走过程中采集到的灰度图像计算出合适的阈值进行分割,将图像分为可行走和不可行走区域,从而得出避障信息进行导航。

这种算法基于视觉传感器的反馈而不考虑先前的图片,不会产生任何地图。该方法阈值计算简单,总的处理速度很快,实时性很好。

(2) 基于单摄像机拍摄的图像序列的导航利用透视图法,通过不断地将目标场景图像与单摄像机拍摄到的图像相比较,计算两者之间的联系,进而确定向目标行进的动作参数。

这种算法的关键问题是根据透视法从图像比较中提取必要的数学矩阵模型,进行相应计算。在导航过程中无须定位机器人的 3D 位置,无须人的参与,任何时候只需要保存三幅图像：Previous Image、Current Image、Target Image,所以实时性很好。

2. 立体视觉导航

一个完整的立体视觉系统分为图像获取、摄像机标定、特征提取、立体匹配、深度确定及内插重建等几部分。

立体匹配是立体视觉中最困难的一步。立体匹配方法必须解决三个问题：正确选择图像的匹配特征、寻找特征间的本质属性和建立正确的匹配策略。

内插重建是为了获得物体的空间信息。重建算法的复杂度取决于匹配算法,根据视差图通过插值或拟合来重建物体。匹配和内插之间存在一定的信息反馈,匹配结果约束内插重建,而重建结果又引导正确匹配。

5.9.3 视觉导航中的地图依赖性

视觉导航系统按照对地图的依赖性可分为：地图导航系统、地图生成型导航系统和无地图导航系统。

1. 基于地图的导航

基于地图的导航是发展较早的机器人导航方法。自然地标和人工地标是地标跟踪的两个分类。

(1) 自然地标导航算法使用相关性跟踪选定的自然景物地标,通过立体视觉信息计算机器人自身的位置,并在机器人行进中逐步更新景物地标。

(2) 人工地标视觉导航通过机器人识别场景中的交通标志,得出所处的位置、与目的地的距离等信息。常见人工地标如图 5.47 所示。

(a) 公路路面交通标志

(b) 较复杂的室内路标

图 5.47 常见人工地标

2. 地图生成型导航

地图生成型导航系统通过感知周围环境，并在线生成某种表示的导航地图，较好地解决了未知环境中同时完成实时定位、绘图和自定位任务的问题。

同时定位和绘图方法（Simultaneous Localisation and Mapping，SLAM）也称为（Concurrent Mapping and Localization，CML），即时定位与地图构建，或并发建图与定位。

SLAM 最早由 Smith、Self 和 Cheeseman 于 1988 年提出。由于其重要的理论与应用价值，被很多学者认为是实现真正全自主移动机器人的关键。

SLAM 问题可以描述为：机器人在未知环境中从一个未知位置开始移动，在移动过程中根据位置估计和地图进行自身定位，同时在自身定位的基础上建造增量式地图，实现机器人的自主定位和导航。

3. 无地图导航

无地图导航方法不需要对环境信息进行全面描述。光流法、基于特征跟踪、基于模板的导航方法是无地图视觉导航方法的主要研究方向。

（1）光流法。通过机器人视场中固定特征的运动变化情况来估计机器人的运动。选择图像中有价值的特征点计算光流，可在保证运动估计精度的前提下降低计算量。随着计算能力的显著提高，基于光流法的视觉导航法获得了较快的发展。

（2）基于特征跟踪的视觉导航方法。通过跟踪图像序列中的特征元素（角、线、轮廓等）获取导航信息。

（3）基于模板的导航方法。使用预先获得的图像为模板，而模板与位置信息或控制指令相对应，导航过程中用当前图像帧与模板进行匹配，进而获取导航信息。

第6章　智能机器人的语音合成与识别

语言是人类最重要的交流工具，自然方便、准确高效。让机器与人之间进行自然语言交流是智能机器人领域的一个重要研究方向。语音识别和语音合成技术、自然语言理解是建立一个能听会讲的口语系统，从而实现人机语音通信所必需的关键技术。

语音合成与识别技术涉及语音声学、数字信号处理、人工智能、微机原理、模式识别、语言学和认知科学等众多前沿科学，是一个涉及面很广的综合性科学，其研究成果对人类的应用领域和学术领域都具有重要的价值。近年来，语音合成与识别取得显著进步，逐渐从实验室走向市场，应用于工业、消费电子产品、医疗、家庭服务、机器人等各个领域。

6.1　语音合成的基础理论

语音合成是指由人工通过一定的机器设备产生出语音。具体方法是利用计算机将任意组合的文本转化为声音文件，并通过声卡等多媒体设备将声音输出。简单地说，就是让机器把文本资料“读”出来。

如图6.1所示，语音合成系统完成文本到语音数据的转化过程中可以简单分为两个步骤：

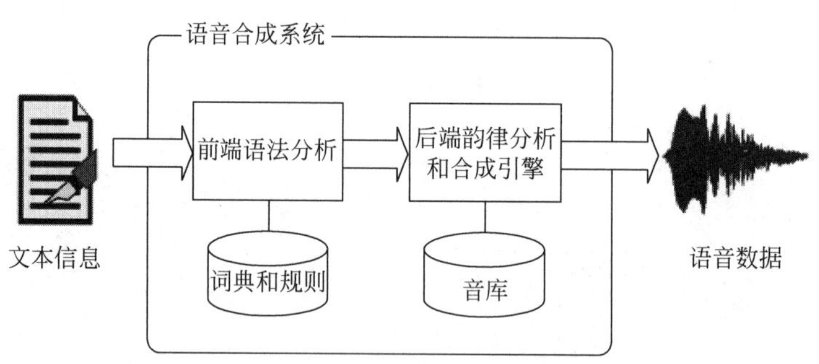

图6.1　语音合成技术原理示意图

(1) 文本经过前端的语法分析，通过词典和规则的处理，得到格式规范，携带语法层次的信息，传送到后端。

(2) 后端在前端分析的结果基础上，经过韵律方面的分析处理，得到语音的时长、音高等韵律信息，根据这些信息在音库中挑选最合适的语音单元，语音单元再经过调整和拼接，就能得到最终的语音数据。

在整个转化处理的过程中涉及大量语法和韵律知识、语法和语义分析算法、最佳路径搜索、单元挑选和调整算法以及语音数据编码方面的知识。

6.1.1 语音合成分类

1. 波形合成法

波形合成法是一种相对简单的语音合成技术，它把人发音的语音数据直接存储或进行波形编码后存储，根据需要进行编辑组合输出。这种语音合成系统只是语音存储和重放的器件，往往需要大容量的存储空间来存储语音数据。波形合成法适用于小词汇量的语音合成应用场合，如自动报时、报站和报警等。

2. 参数合成法

参数合成法也称为分析合成法，只在谱特性的基础上来模拟声道的输出语音，而不考虑内部发音器官是如何运动的。参数合成方法采用声码器技术，以高效的编码来减少存储空间，是以牺牲音质为代价的，合成的音质欠佳。

3. 规则合成方法

规则合成方法通过语音学规则产生语音，可以合成无限词汇的语句。合成的词汇表不是事先确定，系统中存储的是最小的语音单位的声学参数，以及由音素组成音节、由音节组成词、由词组成句子和控制音调、轻重音等韵律的各种规则。

规则合成方法能够在给出需要合成的字母或文字后，利用规则自动地将它们转换成连续的语音流。规则合成方法可以合成无限词汇的语句，是今后的发展趋势。

6.1.2 常用语音合成技术

1. 共振峰合成法

习惯上，把声道传输频率响应上的极点称之为共振峰。语音的共振峰频率（极点频率）的分布特性决定着语音的音色。

共振峰合成模型是把声道视为一个谐振腔，利用腔体的谐振特性，构成一个共振峰滤波器。共振峰语音合成器的构成原理是将多个共振峰滤波器组合起来模拟声道的传输特性，对激励声源发生的信号进行调制，经过辐射得到合成语音。

共振峰合成涉及共振峰的频率、带宽、幅度参数和基音周期等相关参数。要产生可理解的语音信号，至少要三个共振峰；要产生高质量合成语音信号，至少要有五个共振峰。

基于共振峰合成方法主要有以下三种实用模型：

1）级联型共振峰模型

在该模型中，声道被认为是一组串联的二阶谐振器，共振峰滤波器首尾相接，其传递函数为各个共振峰的传递函数相乘的结果。

五个极点的共振峰级联模型传递函数为：

$$v(z)=\frac{G}{1-\sum_{k=1}^{10}a_k z^{-k}} \tag{6.1}$$

即：

$$v(z)=G*\prod_{i=1}^{5}v_i(z)=G*\prod_{i=1}^{5}\frac{1}{1-b_i z^{-1}-c_i z^{-2}} \tag{6.2}$$

式中，G为增益因子。一个五个极点的共振峰级联模型如图 6.2 所示。

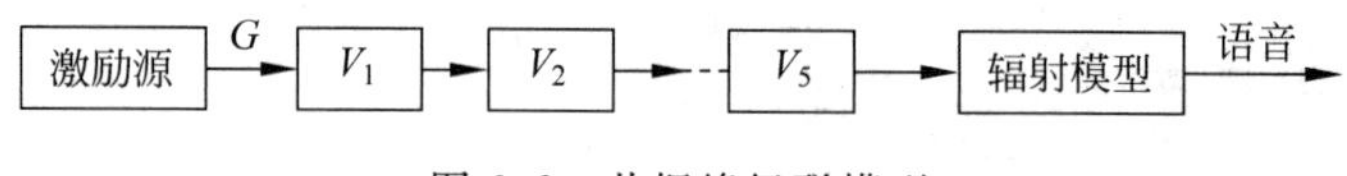

图 6.2 共振峰级联模型

2）并联型共振峰模型

在并联型模型中，输入信号先分别进行幅度调节，再加到每一个共振峰滤波器上，然后将各路的输出叠加起来。其传递函数为：

$$v(z)=\frac{\sum_{r=0}^{R}b_r z^{-r}}{1-\sum_{k=1}^{p}a_k z^{-k}} \tag{6.3}$$

上式可分解成以下部分分式之和：

$$v(z)=\sum_{l=1}^{M}\frac{A_1}{1-B_1Z^{-1}-C_1Z^{-2}} \tag{6.4}$$

其中A_1为各路的增益因子。

图 6.3 是一个$M=5$的并联型共振峰模型。

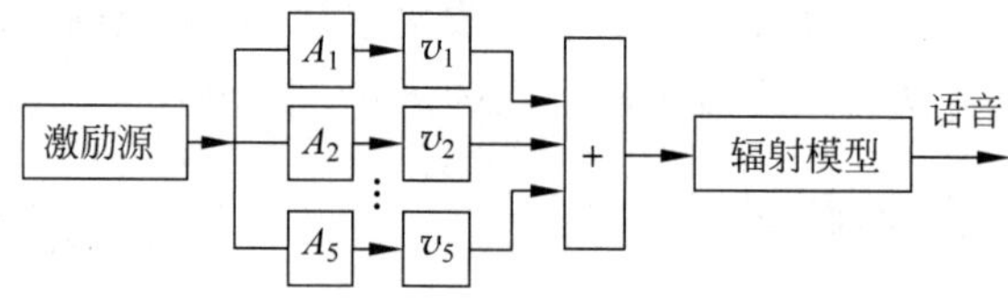

图 6.3 并联型共振峰模型

3）混合型共振峰模型

比较以上两种模型，对于大多数的元音，级联型合乎语音产生的声学理论，并且无须为每一个滤波器分设幅度调节；而对于大多数清擦音和塞音，并联型则比较合适，但是其幅度调节很复杂。如图 6.4 所示，混合型共振峰模型将两者进行了结合。

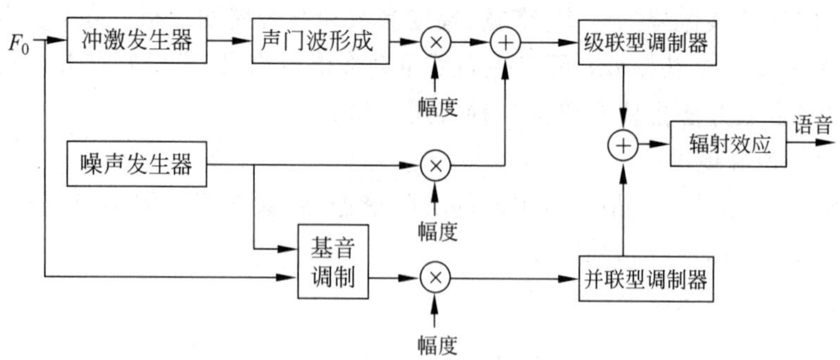

图 6.4 混合型共振峰模型

对于共振峰合成器的激励，简单地将其分为浊音和清音两种类型是有缺陷的，为了得到高质量的合成语音，激励源应具备多种选择，以适应不同的发音情况。混合型共振峰模型中激励源有三种类型：合成浊音语音时用周期冲激序列；合成清音语音时用伪随机噪声；合成浊擦音语音时用周期冲激调制的噪声。

2. LPC(线性预测)参数合成

LPC 合成技术本质上是一种时间波形的编码技术,目的是为了降低时间域信号的传输速率。LPC 合成技术的优点是简单直观,其合成过程实质上只是一种简单的译码和拼接的过程。另外,由于波形拼接技术的合成基元是语音的波形资料,保存了语音的全部信息,因而对于单个合成基元来说能够获得较高的自然度。

由于自然语流中的语音和孤立状况下的语音有着极大的区别,如果只是简单地把各个孤立的语音生硬地拼接在一起,其整个语流的质量势必是不太理想的。而 LPC 技术从本质上来说只是一种录音加重放,对于合成整个连续语流 LPC 合成技术的效果是不理想的。因此,LPC 合成技术必须和其他技术结合才能够明显改善 LPC 合成的质量。

3. PSOLA 算法合成语音

早期的波形编辑技术只能回放音库中保存的东西。然而,任何一个语言单元在实际语流中都会随着语言环境的变化而变化。20 世纪 80 年代末,F. Charpentier 和 E. Moulines 等提出了基音同步叠加技术(PSOLA)。PSOLA 算法和早期波形编辑有原则性的差别,它既能保持原始语音的主要音段特征,又能在音节拼接时灵活调整其基音、能量和音长等韵律特征,因而很适合于汉语语音的规则合成。由于韵律修改所针对的侧面不同,PSOLA 算法的实现目前有 3 种方式:

(1) 时域基音同步叠加 TD-PSOLA。

(2) 线性预测基音同步叠加 LPC-PSOLA。

(3) 频域基音同步叠加 FD-PSOLA。

其中 TD-PSOLA 算法计算效率较高,已被广泛应用,是一种经典算法,这里只介绍 TD-PSOLA 算法原理。

信号 $x(n)$的短时傅里叶变换为:

$$X_n(\mathrm{e}^{\mathrm{j}\omega}) = \sum_{m=-\infty}^{+\infty} x(m)w(n-m)\mathrm{e}^{-\mathrm{j}\omega m}, \quad n \in Z \tag{6.5}$$

其中 $w(n)$是长度为 N 的窗序列,Z 表示全体整数集合。$X_n(\mathrm{e}^{\mathrm{j}\omega})$是变量 n 和 ω 的二维时频函数,对于 n 的每个取值都对应有一个连续的频谱函数,显然存在较大的信息冗余,所以可以在时域每隔若干个(例如 R 个)样本取一个频谱函数来重构原信号 $x(n)$。

令

$$Y_r(\mathrm{e}^{\mathrm{j}\omega}) = X_n(\mathrm{e}^{\mathrm{j}\omega})\big|_{n=rR}, \quad r,n \in Z \tag{6.6}$$

其傅里叶逆变换为

$$y_r(m) = \frac{1}{2\pi}\int_{-\infty}^{\infty} Y_r(\mathrm{e}^{\mathrm{j}\omega})\mathrm{e}^{\mathrm{j}\omega m}\mathrm{d}\omega, \quad m \in Z \tag{6.7}$$

由以上公式可得到:

$$y(m) = \sum_{r=-\infty}^{\infty} y_r(m) = \sum_{r=-\infty}^{\infty} x(m)w(rR-m) = x(m)\sum_{r=-\infty}^{\infty} w(rR-m), \quad m \in Z \tag{6.8}$$

通常选 $w(n)$是对称的窗函数,所以有:

$$w(rR-n) = w(n-rR) \tag{6.9}$$

可以证明,对于汉明窗来说,当时,无论 m 为何值都有:

$$\sum_{r=-\infty}^{\infty} w(rR-m) = \frac{W(\mathrm{e}^{\mathrm{j}0})}{R} \tag{6.10}$$

所以：

$$y(n) = x(n) \cdot \frac{W(\mathrm{e}^{\mathrm{j}0})}{R} \tag{6.11}$$

其中 $W(\mathrm{e}^{\mathrm{j}\omega})$ 为 $w(n)$ 的傅里叶变换。上式说明，用叠接相加法重构的信号 $y(n)$ 与原信号 $x(n)$ 只相差一个常数因子。

这里采用原始信号谱与合成信号谱均方误差最小的叠接相加合成公式。定义两信号 $x(n)$ 和 $y(n)$ 之间谱距离测度：

$$D[x(n),y(n)] = \sum_{t_g} \frac{1}{2\pi}\int_{-\pi}^{\pi} |X_{t_m}(\mathrm{e}^{\mathrm{j}\omega}) - Y_{t_g}(\mathrm{e}^{\mathrm{j}\omega})|^2 \mathrm{d}\omega \tag{6.12}$$

式(6.12)可改写为：

$$\begin{aligned} D[x(n),y(n)] &= \sum_{t_g}\sum_{n=-\infty}^{\infty} \{w_1[t_m-(n+t_m)]x(n+t_m) - w_2[t_g-(n+t_g)]y(n+t_g)\}^2 \\ &= \sum_{t_g}\sum_{n=-\infty}^{\infty} [w_1(n+t_g)x(n+t_g+t_m) - w_2(n+t_g)y(n)]^2 \end{aligned} \tag{6.13}$$

要求合成信号 $y(n)$ 满足谱距离最小，可以令：

$$\frac{\partial D[x(n),y(n)]}{\partial y(n)} = 0 \tag{6.14}$$

解得

$$y(n) = \frac{\sum_{t_g} w_1(n+t_g)w_2(n+t_g)x(n+t_g+t_m)}{\sum_{t_g} w_2^2(n+t_g)} \tag{6.15}$$

窗函数 $w_1(n)$ 和 $w_2(n)$ 可以是两种不同的窗函数，长度也可以不相等。式(6.15)就是在谱均方误差最小意义下的时域基音同步叠接相加合成公式。

实际合成时，$w_1(n)$ 和 $w_2(n)$ 可以用完全相同的窗，分母可视为常数，而且可以加一个短时幅度因子来调整短时能量，即：

$$y(n) = \frac{\sum_{t_g} \alpha_{t_g} w_1(t_g-n)w_2(t_g-n)x(n-t_g+t_m)}{\sum_{t_g} w_2^2(t_g-n)} \tag{6.16}$$

概括起来说，用 PSOLA 算法实现语音合成时主要有三个步骤。

1）基音同步分析

同步标记是与合成单元浊音段的基音保持同步的一系列位置点，用它们来准确反映各基音周期的起始位置。同步分析的功能主要是对语音合成单元进行同步标记设置。PSOLA 技术中，短时信号的截取和叠加，时间长度的选择，均是依据同步标记进行的。对于浊音段有基音周期，而清音段信号则属于白噪声，所以这两种类型需要区别对待。

2）基音同步修改

同步修改通过对合成单元同步标记的插入、删除来改变合成语音的时长；通过对合成单元标记间隔的增加、减小来改变合成语音的基频等。

若短时分析信号为 $x(t_a(s),n)$，短时合成信号为 $x(t_s(s),n)$，则有：

$$x(t_a(s),n) = x(t_s(s),n) \tag{6.17}$$

式中 $t_a(s)$ 为分析基音标记，$t_s(s)$ 为合成基音标记。

3）基音同步合成

基音同步合成是利用短时合成信号进行叠加合成。如果合成信号仅仅在时长上有变化，则增加或减少相应的短时合成信号；如果是基频上有变化，则首先将短时合成信号变换成符合要求的短时合成信号再进行合成。

6.2 语音识别的基础理论

语音识别技术是让机器能够理解人类语音，即在各种情况下，准确地识别出语音的内容，从而根据其信息执行人的某种意图。

20 世纪 50 年代，AT&Bell（贝尔）研究所成功研制了世界上第一个能识别 10 个英文数字的语音识别系统——Audry 系统，这标志着语音识别研究的开始。1956 年，RCA Lab 开展的一项独立研究也是试图识别单一发音人的 10 个不同的音节，同样采用了度量共振峰的方法。1959 年，计算机的应用推动了语音识别的发展，J. W. Rorgie 和 C. D. Forgie 采用数字计算机识别英文元音及孤立字，开始了计算机语音识别。

20 世纪 60 年代，计算机的应用推动了语音识别的发展。这一时期的重要成果是动态时间规正技术（Dynamic Time Warping，DTW）和线性预测分析（Linear Predictive，LP）技术。

20 世纪 80 年代初，语音识别领域取得了突破。在理论上，LP 技术和 DTW 技术基本成熟并催生矢量量化（VQ）技术和隐马尔科夫模型（HMM）理论。

20 世纪 90 年代，随着多媒体时代的来临，在语音识别技术的应用及产品化方面出现了很大的进展。IBM 公司率先推出的汉语 Via Voice 语音识别系统，带有一个 32 000 词的基本词汇表，可以扩展到 65 000 词，平均识别率可以达到 95%，可以识别上海话、广东话和四川话等地方口音，是目前具有代表性的汉语连续语音识别系统。

6.2.1 语音识别基本原理

语音识别系统本质上是一个模式识别系统，其原理如图 6.5 所示。

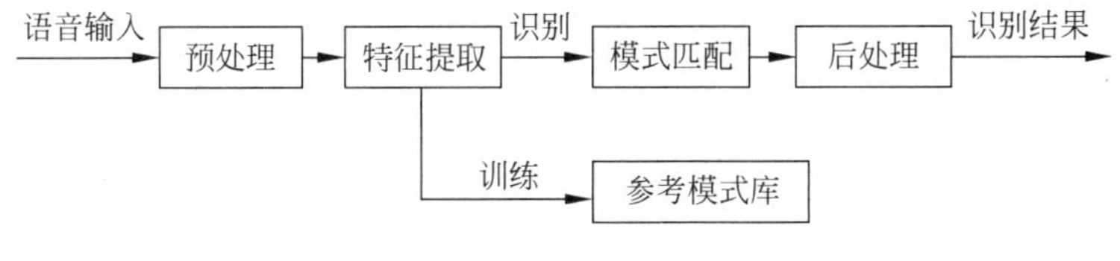

图 6.5 语音识别结构图

外界的模拟语音信号经由麦克风输入到计算机，计算机平台利用其 A/D 转换器将模拟信号转换成计算机能处理的语音信号。然后将该语音信号送入语音识别系统前端进行预处理。

预处理会过滤语音信息中不重要的信息与背景噪声等，以方便后期的特征提取与训练识别。预处理主要包括语音信号的预加重，分帧加窗和端点检测等工作。

特征提取主要是为了提取语音信号中反映语音特征的声学参数，除掉相对无用的信息。语音识别中常用的特征参数有短时平均能量或幅度、短时自相关函数、短时平均过零率、线性预测系数(LPC)、线性预测倒谱系数(LPCC)等。

1. 语音训练

语音训练是在语音识别之前进行的，用户将训练语音多次从系统前端输入，系统的前端语音处理部分会对训练语音进行预处理和特征提取，在此之后利用特征提取得到的特征参数可以组建起一个训练语音的参考模型库，或者是对此模型库中的已经存在的参考模型作适当的修改。

2. 语音识别

语音识别是指将待识别语音经过特征提取后的特征参数与参考模型库中的各个模式一一进行比较，将相似度最高的模式作为识别的结果输出，完成模式的匹配过程。模式匹配是整个语音识别系统的核心。

6.2.2 语音识别预处理

一般而言，语音信号在进行分析和处理之前，首先要将语音信号进行预处理。语音信号预处理包括采样量化、分帧加窗和端点检测等。

1. 采样量化

采样就是在时间域上，等间隔地抽取模拟信号，得到序列模拟音频后，将其转化成数字音频的过程，实际上就是将模拟音频的电信号转换成二进制码 0 和 1。0 和 1 便构成了数字音频文件，采样频率越大音质越有保证。

如图 6.6 所示，采样过程可表达如下：

$$X(n) = X_n(nT) \tag{6.18}$$

其中 n 为整数，T 为采样周期，$F_s=\frac{1}{T}$为采样频率。

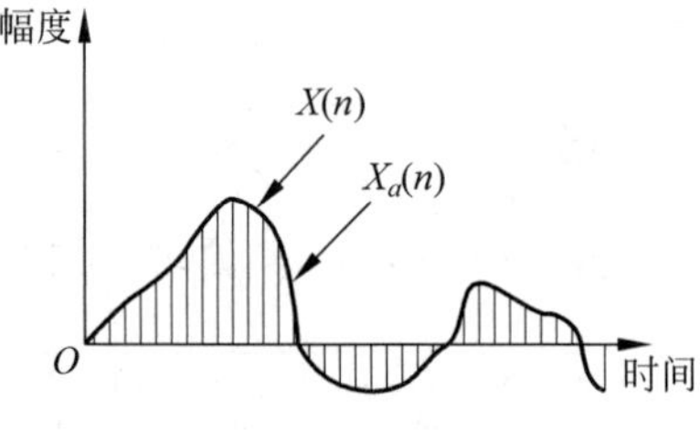

图 6.6　语音信号采样示意图

根据采样定理：如果 n 信号 $x_a(t)$的频谱是带宽有限的，即：

$$X_a(\mathrm{j}\omega) = 0, \quad \omega > 2\pi F_a \tag{6.19}$$

当采样频率大于信号的两倍带宽时，采样过程就不会信息丢失，即：

$$F_s = \frac{1}{T} > 2F_a \tag{6.20}$$

从 $x(n)$可精确重构原始波形，即 $x_a(t)$能够唯一从样本序列重构为：

$$X_a = \sum_{n=-\infty}^{+\infty} X_a(aT)\sin\left[\frac{\pi}{T}\right]\left(t-\frac{n}{T}\right) \tag{6.21}$$

当 $F_s=2F_a$ 时为 Nyquist 频率。

量化实际上是将时间上离散、幅度依然连续的波形幅度值进行离散化。量化时先将整个幅度值分割成有限个区间，然后把落入同一区间的样本赋予相同的幅度值，这个过程取决于采样精度。量化决定了声音的动态范围，以位为单位，例如，8 位可以把声波分成 256 级。

2. 分帧加窗

语音信号本身是一种非平稳的信号，但研究发现在一个很短的时间内 (10～30ms) 信号很平稳。所以可以对连续的语音信号进行 10～30ms 分帧操作。

假定每帧内信号是短时平稳的，我们可以对每帧进行短时分析，包括提取短时能量、短时自相关函数、短时过零率、短时频谱等。同时，为了保证特征参数变化比较平滑，帧之间会有部分重叠，重叠的部分可以是 1/2 帧或是 1/3 帧，此部分称为帧移。对信号作适当的加窗处理，可以减小语音帧之间的截断效果，使上一帧结束处和下一帧起始处的信号更加连续。加窗函数常用的有矩阵窗和汉明窗等(其中 N 均为帧长)。

矩阵窗：

$$W(n)=\begin{cases}1, & (0\leqslant n\leqslant N-1)\\ 0, & (n<0, n>N-1)\end{cases} \tag{6.22}$$

汉明窗：

$$W(n)=\begin{cases}w(n)=0.54-0.46\cos\left(\dfrac{2n\pi}{N-1}\right), & (0\leqslant n\leqslant N-1)\\ 0, & (n<0, n>N-1)\end{cases} \tag{6.23}$$

3. 端点检测

端点检测就是通过准确地判断输入语音段的起点和终点，来减少运算量、数据量以及时间，进而得到真正的语音数据。资料表明在安静环境下，语音识别错误原因的一半来自端点检测。

语音段可以是音素、词素、词或者音节等。通常采用时域分析方法进行端点检测，即端点检测主要依据提取语音信号的一些特征参数，如能量、过零率、振幅等。

比较常用的端点检测方法有两种：多门限端点检测法和双门限端点检测法。由于在语音信号检测过程中多门限检测算法有较长的时间延时，不利于进行语音过程实时控制，所以大多采用双门限端点检测方法。

双门限端点检测方法是通过利用语音信号的短时能量和平均过零率的性质来进行端点检测的，其步骤为：

(1) 设定阈值。预先设定高能量阈值 EH，低能量阈值 EL 及过零率阈值 Z_{th}。由于最初采集的语音信号中短时段大多数是无声或背景噪声，因此采用已知的最初几帧(一般取 10 帧)是“静态”的语音信号计算其高、低能量阈值和过零率阈值。

(2) 寻找语音信号端点检测的起点。假设第 n 帧的语音能量为 $E(n)$，若 $E(n)>E_H$，则进入语音段。之后在 0 到 n 间再次继续寻找准确语音起点。则精确起点 A 为：

$$A=\operatorname{argmin}[E(i)>E_l \mid Z(i)>Z_{\text{th}}] \quad 0\leqslant i\leqslant n \tag{6.24}$$

(3) 寻找语音信号端点检测的终点。假设第 m 帧的语音能量为 E_m，若 $E_m>E_H(m>n)$，确定检测点还在语音段中。则在 m 帧到该语音段的总帧数 N 间寻找终点 B。

(4) 语音端点结果检测。首先设语音长度为 $L=A-B$,若 L 很小,则为噪声,那么继续对下一个语音段进行检测。此外,语音的端点检测中门限值设置都比较高,对实际采集的语音信号的位置可能存在一定的偏后性,因此为弥补这些不足,在得到检测位置以后,对数据进行追溯。其方法为:首先计算语音信号的短时能量值和短时过零率,然后对此语音帧信号是否为起点进行判别,最后将指向语音数据缓冲区的指针,改至前面语音数据采样的帧地址。

6.2.3 语音识别的特征参数提取

语音信号完成端点检测和分帧处理后,下一步就是特征参数的提取。由于语音信号数据量巨大,为了减小数据量,必须进行特征提取。

特征提取就是对语音信号进行分析处理,从语音中提取出重要的反映语音特征的相关信息,而去掉那些相对无关的信息,如背景噪声、信道失真等对语音识别无关紧要的冗余信息,获得影响语音识别的重要信息。去除对于非特定人语音识别,希望特征参数尽可能多的反映语义信息,尽量减少说话人的个人信息。

在语音识别中,我们不能将原始波形直接用于识别,必须通过一定的变换,提取语音特征参数来进行识别,而提取的特征必须满足特征参数应当反映语音的本质特征。特征参数各分量之间的耦合应尽可能的小,特征参数要计算方便。

语音特征参数可以是共振峰值、基本频率、能量等语音参数。目前在语音识别中比较有效的特征参数为线性预测倒谱系数(LPCC)与 Mel 倒谱系数(MFCC) 。

二者都是将语音从时域变换到倒谱域上,LPCC 从人的发声模型角度出发,反映语音信号的动态特征,利用线性预测编码技术求倒谱系数。MFCC 参数符合人耳的听觉特性,构造人的听觉模型,而且在有信道噪声和频谱失真情况下表现比较稳健。

1. 线性预测系数

线性预测(Linear Prediction,LP)普遍地应用于语音信号处理的各个方面。线性预测是基于全极点模型的假设,采用时域均方误差最小准则来估计模型参数。

线性预测分析的基本思想是:每个语音信号采样值,都可以用它过去取样值的加权和来表示,各加权系数应使实际语音采样值与线性预测采样值之间的误差的平方和达到最小,即进行最小均方误差的逼近。这里的加权系数就是线性预测系数。线性预测是将被分析信号用一个模型来表示,即将语音信号看作是某一模型的输出。因此,它可以用简单的模型参数来描述,如图 6.7 所示。

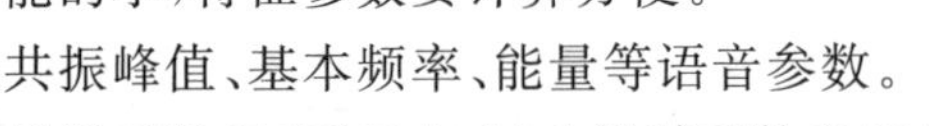

模型输入$u(n)$ → 系统函数$H(z)$ → 模型输出$s(n)$

图 6.7 信号模型图

$u(n)$表示模型的输入,$s(n)$表示模型的输出。模型的系统函数可以表示为

$$H(z)=\frac{G}{1-\sum_{i=1}^{P}a_i z^{-i}} \tag{6.25}$$

式中，a_i——系数。

P——预测模型的阶数。

$s(n)$和$u(n)$的关系可用差分方程表示：

$$s(n) = \sum_{k=1}^{p} \alpha_k s(n-k) + Gu(n) \tag{6.26}$$

即用信号的前P个样本预测当前样本，定义预测器

$$\dot{s}(n) = \sum_{k=1}^{p} \alpha_k s(n-k) \tag{6.27}$$

由于线性预测系数$\{a\}$在预测过程中可看作常数，所以它是一种线性预测器。此线性预测器的系统函数可表示为

$$p(z) = \sum_{k=1}^{p} \alpha_k z^{-k} \tag{6.28}$$

短时平均误差能量定义为

$$E_n = \sum_m \left[s_n(m) - \sum_{k=1}^{p} a_k s(m-k) \right] \tag{6.29}$$

式中，$s_n(m)$——宽度为N的语音数据帧。

使E_n到达最小值的$\{a_k\}$必定满足$\frac{\partial E_n}{\partial a_i}=0(i=1,2,\cdots,p)$，可得：

$$\sum_{k=1}^{p} \alpha_k R_n(|i-k|) = R_n(i) \tag{6.30}$$

正是这些高效的递推算法，保证了线性预测技术被广泛应用于语音信号的处理中。

2. 线性预测倒谱系数(LPCC)

线性预测倒谱系数(LPCC)是线性预测系数在倒谱中的表示。该特征是基于语音信号为自回归信号的假设，利用线性预测分析获得倒谱系数。LPCC参数的优点是计算量小，易于实现，对元音有较好的描述能力，其缺点在于对辅音的描述能力较差，抗噪声性能较差。倒谱系数是利用同态处理方法，对语音信号求离散傅立叶变换DFT后取对数，再求反变量IDFT就可以得到。基于LPC分析的倒谱在获得线性预测系数后，可以用一个递推公式计算得出：

$$\begin{cases} c_1 = -a_1 \\ c_n = -a_n - \sum_{k=1}^{n-1}\left(1-\frac{k}{n}\right)a_k c_{n-k}, & 1 < n \leqslant p \\ c_n = -\sum_{k=1}^{n}\left(1-\frac{k}{n}\right)a_k c_{n-k}, & n > p \end{cases} \tag{6.31}$$

公式中：c_n——倒谱系数。

a_n——预测系数。

n——倒谱系数的阶数($n=1,2,\cdots,p$)。

p——预测系数的阶数。

3. Mel倒谱系数(MFCC)

基于语音信号产生模型的特征参数强烈地依赖于模型的精度，模型所假设的语音信号的平稳性并不能随时满足。现在常用的另一个语音特征参数为基于人的听觉模型的特征

参数。

Mel 倒谱系数(MFCC)是受人的听觉系统研究成果推动而导出的声学特征,采用 Mel 频率倒谱参数(Mel Frequency Cepstrum Coefficients,MFCC)运算特征提取方法,已经在语音识别中得到广泛的应用。人耳所听到的声音的高低与声音的频率并不成线性正比关系,与普通实际频率倒谱分析不同,MFCC 的分析着眼于人耳的听觉特性。下面介绍 MFCC 的具体步骤。

运用下式将实际频率尺度转化为 Mel 频率尺度:

$$\mathrm{Mel}(f) = 2595\lg\left(1+\frac{f}{700}\right) \tag{6.32}$$

在 Mel 频率轴上配置 L 个通道的三角形滤波器组,每个三角形滤波器的中心频率 $c(l)$ 在 Mel 频率轴上等间隔分配。设 $o(l)$、$c(l)$ 和 $h(l)$ 分别是第 1 个三角形滤波器的上限、中心和下限并满足:

$$c(l) = h(l-1) = o(l+1) \tag{6.33}$$

根据语音信号幅度谱 $|X(K)|$ 求每个三角形滤波器的输出:

$$m(l) = \sum_{k=o(l)}^{k(l)} W_l(k) \mid X_n(k) \mid \tag{6.34}$$

式中,$l=1,2,\cdots,L$

$$W_l = \begin{cases} \dfrac{k-o(l)}{c(l)-o(l)}, & o(l) \leqslant k \leqslant c(l) \\ \dfrac{h(l)-k}{h(l)-c(l)}, & c(l) \leqslant k \leqslant h(l) \end{cases} \tag{6.35}$$

对所有滤波器输出进行对数运算,再进一步做离散余弦变换(DCT)即可得到 MFCC:

$$c_{\mathrm{mfcc}} = \sqrt{\frac{2}{T}} \sum_{l=1}^{L} \log m(l) \cos\left\{\frac{(l \mid 0.5)i\pi}{L}\right\} \tag{6.36}$$

6.2.4 模型训练和模式匹配

语音识别的作用是实现参数化的语音特征矢量到语音文字符号的映射,一般包括模型训练和模式匹配技术。模型训练是指按照一定的准则,从大量已知模式中获取表征该模式本质特征的模型参数,而模式匹配则是根据一定准则,使未知模式与模型库中的某一个模型获得最佳匹配。

从本质上讲,语音识别过程就是一个模式匹配的过程,模板训练的好坏直接关系到语音识别系统识别率的高低。为了得到一个好的模板,往往需要有大量的原始语音数据来训练这个语音模型。因此,首先要建立起一个具有代表性的语音数据库,利用语音数据库中的数据来训练模板,训练过程不断调整模板参数,进行参数重估,使系统的性能不断向最佳状态逼近。

语音识别是根据模式匹配原则,计算未知语音模式与语音模板库中的每一个模板的距离测度,从而得到最佳的匹配模式。对大词汇量语音识别系统来讲,通常识别单元小,则计算量也小,所需的模型存储量也小,但带来的问题是对应语音段的定位和分割较困难,识别模型规则也变得更复杂。通常大的识别单元在模型中应包括协同发音(指的是一个音受前后相邻音的影响而发生变化,从发声机理上看就是人的发声器官在一个音转向另一个音时其特性只能渐变,从而使得后一个音的频谱与其他条件下的频谱产生差异),这有利于提高系统的识别率，但要求的训练数据相对增加。

近几十年比较成功的识别方法有隐马尔可夫模型(HMM)、动态时间规整(DTW)技术、人工神经网络(ANN)等。

1. 隐马尔可夫模型

隐马尔可夫模型(HMM)是20世纪70年代引入语音识别理论的，它的出现使得自然语音识别系统取得了实质性的突破。HMM方法现已成为语音识别的主流技术，目前，大多数大词汇量、连续语音的非特定人语音识别系统都是基于HMM模型的。

HMM是对语音信号的时间序列结构建立统计模型，将之看作一个数学上的双重随机过程：一个是用具有有限状态数的Markov链来模拟语音信号统计特性变化的随机过程；另一个是与Markov链的每一个状态相关联的观测序列的随机过程。前者通过后者表现出来，但前者的具体参数是不可测的。人的言语过程实际上就是一个双重随机过程，语音信号本身是一个可观测的时变序列，是由大脑根据语法知识和言语需要(不可观测的状态)发出音素的参数流。

可见，HMM合理地模仿了这一过程，很好地描述了语音信号的整体非平稳性和局部平稳性，是较为理想的一种语音模型。

1) HMM语音模型

HMM语音模型M=(π，A，B)由起始状态概率(π)、状态转移概率(A)和观测序列概率(B)三个参数决定。其中，π揭示了HMM的拓扑结构；A描述了语音信号随时间的变化情况；B给出了观测序列的统计特性。

2) HMM语音识别过程

经典HMM语音识别的一般过程是：

(1) 用前向后向算法(Forward Backward，F-B)计算当给定一个观察值序列$O=o_1, o_2, \cdots, o_T$，以及一个模型$M=(\pi, A, B)$时，模型M产生的O的概率$P(O|M)$。

(2) 用维特比算法解决当给定一个观察值序列$O=o_1, o_2, \cdots, o_T$和一个模型$M=(\pi, A, B)$时，在最佳意义上确定一个状态序列$S=s_1, s_2, \cdots, s_T$的问题。这里的最佳意义上的状态序列是指使$P(S, O|M)$最大时确定的状态序列。

(3) 用Baum-Welch算法解决当给定一个观察值序列$O=o_1, o_2, \cdots, o_T$，确定一个$M=(\pi, A, B)$，使得$P(O|M)$最大。

3) 几种不同HMM模型

根据随机函数的不同特点，HMM模型分为离散DHMM、连续CHMM和半连续SCHMM以及基于段长分布的DDBHMM等类型。

(1) DHMM识别率略低些，但计算量最小，IBM公司的ViaVoice中文语音识别系统，就是该技术的成功典范。

(2) CHMM的识别率虽高，但计算量大，其典型就是Bell Lab的语音识别系统。

(3) SCHMM的识别率和计算量则居中，其典型产品就是美国著名的Sphinx语音识别系统。

(4) DDBHMM是对上述经典HMM方法的修正，计算量虽大，但识别率最高。

2. 动态时间规整

动态时间规整(DTW)是语音识别中较为经典的一种算法，通过将待识别语音信号的时间轴进行不均匀地弯曲，使其特征与模板特征对齐，并在两者之间不断地进行两个矢量距离最小的匹配路径计算，从而获得这两个矢量匹配时累积距离最小的规整函数。

DTW 是一个将时间规整和距离测度有机结合在一起的非线性规整技术，保证了待识别特征与模板特征之间最大的声学相似特性和最小的时差失真。

作为较早的一种模式匹配和模型训练技术，它应用动态规划方法成功解决了语音信号特征参数序列时间对准问题，将一个复杂全局最优化问题转化为许多局部最优化问题进行决策，在孤立词语音识别系统中可以获得良好的性能。由于 DTW 算法本身既简单又有效，因此，在特定的场合下获得了广泛的应用，但不适合连续语音识别系统和大词汇量语音识别系统。

设测试语音参数共有 N 帧矢量，而参考模板共有 M 帧矢量，且 NAM。要找时间规整函数 $j=w(i)$，使测试矢量的时间轴 i 非线性地映射到模板的时间轴 j 上，并满足：

$$D=\min_{w(i)}\sum_{i=1}^{M}d[T(i),R(w(i))] \tag{6.37}$$

式中：$d[\boldsymbol{T}(i),\boldsymbol{R}(w(i))]$表示第 i 帧测试矢量 $\boldsymbol{T}(i)$和第 j 帧模板矢量 $\boldsymbol{R}(j)$之间的距离测度；$\boldsymbol{D}$ 为在最优情况下的两矢量之间的匹配路径。

一般情况下，DTW 采用逆向思路，从过程的最后阶段开始，逆推到起始点，寻找其中的最优路径。

3. 矢量量化

传统的量化方法是标量量化。标量量化中整个动态范围被分成若干个小区间，每个小区间有一个代表值，对于一个输入标量信号，量化时落入小区间的值就要用这个代表值代替。随着对数据压缩的要求越来越高，矢量量化迅速发展起来。与 HMM 相比，矢量量化主要适用于小词汇量、孤立词的语音识别中。

矢量量化技术是 20 世纪 70 年代后期发展起来的一种数据压缩和编码技术，广泛应用于语音编码、语音合成、语音识别和说话人识别等领域。

矢量量化的过程是：将语音信号波形的 k 个样点的每一帧，或有 k 个参数的每一参数帧，构成 k 维空间中的一个矢量，然后对矢量进行量化。量化时，将 k 维无限空间划分为 M 个区域边界，然后将输入矢量与这些边界进行比较，并被量化为“距离”最小的区域边界的中心矢量值。

矢量量化的核心思想可以理解为：如果一个码书是为某一特定的信源而优化设计的，那么由这一信息源产生的信号与该码书的平均量化失真就应小于其他信息的信号与该码书的平均量化失真，也就是说，编码器本身存在区分能力。

在实际的应用过程中，人们还研究了多种降低复杂度的方法，这些方法大致可以分为两类：

(1) 无记忆的矢量量化。无记忆的矢量量化包括树形搜索的矢量量化和多级矢量量化。

(2) 有记忆的矢量量化。

6.3 智能机器人的语音定向与导航

与视觉一样，听觉也是智能机器人的重要标志之一，是实现人机交互、与环境交互的重要手段。由于声音具有绕过障碍物的特性，在机器人多信息采集系统中，听觉可以与机器人视觉相配合来弥补其视觉有限性及不能穿过非透光障碍物的局限性。

先前机器人导航主要使用测距传感器(如声呐),而跟踪主要依靠视觉。这种形式在视觉场景内被广泛作为定位目标的方式。但是像人和大部分动物那样,视觉场被限制在小于180°范围内。

在真实世界中,听觉能带来360°的听觉场景。它能定位不在视觉场景内的声音目标,即定位由物体遮挡造成的模糊目标或在拐角处的声音目标。因此,研究机器人听觉定位跟踪声源目标具有重要的理论意义和实际价值。

机器人听觉定位跟踪声源的研究主要分为基于麦克风阵列和基于人耳听觉机理的声源定位系统研究。基于麦克风阵列的声源定位系统具有算法多样、技术成熟、历史悠久、定位准确、抗干扰能力强等优点。但是,该方法也具有计算量大、实时性差等不足,尤其是当麦克风数量很大时,其不足之处显得更加突出。随着DSP硬件的发展,这些问题逐渐会得到解决。基于人耳听觉机理的声源定位系统研究是当前国际上前沿研究课题。它从人的听觉生理和心理特性出发,研究人在声音识别过程中的规律,寻找人听觉表达的各种线索,然后建立数学模型并用计算机来实现它,即计算听觉场景分析(CASA)所要研究的内容。该方法符合人的听觉机理,是智能科学研究的成果。由于人耳听觉机理尚未完全被人类认识,所以该系统研究还处在低级阶段。

6.3.1 基于麦克风阵列的声源定位系统

麦克风阵列声源定位是指用麦克风阵列采集声音信号,通过对多道声音信号进行分析和处理,在空间中定出一个或多个声源的平面或空间坐标,得到声源的位置。

现有声源定位技术可分为3类。

(1) 基于最大输出功率的可控波束形成技术。它的基本思想是将各阵元采集来的信号进行加权求和形成波束,通过搜索声源的可能位置来引导该波束,修改权值使得麦克风阵列的输出信号功率最大。在传统的波束形成器中,权值取决于各阵元上信号的相位延迟,相位延迟与声达时间延迟有关,因此称为延时求和波束形成器。

(2) 基于高分辨率谱估计技术。高分辨率谱估计主要有自回归模型、最大熵法、最小方差估计法和特征值分解法等。这类定位方法一般都具有很高的定位精度,但这类方法的计算量往往都比前类大得多。

(3) 基于声达时间差的定位技术。基于麦克风阵列声源定位研究国内外开发出多种不同系统。

麦克风阵列是指由若干麦克风按照一定的方式布置在空间不同位置上组成的阵列。麦克风阵列具有很强的空间选择性,而且不需要移动麦克风就可以获得声源信号,同时还可以在一定范围内实现声源的自适应检测、定位和跟踪。

6.3.2 基于人耳听觉机理的声源定位系统

人耳听觉系统能够同时定位和分离多个声源,这种特性经常被称作鸡尾酒会效应。通过这一效应,一个人在嘈杂的声音环境中能集中于一个特定的声音或语音。一般认为,声音的空间定位主要依靠声源的时相差和强度差确定。

从人类听觉生理和心理特性出发,研究人在声音或语音识别过程中的规律,称为听觉场景分析；而用计算机模仿人类听觉生理和心理机制建立听觉模型的研究范畴称为计算听觉场景分析。

6.4 智能机器人的语音系统实例

安徽科大讯飞信息科技股份有限公司是一所专业从事智能语音及语言技术研究，软件及芯片产品开发公司。作为中国最大的智能语音技术提供商，在智能语音技术领域有着长期的研究积累，并在语音合成、语音识别、口语评测等多项技术上拥有国际领先的成果，其语音合成核心技术实现了人机语音交互，使人与机器之间沟通变得像人与人沟通一样简单。

6.4.1 Inter Phonic 6.5 语音合成系统

Inter Phonic 语音合成系统是由安徽科大讯飞信息科技股份有限公司自主研发的中英文语音合成系统，以先进的大语料和 Trainable TTS 这两种语音合成技术为基础，能提供可比拟真人发音的高自然度、高流畅性、面向任意文本篇章的连续合成语音合成系统。Inter Phonic 6.5 语音合成系统致力于建立和改善人-机语音界面，为大容量语音服务提供高效稳定的语音合成功能，并提供从电信级、企业级到桌面级的全套应用解决方案，是新概念声讯服务、语音网站、多媒体办公教学的核心动力。

1. 主要功能

Inter Phonic 语音合成系统具有的主要功能有：

(1) 高质量语音。

(2) 多语种服务。

(3) 多音色服务。

(4) 高精度文本分析技术。

(5) 多字符集支持。

(6) 多种数据输出格式。

(7) 提供预录音合成模板。

(8) 灵活的接口。

(9) 语音调整功能。

(10) 配置和管理工具。

(11) 效果优化。

(12) 一致的访问方式。

(13) 背景音和预录音。

2. 产品特点

(1) 独创的语料信息统计模型。

(2) 前后端一致性的语料库设计方法和语料库的自动构建方法。

(3) 在听感量化思想指导下，以变长韵律模板为基础的高精度韵律模型。

(4) 高鲁棒性的智能化文本分析处理技术。

(5) 基于听感损失最小的语料库裁剪技术。

(6) 特定语种知识和系统建模方法分离的多语种语音合成系统框架。

(7) 面向特定领域应用的定制语音合成技术。

(8) Hmm-based 波形拼接技术。

3. 产品应用

语音合成技术是一种能够在任何时间、任何地点向任何人提供语音信息服务的高效便捷手段，非常符合信息时代海量数据、动态更新和个性化查询的需求。

Inter Phonic 6.5 语音合成系统提供高效、灵活的服务，可以在多个领域内使用，如，PC语音互动式娱乐和教学；是电信级、企业级呼叫中心平台 United Message Service (UMS) 和 Voice Portal 等新兴语音服务系统。

6.4.2 嵌入式语音合成解决方案

目前，科大讯飞推出的一款高性价比的中文语音合成芯片已成功应用于车载调度仪、信息机、气象预警机、考勤机、排队机、手持智能仪表、税控机等各类信息终端产品上，极大满足了各行业服务需求，在为客户创造了巨大价值的同时，赢得了广大用户的高度评价和极佳的市场口碑。目前有中文语音合成芯片 XFS3031CNP、XFS5152CE、XFS4243C、XFS4240 等。

下面以入门级语音合成芯片 XFS3031CNP 进行介绍。

1. 主要功能

XFS3031CNP 是讯飞公司新推出的一款单芯片语音合成芯片也是较好的入门级语音合成芯片，合成的语音具有音色甜美、音质优异、顺畅自然等突出优势，芯片采用 LQFP64 封装，方便集成。XFS3031CNP 语音合成系统构成框图如图 6.8 所示。

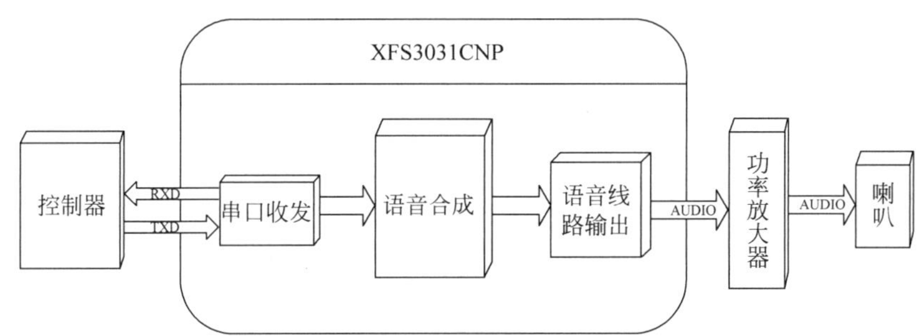

图 6.8 XFS3031CNP 语音合成系统构成框图

该系统包括控制器模块、XFS3031CNP 语音合成模块、功放模块和喇叭。

主控制器和 XFS3031CNP 芯片之间通过 UART 接口连接，控制器可通过通信接口向 XFS3031CNP 芯片发送控制命令和文本，XFS3031CNP 芯片把接收到的文本合成为语音信号输出，输出的信号经功率放大器进行放大后连接到喇叭进行播放。

2. 产品特点

(1) 相对于之前的入门级芯片，采用了全新发音人，音色柔和甜美，听觉感受更加舒适。

(2) 采用了高效的压缩编码方式，合成音频的音质完美。

(3) 采用智能的文本韵律处理方法，文本朗读顺畅。

(4) 具备较强的多音字处理和中文姓氏处理能力。

(5) 支持 GB2312、GBK、BIG5、UNICODE 四种编码方式的文本。

(6) 芯片支持多种文本控制标记,具有智能文本分析处理算法。

6.4.3 Inter Reco 语音识别系统

Inter Reco 是一款与说话人无关的语音识别系统,为自助语音服务提供关键字语音识别和呼叫导航功能。该产品具备优秀的识别率,提供全面的开发支持,丰富的工具易于使用,采用合理的分布式架构,符合电信级应用的高效、稳定要求。

1. 主要功能

前端语音处理指利用信号处理的方法对说话人语音进行检测、降噪等预处理,以便得到最适合识别引擎处理的语音。其主要功能包括:

1) 端点检测

端点检测是对输入的音频流进行分析,确定用户说话的起始和终止的处理过程。一旦检测到用户开始说话,语音开始流向识别引擎,直到检测到用户说话结束。这种方式使识别引擎在用户说话的同时即开始进行识别处理。

2) 噪音消除

在实际应用中,背景噪声对于语音识别应用是一个现实的挑战,即便说话人处于安静的办公室环境,在电话语音通话过程中也难以避免会有一定的噪声。Inter Reco 语音识别系统具备高效的噪音消除能力,以适应用户在千差万别的环境中应用的要求。

3) 智能打断

智能打断功能使用户可以在自助语音服务的提示语播放过程中随时说出自己的需求,而无须等待播放结束,系统能够自动进行判断,立即停止提示语的播放,对用户的语音指示做出响应。该功能使人机交互更加高效、快捷、自然,有助于增强客户体验。

后端识别处理对说话人语音进行识别,得到最适合的结果,主要特性包括:

(1) 大词汇量、独立于说话人的健壮识别功能。Inter Reco 满足大词汇量、与说话人无关的识别要求。

(2) 语音识别引擎可以在返回识别结果时携带该识别结果的置信度。应用程序可以通过置信度的值进行分析和后续处理。

(3) 多识别结果,又称多候选技术。在某些识别过程中,识别引擎可以通过置信度判决的结果向应用程序返回满足条件的多个识别结果,供用户进行二次选择。

(4) 说话人自适应。当用户与语音识别系统进行多次会话过程中,系统能够在线提取通话的语音特征,自动调整识别参数,使识别效果得到持续优化。

(5) 多槽识别。语音识别的槽(Slot)代表一个关键字,即在一次会话过程中可以识别说话人语音中包含的多个关键字,这可以提高语音识别应用的效率,增强用户体验。

(6) DTMF 识别。DTMF(Dual Tone Multi-Frequency),即双音多频,配合语法设计,Inter Reco 可以识别用户进行电话按键产生的 DTMF 信号,并向应用程序返回按键识别结果。

(7) 热词识别。

(8) 智能调整识别策略。充分利用系统的计算资源,保障稳定运行。

(9) 语音录入。动态增加识别语法,提高识别系统对用户语音的适应能力,从而提高准确率。

(10) 呼叫日志。

2. 产品特点

Inter Reco 语音识别系统主要包括应用接口(Inter Reco Programming Interface)、识别引擎(Recognizer Engine)和操作系统适配(OS Adapters)三个层次,这三个逻辑层共同构成了完整的 Inter Reco 系统架构。

应用接口是 Inter Reco 系统提供的开发接口,集成开发人员应关注这些接口的定义、功能和使用方法；识别引擎提供核心的语音识别功能,并作为应用接口的功能实现者。同时为了便于开发和使用,系统在这一层提供了一系列高效、易用的工具；操作系统适配层屏蔽了多操作系统的复杂性,为识别引擎提供操作系统相关的底层支持。

Inter Reco 语音识别系统按照逻辑组成可以分为识别语法(Grammar)、识别引擎核心(Recognizer Core)、语音端点检测(Voice Activation Detector)、音频输入(Audio Source)四个子系统,系统的主要设计和开发将按照这些子系统进行。

6.4.4 嵌入式轻量级语音识别软件 Aitalk

科大讯飞最新推出的轻量级智能语音识别系统 Aitalk 3.0,能够方便地应用在嵌入式设备上,让用户解放双手,通过语音命令操作设备、检索信息。可广泛应用于手机、MP3/MP4、导航仪、机器人等嵌入式设备上。

Aitalk 3.0 提供的新功能包括电话号码输入、FM 调频输入、非特定人语音标签。Aitalk 3.0 对车载环境优化,相对识别率提升 30%以上。Aitalk 3.0 对中国人说英文的发音习惯,收集了大量数据并开展了专题研究,是为中国人设计的英文识别引擎。实验表明,相对识别率提升 50%以上。

Aitalk 3.0 支持结构化的语法描述文件输入,可以使交互设计工程师独立于研发工程师工作,优化语音交互；独立的语法描述还可以分离程序逻辑与描述数据,工程的可维护性得到提高。

第7章 智能机器人自主导航与路径规划

7.1 概　　述

导航，最初是指对航海的船舶抵达目的地进行的导引过程。这一术语和自主性相结合，已成为智能机器人研究的核心和热点。

Leonard 和 Durrant-Whyte 将移动机器人导航定义为三个子问题：

(1) Where am I? ——环境认知与机器人定位。

(2) Where am I going? —— 目标识别。

(3) How do I get there? ——路径规划。

为完成导航，机器人需要依靠自身传感系统对内部姿态和外部环境信息进行感知，通过对环境空间信息的存储、识别、搜索等操作寻找最优或近似最优的无碰撞路径并实现安全运动。

7.1.1 导航系统分类

对于不同的室内与室外环境、结构化与非结构化环境，机器人完成准确的自身定位后，常用的导航方式主要有磁导航、惯性导航、视觉导航、卫星导航等。

1. 磁导航

磁导航是在路径上连续埋设多条引导电缆，分别流过不同频率的电流，通过感应线圈对电流的检测来感知路径信息。磁导航技术虽然简单实用，但其成本高，传感器发射和反射装置的安装复杂，改造和维护相对困难。

2. 惯性导航

惯性导航是利用陀螺仪和加速度计等惯性传感器测量移动机器人的方位角和加速率，从而推知机器人当前位置和下一步的目的地。由于车轮与地面存在打滑现象，随着机器人航程的增长，任何小的误差经过累积都会无限增加，定位的精度就会下降。

3. 视觉导航

视觉导航具有信号探测范围广、获取信息完整等优点，近年来广泛应用于移动机器人自主导航。移动机器人利用装配的摄像机拍摄周围环境的局部图像，再通过图像处理技术(如特征识别、距离估计等)将外部环境信息输入到移动机器人内，为机器人自身定位和规划下一步的动作，从而使机器人能自主地规划行进路线，安全到达终点。视觉导航中的图像处理计算量大，实时性差是一个瓶颈问题。

在视觉导航系统中，视觉传感器可以是摄像头、激光雷达等环境感知传感器，主要完成运行环境中障碍和特征检测及特征辨识的功能。

依据环境空间的描述方式，可将移动机器人的视觉导航方式划分为三类。

(1) 基于地图的导航(Map-Based Navigation)：是完全依靠在移动机器人内部预先保存好的关于环境的几何模型、拓扑地图等比较完整的信息，在事先规划出的全局路线基础上，应用路径跟踪和避障技术来实现的。

(2) 基于创建地图的导航(Map-Building Navigation)：是利用各种传感器来创建关于当前环境的几何模型或拓扑模型地图，然后利用这些模型来实现导航。

(3) 无地图的导航(Mapless Navigation)：是在环境信息完全未知的情况下，通过摄像机或其他传感器对周围环境进行探测，利用对探测的物体进行识别或跟踪来实现导航。

4. 卫星导航

GPS 全球定位系统是以距离作为基本的观测量，通过对四颗 GPS 卫星同时进行位距测量计算出接收机的位置。移动机器人通过安装卫星信号接收装置，可以实现自身定位，无论其在室内还是室外。但是该方法存在近距离定位精度低、信号障碍、多径干扰等缺点，在实际中一般都结合其他导航技术一起工作。

7.1.2 导航系统体系结构

智能机器人的导航系统是一个自主式智能系统，其主要任务是如何把感知、规划、决策和行动等模块有机地结合起来。图 7.1 给出了一种智能机器人自主导航系统的控制结构。

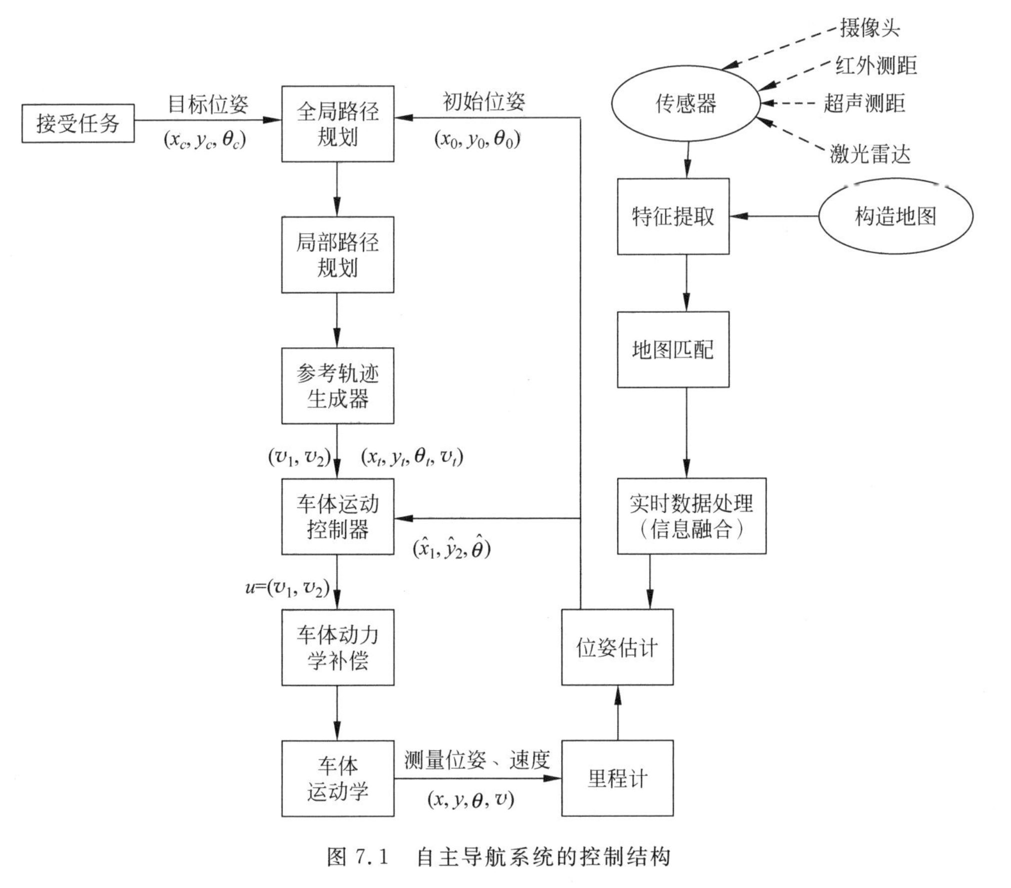

图 7.1 自主导航系统的控制结构

7.2 环境地图的表示

构造地图用于绝对坐标系下的位姿估计。地图的表示方法通常有 4 种：拓扑图、特征图、网格图及直接表征法(Appearance based methods)。不同方法具有各自的特点和适用范围,其中特征图和网格图应用较为普遍。

7.2.1 拓扑图

拓扑图通常是根据环境结构定义的,由位置节点和连接线组成。环境的拓扑模型就是一张连接线图,其中的位置是节点,连接线是边。

1. 基本思想

地铁、公交路线图均是典型的拓扑地图实例,其中停靠站为节点,节点间的通道为边。在一般的办公环境中,拓扑单元有走廊和房间等,而打印机、桌椅等则是功能单元。连接器用于连接对应的位置,如,门、楼梯、电梯等。

当机器人离开一个节点时,机器人只需知道它正在哪一条边上行走也就够了。其具体位置通常应用里程计就可实现机器人的定位。

2. 特点

拓扑图把环境建模为一张线图表示,忽略了具体的几何特征信息,不必精确表示不同节点间的地理位置关系,图形抽象,表示方便。

为了应用拓扑图进行定位,机器人必须能识别节点。因此节点要求具有明显可区分和识别的标识、信标或特征,并应用相关传感器进行识别。

7.2.2 特征图

利用环境特征构造地图是最常用的方法之一,大多数城市交通图就是采用这种方法绘制的。

1. 基本思想

在结构化环境中,最常见的特征是直线段、角、边等。这些特征可用它们的颜色、长度、宽度、位置等参数表示。

基于特征的地图一般用式(7.1)的特征集合表示：

$$M = \{f_j \mid j = 1, \cdots, n\} \tag{7.1}$$

其中 f_j 是一个特征(边、线、角等),n 是地图中的特征总数。

机器人所在位置可以采用激光测距传感器、超声波传感器进行定位。激光雷达能够提取水平直线特征,视觉系统可以提取垂直线段特征,使地图结构更加丰富。

人工标识的定位方法是比较常用的特征定位方法。该方法需要事先在作业环境中设置易于辨别的标识物。当应用自然标识定位时,自然信标的几何特征(如点、线、角等)需要事先给定。

2. 特点

特征法定位准确,模型易于由计算机描述和表示,参数化特征也适用于路径规划和轨迹控制,但特征法需要特征提取等预处理过程,对传感器噪声比较敏感,只适于高度结构化环境。

7.2.3 网格图

特征图法的一个缺点是对所应用的特征信息必须由精确的模型进行描述。另一种替代的方法是应用网格图。

1. 基本思想

网格图把机器人的工作空间划分成网状结构,网格中的每一单元代表环境的一部分,每一个单元都分配了一个概率值,表示该单元被障碍物占据的可能性大小。

2. 特点

网格法是一种近似描述,易于创建和维护,对某个网格的感知信息可直接与环境中某个区域对应,机器人对所测得的障碍物具体形状不太敏感,特别适于处理超声测量数据。但当在大型环境中或网格单元划分比较细时,网格法计算量迅速增长,需要大量内存单元,使计算机的实时处理变得很困难。

7.2.4 直接表征法

直接表征法是直接应用传感器读入的数据来描述环境。由于传感器数据本身比特征或网格这一中间表示环节包含了更丰富的环境描述信息。

1. 基本思想

通过记录来自不同位置及方向的环境外观感知数据,这些图像中包括了某些坐标、几何特征或符号信息,利用这些数据作为在这些位置处的环境特征描述。

直接表征法与识别拓扑位置所采用的方法原理上是一样的,差别仅在于该法试图从所获取的传感器数据中创建一个函数关系以便更精确地确定机器人的位姿。

2. 特点

直接表征法数据存储量大,环境噪声干扰严重,特征数据的提取与匹配困难,其应用受到一定限制。

7.3 定　　位

定位是确定机器人在其作业环境中所处的位置。机器人可以利用先验环境地图信息、位姿的当前估计以及传感器的观测值等输入信息,经过一定处理变换,获得更准确的当前位姿。

移动机器人定位方式有很多种,常用的可以采用里程计、摄像机、激光雷达、声呐、速度或加速度计等。

从方法上来分,移动机器人定位可分为相对定位和绝对定位两种。

7.3.1 相对定位

相对定位又称为局部位置跟踪,要求机器人在已知初始位置的条件下通过测量机器人相对于初始位置的距离和方向来确定当前位置,通常也称航迹推算法。

相对定位的优点是结构简单、价格低廉,机器人的位置自我推算,不需要对外界感知信息。其缺点在于漂移误差会随时间积累,不能精确定位。

因此相对定位只适于短时短距离运动的位姿估计,长时间运动时必须应用其他的传感器配合相关的定位算法进行校正。

1. 里程计法

里程计法是移动机器人定位技术中广泛采用的方法之一。在移动机器人的车轮上安装光电编码器,通过编码器记录的车轮转动圈数来计算机器人的位移和偏转角度。

里程计法定位过程中会产生两种误差。

1) 系统误差

系统误差在很长的时间内不会改变,和机器人导航的外界环境并没有关系,主要由下列因素引起:

(1) 驱动轮直径不等。

(2) 驱动轮实际直径的均值和名义直径不等。

(3) 驱动轮轴心不重合。

(4) 驱动轮间轮距长度不确定。

(5) 有限的编码器测量精度。

(6) 有限的编码器采样频率。

机器人在导航过程中,测程法的系统误差以常量累积,严重影响机器人的定位精度,甚至会导致机器人导航任务的失败。

2) 非系统误差

非系统误差是在机器人和外界环境接触的过程中,由于外界环境不可预料的特性引起的。主要误差来源如下:

(1) 轮子打滑。

(2) 地面不平。

(3) 地面有无法预料的物体(例如,石块)。

(4) 外力作用和内力作用。

(5) 驱动轮和地板是面接触而不是点接触。

对于机器人定位来说,非系统误差是异常严重的问题,因为它无法预测并可能导致严重的方向误差。

非系统误差包括方向误差和位置误差。考虑机器人的定位误差时,方向误差是主要的误差源。机器人导航过程中小的方向误差会导致严重的位置误差。

轮子打滑和地面不平都能导致严重的方向误差。在室内环境中,轮子打滑对机器人定位精度的影响要比地面不平对定位精度影响要大,因为轮子打滑发生的频率更高。

3) 误差补偿

机器人定位过程中,需要利用外界的传感器信息补偿误差。因此利用外界传感器定位机器人时,主要任务在于如何提取导航环境的特征并和环境地图进行匹配。在室内环境中,墙壁、走廊、拐角、门等特征被广泛应地用于机器人的定位研究。

广泛应用于机器人定位的外界传感器有陀螺仪、电磁罗盘、红外线、超声波传感器、声呐、激光测距仪、视觉系统等。

2. 惯性导航定位法

惯性导航定位法是一种使用惯性导航传感器定位的方法。它通常用陀螺仪来测量机器人的角速度,用加速度计测量机器人的加速度。对测量结果进行一次和二次积分即可得到机器人偏移的角度和位移,进而得出机器人当前的位置和姿态。

用惯性导航定位法进行定位不需要外部环境信息,但是由于常量误差经积分运算会产生误差的累积,因此,该方法也不适用于长时间的精确定位。

7.3.2 绝对定位

绝对定位又称为全局定位,要求机器人在未知初始位置的情况下确定自己的位置。目前主要采用导航信标、主动或被动标识、地图匹配、卫星导航技术或概率方法进行定位,定位精度较高。在这几种方法中,信标或标识牌的建设和维护成本较高,地图匹配技术处理速度慢,GPS只能用于室外,目前精度还很差,绝对定位的位置计算方法包括三视角法、三视距法、模型匹配算法等。

1. 主动灯塔法

主动灯塔法是可以很可靠地被检测到的信号发射源,将该信号进行最少的处理就可以提供精确的定位信息。主动灯塔法的采样率可以很高,从而产生很高的可靠性。其缺点是安装和维护的费用较高。

2. 路标导航定位法

路标导航定位法是利用环境中的路标,给移动机器人提供位置信息。路标分为人工路标和自然路标。

人工路标是为了实现机器人定位而人为放置于机器人工作环境中的物体或标识。自然路标是机器人的工作环境中固有的物体或自然特征。两种路标相比较,人工路标的探测与识别比较容易,较易于实现,且人工路标中还可包含其他信息,但需要对环境进行改造;而自然路标定位灵活,不需要对机器人的工作环境进行改动。

基于路标的定位精度取决于机器人与路标间的距离和角度,当机器人远离路标时,定位精度较低,靠近时,定位精度较高。另外,不管是人工路标还是自然路标,路标的位置都应是已知的。

3. 地图匹配法

基于地图的定位方法称为地图匹配法。机器人运用各种传感器(如超声波传感器、激光测距仪、视觉系统等)探测环境来创建它所处的局部环境地图,然后将此局部地图与存储在机器人中的已知的全局地图进行匹配。如果匹配成功,机器人就计算出自身在该环境中的位置。

4. GPS定位

GPS是适用于室外移动机器人的一种全局定位系统,它是一种以空间卫星为基础的高精度导航与定位系统,是由美国国防部批准研制,为海、陆、空三军服务的一种新的军用卫星导航系统。该系统由三大部分构成:GPS卫星星座(空间部分)、地面监控部分(控制部分)和GPS信号接收机(用户部分)。GPS系统能够实施全球性、全天候、实时连续的三维导航定位服务。

7.3.3 基于概率的绝对定位

近年来，基于概率的绝对定位方法引起了国内外学者的注意，成为机器人定位研究的热点，这一研究领域称为“概率机器人学”。

概率定位中最重要的是马尔可夫定位和蒙特卡罗定位。马尔可夫定位和蒙特卡罗定位不仅能够实现全局定位和局部位置跟踪，而且能够解决机器人的“绑架”问题。

机器人“绑架”问题是指，由于机器人容易与外界发生碰撞而使机器人在不知情(里程计没有记录)的情况下发生移动。

1. 马尔可夫定位(Markov Localization，ML)

Fox 等人根据部分可观测马尔可夫决策过程首先提出马尔可夫定位方法。马尔可夫定位基于马尔可夫假设：机器人观测值独立性假设与运动独立性假设。

马尔可夫定位的基本思想是：机器人不知道它的确切位置，而是知道它可能位置的信度(Belief，即机器人在整个位置空间的概率分布，信度值之和为 1)。马尔可夫定位的关键之处在于信度值的计算。当机器人收到外界传感器信息或者利用编码器获得机器人移动信息时，基于马尔可夫假设和贝叶斯规则，每个栅格的信度值被更新。

根据初始状态概率分布 $p(x_0)$ 和观测数据 $Y_t=\{y_t|t=0,1,\cdots,t\}$ 估计系统的当前状态 x_t，其中 $x_t=(w_x,w_y,\theta)^{\mathrm{T}}$ 表示机器人的位姿(由位置和方向组成)。从统计学的观点看，x_t 的估计是一个贝叶斯滤波问题，可以通过估计后验密度分布 $p(x_t|Y_t)$ 来实现。贝叶斯滤波器假设系统是一个马尔可夫过程，$p(x_t|Y_t)$ 可以通过以下两步计算得到。

1) 预测

通过运动模型预测系统在下一时刻的状态，即通过如下公式计算先验概率密度 $p(x_t|Y_{t-1})$：

$$p(x_t \mid Y_{t-1}) = \int p(x_t \mid x_{t-1}, u_{t-1}) p(x_{t-1} \mid Y_{t-1}) \mathrm{d}x_{t-1} \tag{7.2}$$

式中，$p(x_t|x_{t-1},u_{t-1})$ 称为系统的运动模型(状态转移先验密度)。

2) 更新

通过观测模型利用新的观测信息更新系统的状态，即通过如下公式计算后验概率密度 $p(x_t|Y_t)$：

$$p(x_t \mid Y_t) = p(y_t \mid x_t) p(x_t \mid Y_{t-1}) p(y_t \mid Y_{t-1}) \tag{7.3}$$

式中，$p(y_t|x_t)$ 称为系统的观测模型(观测密度)。

当机器人获得编码器信息或者利用外界传感器感知环境后，马尔可夫定位算法必须对所有的栅格进行计算，因此需要大量的计算资源和内存，导致定位处理的实时性很差。

2. 蒙特卡罗定位(Monte-Carlo Localization，MCL)

基于马尔可夫定位方法，Dellaert 等人提出了蒙特卡罗定位方法(MCL)。MCL 也称为粒子滤波(Particle Filter)。

MCL 的主要思想是用 N 个带有权重的离散采样 $S_t=\{(x_t^{(j)},w_t^{(j)})|j=1,\cdots,N\}$ 来表示后验概率密度 $p(x_t|Y_t)$。其中 $x_t^{(j)}$ 是机器人在 t 时刻的一个可能状态；$w_t^{(j)}$ 是一个非负的参数称为权重，表示 t 时刻机器人的状态为 $x_t^{(j)}$ 的概率也就是 $p(x_t^{(j)}|Y_t)\approx w_t^{(j)}$，且 $\sum_{j=1}^{N} w_t^{(j)} = 1$。

MCL 包括 4 个阶段：初始化、采样阶段、权重归一化和输出阶段。采样阶段是 MCL 的核心，它包括重采样、状态转移和权重计算 3 步。实际上 MCL 是按照提议密度分布抽取采样，然后利用权重来补偿提议密度分布与后验密度分布 $p(x_t|Y_t)$之间的差距。

当机器人发生“绑架”时，要估计的后验密度 $p(x_t|Y_t)$与提议密度分布的错位很大，在 $p(x_t|Y_t)$取值较大区域的采样数很少，需要大量的采样才能较好地估计后验密度。

和马尔可夫定位算法相比，MCL 具有如下优点：

(1) 极大地减少内存的消耗量并有效利用机器人资源。

(2) 具有更好的定位精度。

(3) 算法的实现更容易。

虽然 MCL 大大减少了计算机资源损耗，但它仍然要花较多时间实现机器人的位置更新，因此实时性不是很理想。分析可见，样本数量是影响计算量的关键。例如，Koller 等人在利用 MCL 定位机器人的过程中自适应地调整了样本数量。当机器人进行全局定位时，采用较多的样本来定位机器人；当机器人进行局部位置跟踪时，利用较少的样本来定位机器人。该算法的实现可以充分利用计算机的资源并提高机器人的定位精度。

3. 卡尔曼滤波定位(Kalman Filter, KF)

卡尔曼滤波器是一个最优化自回归数据处理算法。其基本思想是采用信号和噪声空间状态模型，结合当前时刻的观测值和前一时刻的估计值来更新对状态变量的估计，从而得到当前时刻的估计值。对于非线性估计问题，可以通过线性近似去解决。相应的方法有 EKF (Extended Kalman Filter)、UKF (Unscented Kalman Filter)等。

卡尔曼滤波器通过预测方程和测量方程对系统状态进行估计，利用递推的方式寻找最小均方误差下的 X_K 的估计值$\hat{X}_k$。卡尔曼滤波的数学模型为：

状态方程为：

$$\boldsymbol{X}_K = \boldsymbol{A}\boldsymbol{X}_{K-1} + \boldsymbol{W}_{K-1} \tag{7.4}$$

测量方程为：

$$\boldsymbol{Z}_K = \boldsymbol{H}\boldsymbol{X}_K + \boldsymbol{V}_K \tag{7.5}$$

其中，$\boldsymbol{X}_K$ 是 k 时刻时系统的状态，$\boldsymbol{A}$ 是 $k-1$ 时刻到 k 时刻的状态转移矩阵；$\boldsymbol{Z}_K$ 是 k 时刻的测量值；$\boldsymbol{H}$ 是观测矩阵；$\boldsymbol{W}_{K-1}$ 为系统过程噪声；$\boldsymbol{V}_K$ 为系统测量噪声，假设为高斯白噪声。

如果不考虑观测噪声和输入信号时，则 k 时刻的观测值 $\boldsymbol{Z}_K$ 和已知的最有状态估计值 $\hat{\boldsymbol{X}}_{k-1}$，可通过以下方程进行求解$\hat{\boldsymbol{X}}_k$ 最优估计值。

状态预测方程：

$$\boldsymbol{X}_k^- = \boldsymbol{A}\hat{\boldsymbol{X}}_{k-1} \tag{7.6}$$

预测状态下的协方差方程：

$$\boldsymbol{P}_k^- = \boldsymbol{A}\boldsymbol{P}_{k-1}\boldsymbol{A}_k^{\mathrm{T}} + \boldsymbol{Q} \tag{7.7}$$

滤波器增益矩阵：

$$\boldsymbol{K}_k = \boldsymbol{P}_k^-\boldsymbol{X}^{\mathrm{T}}(\boldsymbol{H}\boldsymbol{P}_k^-\boldsymbol{H}^{\mathrm{T}} + \boldsymbol{R})^{-1} \tag{7.8}$$

状态最优化估计方程：

$$\hat{\boldsymbol{X}}_k = \boldsymbol{X}_k^- + \boldsymbol{K}_k(\boldsymbol{Z}_k - \boldsymbol{H}\boldsymbol{X}_k^-) \tag{7.9}$$

状态最优化估计的协方差方程：

$$P_k = (I - K_k H) P_k^- \tag{7.10}$$

通过卡尔曼滤波器的公式可以看出，只要给定了 X_0 和 P_0，就可以根据 k 时刻的观测值 Z_k，就可以通过递推计算得出 k 时刻的状态估计。

图 7.2 给出了卡尔曼滤波根据所有传感器提供的信息，实现高效信息融合的一般方案。系统有一个控制信号和作为输入的系统误差源。测量装置能够测量带有误差的某些系统状态。卡尔曼滤波器是根据系统知识和测量装置，产生系统状态最优估计的数学机制，是对系统噪声和观测误差不确定性的描述。因此，卡尔曼滤波器以最优的方式融合传感器信号和系统知识。其最优性依赖于评估的特性指标和假设所选的判据。

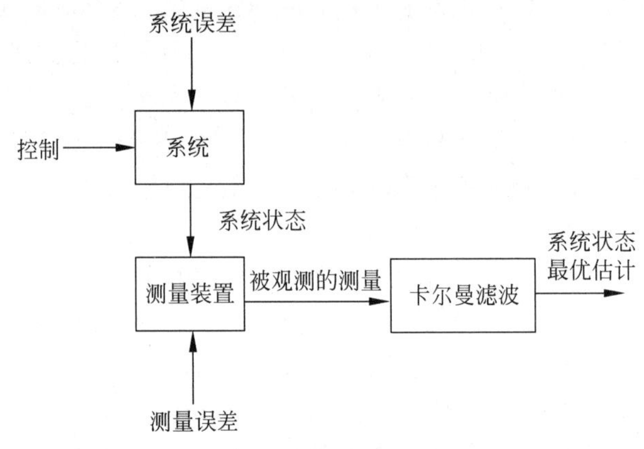

图 7.2　卡尔曼滤波架构

卡尔曼滤波器已经广泛应用在了各个方面，比如机器人的 SLAM 问题、雷达系统的跟踪等。图 7.3 描述了卡尔曼滤波器的机器人定位架构。

机器人通常通过大量异质传感器提供机器人定位的消息。显然，各传感器也都是存在误差的。机器人的总传感器信号输入处理成了提取的特征信息集合。

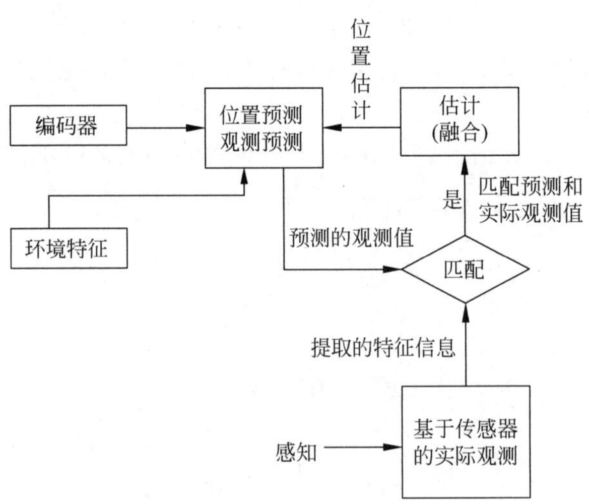

图 7.3　卡尔曼滤波机器人定位架构

(1) 位置预测。基于带有高斯误差的运动系统模型,机器人根据编码器数据进行位置预测。

(2) 传感器测量。机器人收集实际的传感器数据,提取合适的环境特征,产生一个实际的位置。

(3) 匹配更新。机器人要在实际提取的特征和测量预测的期望特征之间,辨识最佳的信息。卡尔曼滤波器可以将所有这些匹配所提供的信息融合,递归估计更新机器人的状态。

7.4 路径规划

7.4.1 路径规划分类

路径规划就是按照一定的性能指标(如工作代价最小、行走路线最短、行走时间最短、安全、无碰撞地通过所有的障碍物等),机器人如何从所处的环境中搜索到一条从初始位置开始的实现其自身目的的最优或次优路径。

路径规划本身可以分成不同的层次,从不同的方面有不同的划分。根据对环境的掌握情况,机器人的路径规划问题可以大致分为三种类型。

1. 基于地图的全局路径规划

基于地图的全局路径规划,根据先验环境模型找出从起始点到目标点的符合一定性能的可行的或最优的路径。

全局路径规划的主要方法有栅格法、可视图法、概率路径图法、拓扑法、神经网络法等。

2. 基于传感器的局部路径规划

基于传感器的局部路径规划,依赖于传感器获得障碍物的尺寸、形状和位置等信息。环境是未知或部分未知的。

局部路径规划算法主要方法有模糊逻辑算法、遗传算法、人工势场法等;也可把两类算法结合使用,来有效地实现机器人的路径规划。

在复杂工作环境下进行路径规划时,上述算法会存在一些明显的不足。例如,在足球机器人比赛中,机器人之间不能发生碰撞,需要为足球机器人实时规划出一条路径。但算法可能存在计算代价过大,有时甚至得不到最优解等问题。

3. 混合型方法

混合型方法试图结合全局和局部的优点,将全局规划的"粗"路径作为局部规划的目标,从而引导机器人最终找到目标点。

现今的路径规划问题具有如下特点:

(1) 复杂性在复杂环境尤其是动态时变环境中,机器人路径规划非常复杂,且需要很大的计算量。

(2) 随机性复杂环境的变化往往存在很多随机性和不确定因素。

(3) 多约束机器人的运动存在几何约束和物理约束。几何约束是指受机器人的形状制约,而物理约束是指受机器人的速度和加速度制约。

(4) 多目标机器人在运动过程中对路径性能存在多方面的要求,如路径最短、时间最优、安全性能最好、能源消耗最小,但它们之间往往存在冲突。

这也是未来路径规划所要解决问题的发展方向。

7.4.2 路径规划方法

1. 可视图法

如图 7.4 所示，可视图(Visibility Graph，VG)由一系列障碍物的顶点和机器人起始点及目标点用直线组合相连。要求机器人和障碍物各顶点之间、目标点和障碍物各顶点之间以及各障碍物顶点与顶点之间的连线均不能穿越障碍物，即直线是“可视的”。

这样，从起始点到目标点的最优路径转化为从起始点到目标点经过这些可视直线的最短距离问题。图中粗实线即为由 VG 法得到的具有最短路径，但由于过于靠近障碍物，得到路径的安全性较差。可视图法适用于环境中的障碍物是多边形的情况。

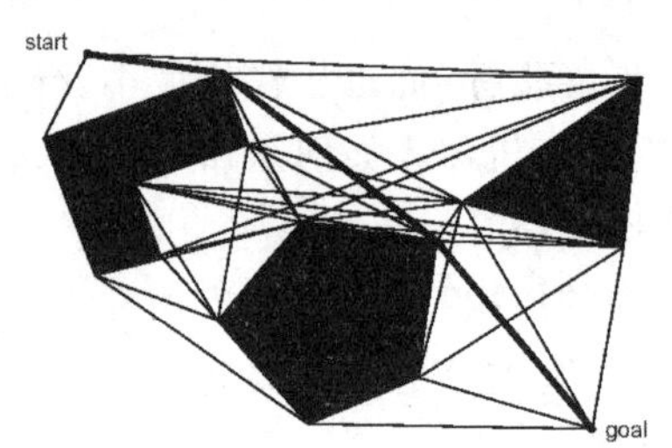

图 7.4 可视图法路径规划

2. Voronoi 图法

Voronoi 图，又叫泰森多边形图，如图 7.5 所示。它是由一组由连接两邻点直线的垂直平分线组成的连续多边形组成。

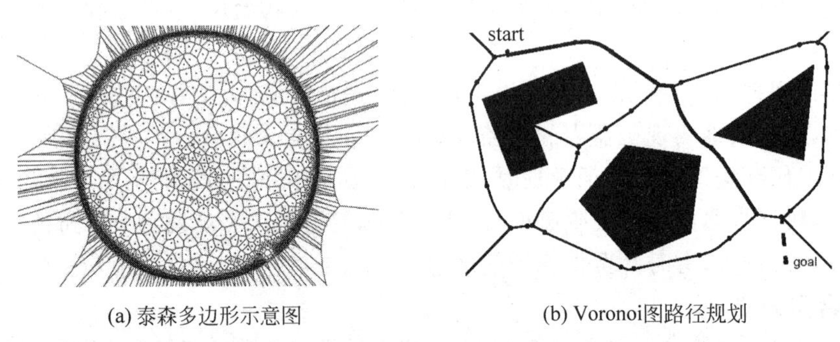

(a) 泰森多边形示意图　　(b) Voronoi图路径规划

图 7.5 Voronoi 图与 Voronoi 图路径规划

由图 7.5(b)可见，Voronoi 图路径规划尽可能远离障碍物，从起始节点到目标节点的路径将会增长。但采用这种控制方式时，即使产生位置误差，移动机器人也不会碰到障碍物，其缺点是存在较多的突变点。

3. 单元分解法

如图 7.6 所示，把状态空间分解为与空间平行的许多矩形或立方体，称为单元(Cell)，其中每个 Cell 都标记为：

(1) 空的——如果 Cell 内每一点均与状态空间的障碍物不相交。

(2) 满的——如果 Cell 内的每一点均与状态空间中的障碍物相交。

(3) 混合的——如果 Cell 内点既有与状态空间的障碍物相交,也有不相交的。

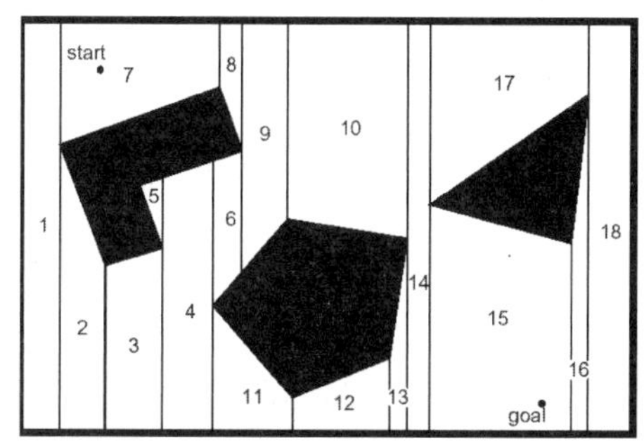

图 7.6 状态空间分解

单元分解法就是要寻找一条由空的 Cell 所组成的包含有起点和目标点的连通路径,如图 7.7 所示。如果这样的路径在初始划分的状态空间中不存在,则要找出所有混合 Cell,将其进一步细分,并将划分的结果进行标记,然后在空的 Cell 中进行搜索,如此反复,直至成功。

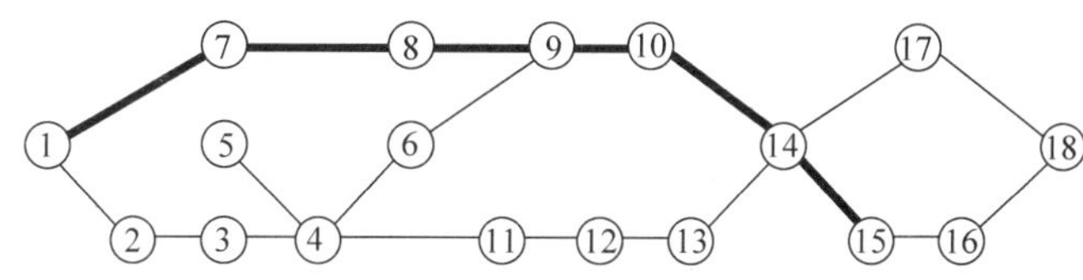

图 7.7 连通路径搜索

4. 人工势场法

传统的人工势场法把智能机器人在环境中的运动视为一种在抽象的人造受力场中的运动,目标点对智能机器人产生"引力",障碍物对智能机器人产生"斥力",最后通过求合力来控制智能机器人的运动。但是,由于势场法把所有信息压缩为单个合力,这样就存在把有关障碍物分布的有价值的信息抛弃的缺陷,且易陷入局部最小值。

5. A* 算法

1) A* 算法原型

Dijkstra 算法是基于图论理论的遍历算法,能在一定的时间内找到两点之间最短路径,用于计算两节点的最短路径。这实际上是一种枚举技术,枚举搜索目标函数的域空间中的每一个节点,实现简单,但可能需要大量计算。路径规划技术常用的有深度优先搜索、广度优先搜索、反复加深搜索和 Dijkstra 搜索等。

Dijkstra 算法的基本思想如图 7.8 所示,从初始点 S 到目标点 E 寻求最低花费路径,粗黑的箭头代表寻找到的最优路径。圆圈代表节点,圆圈中间数字代表从初始点经过最低花费的路径到达该点时的总花费,箭头上数字代表从箭头始端指向末端所需的花费,算法通过比较各条路径选择了一条最小的花费作为该点圆圈内的数字。

2) A* 算法流程

A* 算法是建立在 Dijkstra 算法的基础之上的一种启发式搜索算法(Heuristic Search)。该算法的创新之处在于探索下一个节点的时候,引入了已知的路网信息,特别是

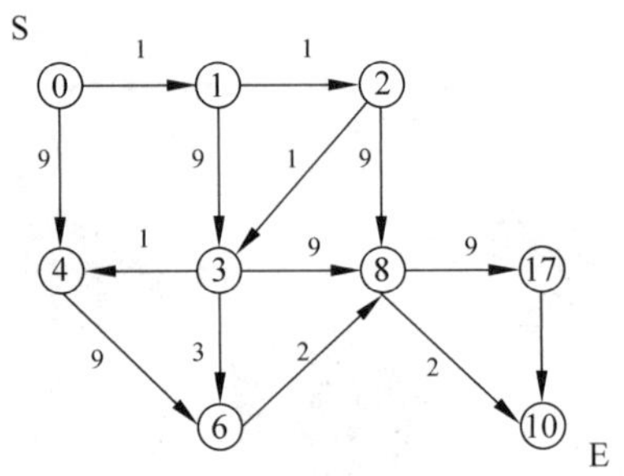

图 7.8 Dijkstra 算法

目标点信息，增加了当前节点的有效评估，即增加约束条件，作为评价该节点处于最优路线上可能性的量度，因此首先搜索可能性较大的节点，从而减少了探索节点个数，提高了算法效率。

A＊算法具体引入了当前节点的估计函数 $f(i)$，节点的评价函数可以定义为：

$$f(i) = g(i) + h(i) \tag{7.11}$$

式中，$g(i)$表示从起点到当前节点的最短距离，$h(i)$表示从当前节点到终点的最短距离的估计值，可取节点到终点的直线和球面距离。

若 $h(i)=0$，即没有利用任何路网信息，这时的 A＊算法就变成了 Dijkstra 算法。可见，A＊算法实质是 Dijkstra 算法的改进算法。对于 $h(i)$的具体形式，也可以依据实际情况进行选择。例如，除了当前节点到终点的最短距离之外，还可以引入方向。

A＊算法本身表述起来很简单，关键是在代码优化上，基本的思路一般都是以空间(即内存的占用)换取时间(搜索速度)，另外还有诸如多级地图精度和地图分区域搜索等一些地图预处理技术。

6. 基于模糊逻辑的路径规划

模糊方法是在线规划中通常采用的一种规划方法，包括建模和局部规划。基于模糊逻辑的机器人路径规划的基本思想，即各个物体的运动状态用模糊集的概念来表达，每个物体的隶属函数包含该物体当前位置、速度大小和速度方向的信息。然后通过模糊综合评价对各个方向进行综合考查，得到路径规划结果。

7. 基于神经网络的路径规划

神经网络具有并行处理性、信息分布式存储、自组织等特性。Hopfiled 神经网络可用于求解优化问题，其能量函数的定义利用了神经网络结构。

Hopfiled 神经网络用于机器人路径规划的基本思想是：对于障碍物中心处的空间点，其碰撞罚函数有最大值。随着空间点与障碍物中心距离的增大，其碰撞罚函数的值逐渐减小，且为单调连续变化。对于在障碍物区域外的空间点，其碰撞罚函数的值近似为 0。因此使整个能量函数 E 最小，便可以使该路径尽可能远离障碍物，不与障碍物相碰，并使路径的长度尽量短，即得到一条最优路径。

8. 基于遗传算法的路径规划

遗传算法是一种基于自然选择和基因遗传学原理的搜索算法。遗传算法借鉴物种进化的思想，将欲求解的问题进行编码，每一个可能解均被表示成字符串的形式，初始化随机产生一个种群的候选群，种群规模固定为 N，用合理的适应度函数对种群进行性能评估，并在此基础上进行繁殖、交叉和变异遗传操作。适应度函数类似于自然选择的某种力量，繁殖、交叉和变异这三个遗传算子则分别模拟了自然界生物的繁衍、交配和基因突变。

遗传算法用于机器人路径规划的基本思想是：采用栅格法对机器人工作空间进行划分，用序号标识栅格，并以此序号作为机器人路径规划参数编码，统一确定其个体长度，随机产生障碍物位置及数目，并在搜索到最优路径后，再在环境空间中随机插入障碍物，模拟环境变化。但是，规划空间栅格法建模还存在缺陷，即若栅格划分过粗，则规划精度较低；若栅格划分太细，则数据量又会太大。

9. 动态规划法

动态规划法是解决多阶段决策优化问题的一种数值方法。动态规划算法将复杂的多变量决策问题进行分段决策，从而将其转化为多个单变量的决策问题。

Jerome Barraquand 等人以经典的动态规划方法为基础，对全局路径规划问题进行了研究。结论表明，动态规划算法非常适合于动态环境下的路径规划。如何改进动态规划的算法，以提高计算效率，是当前动态规划研究一项重要内容。

7.5 人工势场法

势场的方法是由 Khatib 最先提出的，他把机械手或者是移动机器人在环境的运动视为在一种抽象的人造受力场中运动，即目标点对机器人产生引力，障碍物对机器人产生斥力，最后根据合力来确定机器人的运动。

7.5.1 人工势场法基本思想

人工势场实际上是对机器人运行环境的一种抽象描述。在势场中包含斥力和引力极，不希望机器人进入的区域的障碍物属于斥力极，子目标及建议机器人进入的区域为引力极。引力极和斥力极的周围由势函数产生相应的势场。机器人在势场中具有一定的抽象势能，它的负梯度方向表达了机器人系统所受到抽象力的方向，正是这种抽象力，促使机器人绕过障碍物，朝目标前进。

7.5.2 势场函数的构建

势场函数分为斥力势函数和引力势函数。势场函数应该满足连续和可导等一般势场所具有的性质，同时需满足机器人避障的要求。在构建的势场中，由障碍物 O(Obstacle)产生的势场对机器人 R(Robot)产生排斥作用，且距离越近，排斥作用越大。由目标 G(Goal)产生的势场对机器人 R 产生吸引作用，且距离越远，吸引作用越大。

在传统势场法中，势场的构造是应用引力与斥力共同对机器人产生作用，总的势场 U 可表示为：

$$U = U_o + U_g \tag{7.12}$$

式中，U_o 为斥力场；U_g 为引力场。

势场力可表示为：

$$\bar{F} = \bar{F}_g + \bar{F}_o \tag{7.13}$$

式中，$\bar{F}_g$ 为引力；$\bar{F}_o$ 为斥力；$\bar{F}$ 为合力，决定了智能机器人的运动。

斥力 $\bar{F}_o$ 与引力 $\bar{F}_g$ 可分别表达为：

$$\bar{F}_o = -\text{grad}(U_o) = -\left(\frac{\partial U_o}{\partial x}i + \frac{\partial U_o}{\partial y}j + \frac{\partial U_o}{\partial z}k\right) \tag{7.14}$$

$$\bar{F}_g = -\text{grad}(U_g) = -\left(\frac{\partial U_g}{\partial x}i + \frac{\partial U_g}{\partial y}j + \frac{\partial U_g}{\partial z}k\right) \tag{7.15}$$

在势场中智能机器人的受力图如图 7.9 所示。

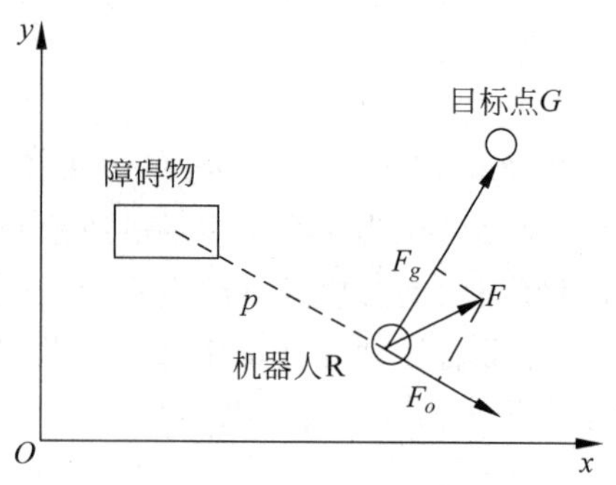

图 7.9　势场中智能机器人的受力图

当机器人到达目标,目标点对智能机器人的引力等于障碍物对其产生的斥力时,$\bar{F}=0$。算法也可能会产生局部极小点,在某个位置 $\bar{F}=0$ 时,并未到达目标。这时需要对算法进行改进,例如,引入其他的量对机器人进行控制。图 7.10 给出了一个人工势场分布示意图,从图中可以大致了解机器人在某个位置的运动趋势。

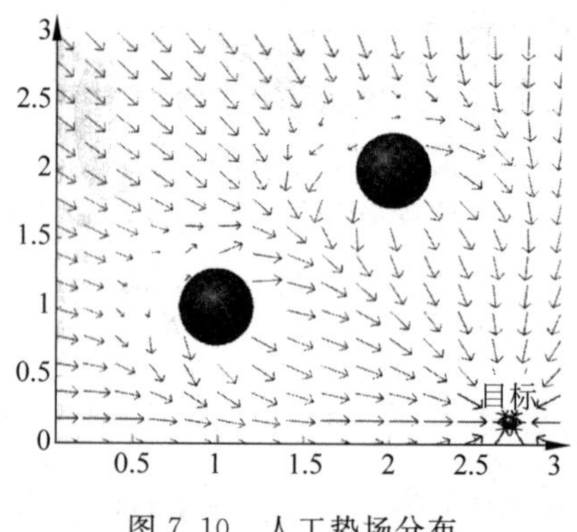

图 7.10　人工势场分布

1. 斥力场函数

Khatib 构造了人工感应力函数(Force Inducing an Artificial Repulsion from the Surface of Obstacle,FIARSO),将斥力函数分为两种情况考虑。

(1) 当障碍物形状规则时,障碍物的表面由隐函数 $f(X)=0$ 来表示,则斥力函数可表示为:

$$U_0(X) = \begin{cases} \frac{1}{2}\eta\left(\frac{1}{f(X)} - \frac{1}{f(X_o)}\right)^2, & \text{当 } f(X) < f(X_o) \text{ 时} \\ 0, & \text{当 } f(X) > f(X_o) \text{ 时} \end{cases} \tag{7.16}$$

式中 η 为位置增益系数;X_o 是障碍物附近一点。势力场的影响范围局限于 $f(X)=0$ 和 $f(X_o)=0$ 两表面之间的空间。

(2) 当障碍物形状不规则时，斥力场函数可表示为：

$$U_0(X)=\begin{cases}\frac{1}{2}\eta\left(\frac{1}{\rho}-\frac{1}{\rho_o}\right)^2, & 当\ \rho\leqslant\rho_o\ 时\\ 0, & 当\ \rho>\rho_o\ 时\end{cases} \tag{7.17}$$

式中，ρ 为智能机器人 X 与障碍物 O 之间的最短距离，ρ_o 是一个常数，代表障碍物的影响距离。

相应地，将式(7.16)(7.17)代入到式(7.13)，可求得斥力：

$$\begin{aligned}F_o(X)&=-\operatorname{grad}(U_o(X))\\&=\begin{cases}\eta\left(\frac{1}{f(X)}-\frac{1}{f(X_o)}\right)\frac{1}{f(X)^2}\frac{\partial f(X)}{X}, & f(X)<f(X_o)\\ 0, & f(X)>f(X_o)\end{cases}\end{aligned} \tag{7.18}$$

或

$$F_o(X)=-\operatorname{grad}(U_o(X))=\begin{cases}\eta\left(\frac{1}{\rho}-\frac{1}{\rho_o}\right)\frac{1}{\rho^2}\frac{\partial\rho}{X}, & 当\ \rho\leqslant\rho_o\ 时\\ 0, & 当\ \rho>\rho_o\ 时\end{cases} \tag{7.19}$$

式中：

$$\frac{\partial f(X)}{X}=\left[\frac{\partial f(X)}{\partial x}\ \frac{\partial f(X)}{\partial y}\right]^{\mathrm{T}} \tag{7.20}$$

$$\frac{\partial\rho}{X}=\left[\frac{\partial\rho}{\partial x}\ \frac{\partial\rho}{\partial y}\right]^{\mathrm{T}} \tag{7.21}$$

2. 引力场函数

目标 G 的势函数 U_g 同样也可以基于距离的概念。目标 G 对智能机器人 X 起吸引作用，而且距离越远，吸引作用越大，反之就越小。当距离为零时，智能机器人的势能为零，此时智能机器人到达终点。通常引力场函数可构建为：

$$U_g(X)=\frac{1}{2}k_g(X-X_g)^2 \tag{7.22}$$

式中，k_g 为位置增益系数；$X-X_g$ 为智能机器人 X 与目标点 X_g 之间的相对距离。

相应地，将式(7.22)代入式(7.15)中，可得到吸引力为：

$$F_g=-\operatorname{grad}[U_g(X)]=k_g(X-X_g) \tag{7.23}$$

式中，吸引力 F_g 方向指向目标点，在智能机器人到达目标的过程中，这个力线性的收敛于零。

人工势场法的思想还可以引入到多智能机器人的全局路径规划问题中。对于静止的障碍物，智能机器人与其之间的距离可由先验知识获得，而智能机器人可看成是移动的障碍物，各智能机器人之间的距离关系也可以通过相互传递位置信息而获得。

7.5.3 人工势场法的特点

1. 优点

人工势场法的优点是应用人工势场法规划出来的路径一般是比较平滑并且安全的，因为斥力场的作用，智能机器人总是要远离障碍物的势场范围；势场法结构简单、易于实现，所以在路径规划中被广泛地采用。

2. 缺点

势场法的缺点是存在一个局部最优点问题。为了解决这个问题,许多学者进行了研究,如 Rimon、Shahid 和 Khosla 等。他们期望通过建立统一的势能函数来解决这一问题,但是这就要求障碍物最好是规则的,否则算法的计算量很大,有时甚至是无法计算的。

实际上,当用式(7.13)中的合力来控制智能机器人时,如果目标在障碍物的影响范围之内,那么智能机器人永远都到不了目标点。因为当智能机器人向目标点靠近时,距离障碍物也越来越近,这样吸引力减小,斥力增大,智能机器人受到的是斥力而不是引力。这个问题存在的原因是目标点不是势场的全局最小点,也就是局部最优点问题。

针对势场法存在的大计算量和局部最优点问题等缺点,可应用栅格法与势场法的结合,降低势场法的计算复杂度;应用障碍物构造势场,避免局部最优点的问题。为了解决局部最优点问题,一些文献提出了一种改进的势场函数。

7.5.4 人工势场法的改进

一些文献提出,以前的目标不可达问题存在的主要原因是当目标在障碍物的影响范围之内时,整个势场的全局最小点并不是目标点。因为当智能机器人向目标逼近时,障碍物势场快速增加。如果能够在智能机器人向目标逼近时,斥力场趋于零,那么目标点将是整个势场的全局最小点。因此在定义斥力场函数时,把智能机器人与目标之间的相对距离也考虑进去,从而建立一个新的斥力场函数。修改式(7.16)和式(7.17)如下:

$$U_o(X)=\begin{cases}\dfrac{1}{2}\eta\left(\dfrac{1}{f(X)}-\dfrac{1}{f(X_o)}\right)^2(X-X_g)^n, & \text{当 } f(X)<f(X_o) \text{ 时}\\ 0, & \text{当 } f(X)>f(X_o) \text{ 时}\end{cases} \tag{7.24}$$

$$U_o(X)=\begin{cases}\dfrac{1}{2}\eta\left(\dfrac{1}{\rho}-\dfrac{1}{\rho_o}\right)^2(X-X_g)^n, & \text{当 } \rho<\rho_o \text{ 时}\\ 0, & \text{当 } \rho>\rho_o \text{ 时}\end{cases} \tag{7.25}$$

式中,$X-X_g$ 为智能机器人与目标点之间的距离,障碍物的影响范围在距离 ρ_o 之内,n 是一个大于零的任意实数。与式(7.16)和式(7.17)相比,改进的势场函数引入了智能机器人与目标的相对距离,保证了整个势场仅在目标点全局最小。通过分析 n 取值不同时,势场函数的数学特性,证明斥力函数在目标点是可微的,此处不再赘述。

7.5.5 仿真分析

假定机器人以不变的速度运动,仿真环境选择 Matlab,小车的运动由合力决定。目标点(10,10)(仿真中用三角表示),起点(0,0)(仿真中用小方框表示),随机产生的障碍物(仿真中用小圆圈表示)。相应的参数选取为:

(1) 引力增益系数:2;

(2) 斥力增益系数:5;

(3) 小车运动的步长:0.5;

(4) 障碍物影响距离:2。

单障碍物的路径规划仿真结果如图 7.11 所示。

对于图 7.11 的单个障碍物,小车经过 30 步的行走,顺利绕过障碍物,成功到达目标点,

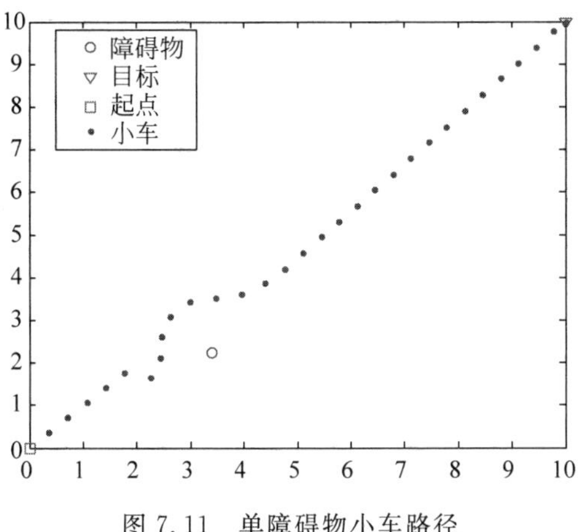

图 7.11　单障碍物小车路径

不足之处就是当小车运行到第六步的时候，出现了一个小震荡，从图中可以看出，小车往斜下走了一步之后，才寻找到避障的路径。

对多障碍物的仿真（因 FIRA 比赛中有 5V5 比赛，故障碍物选取 5 个）。实验中就不同给定障碍物的条件下，进行了大量的仿真。在绝大部分情况下，小车均能寻找到通往目标点的路径，并且顺利绕开障碍物。说明了人工势场法的用于机器人的路径规划还是可行的。图 7.12 给出了其中几种不同条件下的路径规划图。

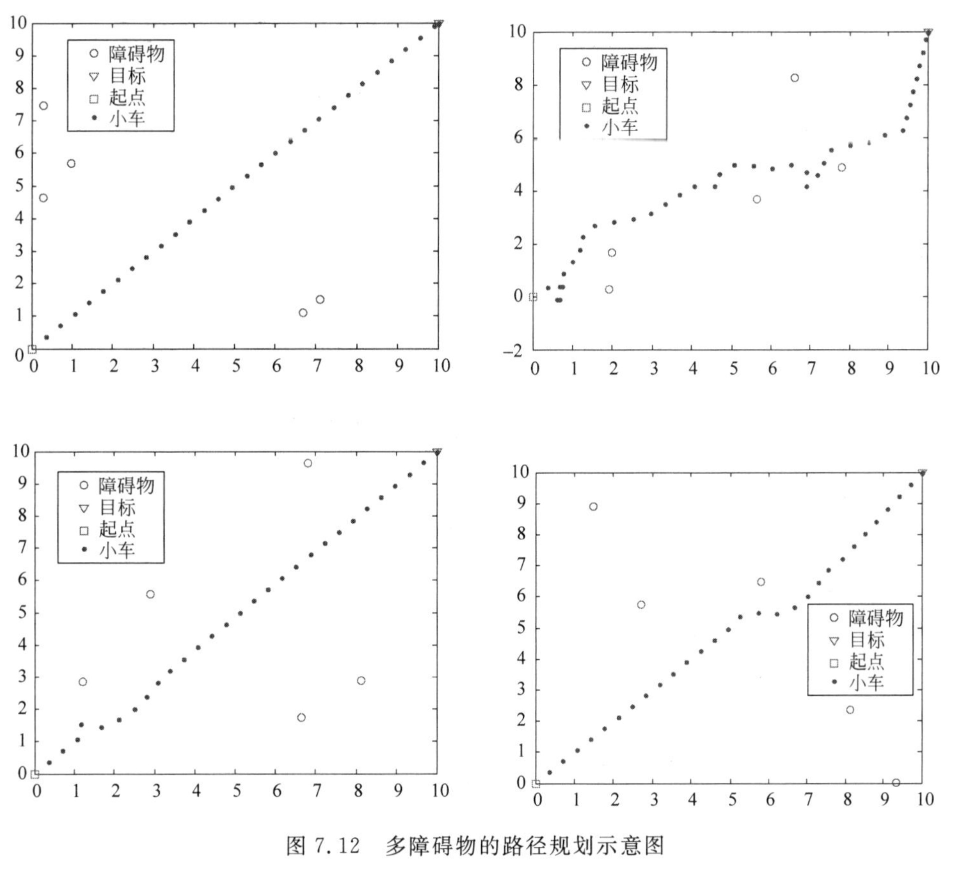

图 7.12　多障碍物的路径规划示意图

图 7.13 给出了目标点与障碍物较近时的路径规划情况，从图中可以看出：起初，机器人能够完成避障并向目标前进；当机器人接近目标时，机器人被推开而达不到目标点的情况，这就是所谓的局部稳定，就是指在特殊情况下，由于障碍物的位置因素使得机器人在路径中的某一点受力平衡，达到稳定，从而使该点成为势场的全局最小点，机器人陷在该点无法到达目标。

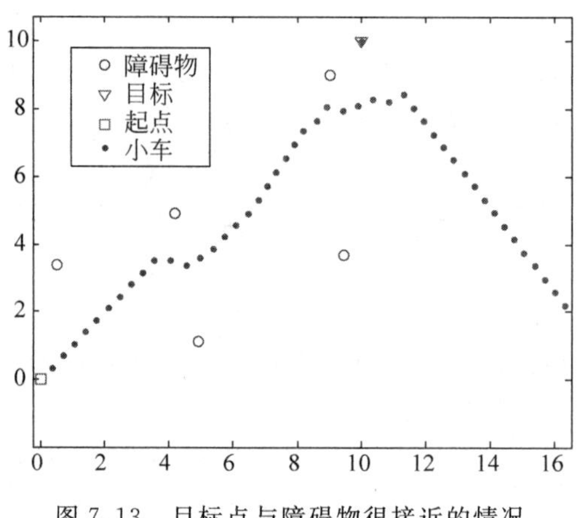

图 7.13　目标点与障碍物很接近的情况

7.6　栅　格　法

栅格法是由 W. E. Howden 在 1968 年提出的。应用栅格表示地图，在处理障碍物的边界时，能够避免复杂的计算。栅格法采用矩形栅格划分环境，来区分环境中的自由空间与障碍物，它作为一种表示环境的有效方法越来越得到人们的重视并表现出很好的发展前景。

7.6.1　用栅格表示环境

在传统栅格法中，用栅格表示环境就是用大小相同的栅格来划分机器人工作空间，并用栅格数组表示环境。例如，可用黑格代表障碍物空间，用白格代表自由空间，则黑格区域在白格自由空间中所处的位置就是障碍物在机器人小车所处环境中的位置。

环境信息表示不仅要考虑如何将环境信息存储在计算机中，更重要的是要使用方便，使问题的求解有较高的效率。有些文献中采用正方形栅格表示环境，每个正方形栅格有一个表征值 CV，表示在此方法中障碍物对于机器人的危险程度，对于高 CV 值的栅格位置，机器人就要优先躲避。CV 值按其距车体的距离被事先划分成若干等级。每个等级对机器人的躲避方向会产生不同的影响。

障碍物的位置一旦被确定，则按照一定的衰减方式赋给障碍物本身及其周围栅格一定的值，每个栅格的值代表了该位置有障碍物的可能性。障碍物栅格的初值和递减速度完全是由路径的安全性和最优性来共同决定。图 7.14 给出了一种障碍物的赋值示例，以被检测到的障碍物为中心向周围 8 个方向进行传播，障碍物所在的栅格值最大。

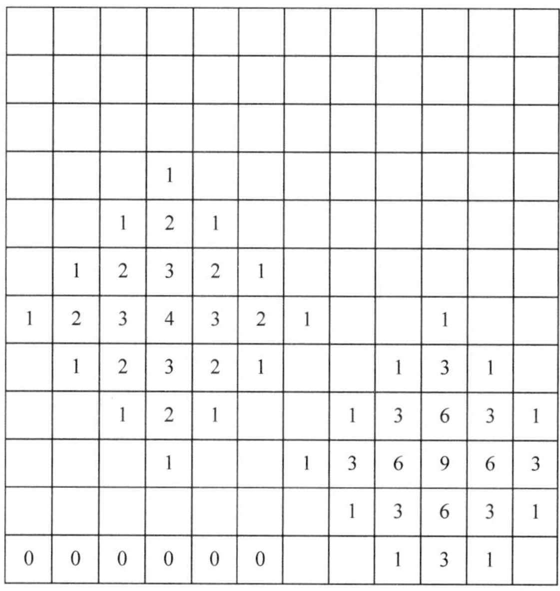

			1								
		1	2	1							
	1	2	3	2	1						
1	2	3	4	3	2	1			1		
	1	2	3	2	1			1	3	1	
		1	2	1			1	3	6	3	1
			1			1	3	6	9	6	3
							1	3	6	3	1
0	0	0	0	0	0			1	3	1	

图 7.14　栅格值计算

7.6.2　基于栅格地图的路径搜索

当给定起点位置和目标位置后,应根据给定的目标点位置对整个地图进行初始化。确定初始值的各种方法都大致相同:每个栅格的初始值等于该栅格与目标栅格的横向距离加上该栅格与目标栅格纵向距离。由此形成初始地图。初始地图与障碍物地图合起来就成了路径搜索用的地图了,在这个地图上进行路径的搜索。

传统的栅格法中,路径搜索一般是将"起始点栅格"作为参考栅格,从参考栅格的八个相邻栅格中选择值最小的栅格;再将所选栅格作为新的参考栅格,重复此步骤直到到达了"目标栅格"。那么为了保证路径的平滑,要做一定的设置,即如果有多个可选栅格时,选择使智能机器人转动角度最小的栅格,那么此时就要记录智能机器人的移动方向。

7.6.3　栅格法的特点

通过研究发现栅格具有简单、实用、操作方便的特点,完全能够满足使用要求。

(1) 障碍物无须为规则障碍物。在动态规划中,更加不需要知道障碍物的形状、大小。

(2) 无须考虑运动对象的运动轨迹、数目及形状。

(3) 算法实现简单,在很多场合都适用。

(4) 只要起始点与终点之间存在通路,那么栅格就一定能找到一条路径从起始点到终点。

同时也能看到栅格大小的选择直接影响着控制算法的性能。栅格选得小,环境分辨率高,但是抗干扰能力弱,环境信息存储量大,决策速度慢;栅格选得大,抗干扰能力强,环境信息存储量小,决策速度快,但是分辨率下降,在密集障碍物环境中发现路径的能力减弱。所有单用栅格法对现在的移动机器人的研究已经行不通了。

7.7 移动机器人的同步定位与地图构建

机器人构建一个环境地图,并同时运用这个地图进行机器人定位,称作同时定位与建图(Simultaneous Localisation And Mapping, SLAM)或并发定位与建图(Concurrent Localization and Mapping,CLM)。

(1) 环境建模(MaPPing)是建立机器人所处工作环境的各种物体,如,障碍、路标等的准确的空间位置描述,即空间模型或地图。

(2) 定位(Localization)是确定机器人自身在该工作环境中的精确位置。精确的环境模型(地图)及机器人定位有助于高效的路径规划和决策,是保证机器人安全导航的基础。

可见,定位和建图是一个"鸡和蛋"的问题,环境建模需要定位,定位又依赖于环境地图。为此,一些研究者提出了同时定位与地图构建的可能性。SLAM 被认为是实现真正全自主移动机器人的关键,是移动机器人导航领域的基本问题与研究热点。

7.7.1 SLAM 的基本问题

Smith、Self 和 Cheeseman1986 年提出基于 EKF(Extended Kalman Filter)的 Stochastic Mapping 方法,揭开了 SLAM 研究的序幕。此后,SLAM 研究范围不断扩大。但从有人工路标到完全自主、从户内到户外的各种 SLAM 方法归纳起来都是一个"估计-校正"的过程。

SLAM 问题可以描述为:移动机器人从一个未知的位置出发,在不断运动的过程中根据自身位姿估计和传感器对环境的感知构建增量式地图,同时利用该地图更新自己的定位。定位与增量式建图融为一体,而不是独立的两个阶段。

自主移动机器人靠各种传感器获得信息,但传感器信息的获得与机器人运动具有不确定性,同时也缺乏环境的先验信息。作为机器人导航领域的热点,SLAM 问题的研究主要包括以下几个方面:

(1) 环境描述,即环境地图的表示方法。地图的表示通常可分为 3 类,即栅格表示、几何特征表示和拓扑图表示。

(2) 环境信息的获取。机器人在环境中漫游并记录传感器的感知数据,涉及机器人的定位与环境特征提取问题。

(3) 环境信息的表示。机器人根据环境信息更新地图,这涉及对运动和感知不确定信息的描述和处理。

(4) 鲁棒的 SLAM 方法。

7.7.2 移动机器人 SLAM 系统模型

移动机器人 SLAM 问题涉及移动机器人自身的状态和外部环境的信息。图 7.15 简单描述了移动机器人 SLAM 的系统状态。假设机器人在未知环境中移动,同时使用自身携带的传感器探测外部未知的路标信息以及自身的里程信息。$\boldsymbol{x}_t$ 表示 t 时刻移动机器人的位姿状态向量,$\boldsymbol{m}_i$ 表示第 i 个路标的位置状态向量,$\boldsymbol{u}_t$ 为机器人从 $t-1$ 时刻到 t 时刻的输入控制向量,$\boldsymbol{z}_t$ 为 t 时刻观测向量。

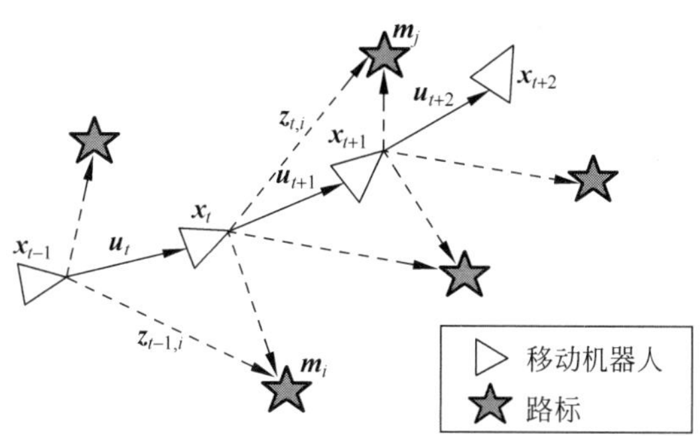

图 7.15　移动机器人 SLAM 系统状态图

若把 t 时刻移动机器人 SLAM 系统的状态记为 s_t，状态 s_t 包含了 t 时刻机器人的位姿(即机器人的位置和方向)和路标的位置。从概率学来看，假定移动机器人 SLAM 系统是先将机器人运动到当前位置，然后进行观测，则系统当前状态与之前的系统状态、观测信息以及输入有关，即 $p(s_t|s_{0:t-1},z_{0:t},u_{1:t})$。假设系统当前的状态仅与前一时刻的系统状态和当前的输入有关，即前一时刻的系统状态已经包含了之前的系统状态、观测信息和输入，则当前系统状态的分布概率为：

$$p(s_t \mid s_{0:t-1},z_{0:t},u_{1:t}) = p(s_t \mid s_{t-1},u_t) \tag{7.26}$$

在此系统状态估计上获得的观测信息的估计为：

$$p(z_t \mid s_{0:t-1},z_{0:t-1},u_{1:t}) = p(z_t \mid s_t) \tag{7.27}$$

可以看出，公式(7.26)描述了系统状态转移概率，它与公式(7.27)共同组成了移动机器人和环境的一个隐马尔科夫模型(Hidden Markov Model，HMM)或动态贝叶斯网络(Dynamic Bayes Network，DBN)，即移动机器人 SLAM 问题模型，如图 7.16 所示。

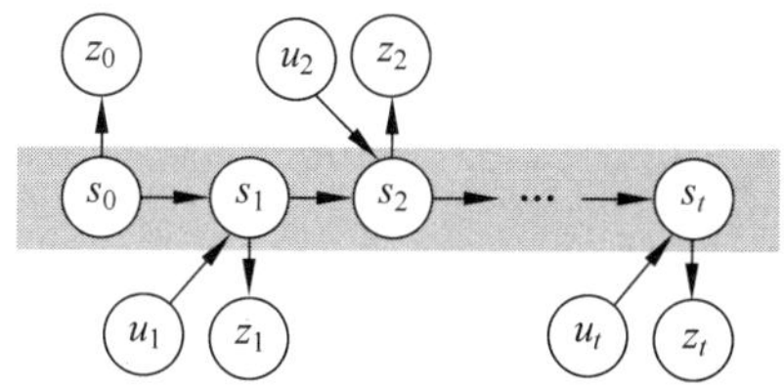

图 7.16　移动机器人 SLAM 问题

7.7.3　移动机器人 SLAM 解决方法

1. SLAM 解决思想

对于 SLAM 问题，根据之前的移动机器人位姿、观测信息以及控制输入信息可以求得 t 时刻机器人位姿 x 和环境中路标位置 m 的联合后验概率

$$p(x_t,m_t \mid z_t,x_{t-1},u_t) = \eta p(z_t \mid x_t)\int p(x_t \mid x_{t-1},u_t)p(x_{t-1},m_{t-1} \mid z_{t-1},x_{t-2},u_{t-1})\mathrm{d}x_{t-1} \tag{7.28}$$

假定环境服从马尔科夫的前提，SLAM 问题可分为预测、更新两步递归执行。

预测：依据前一时刻状态的后验信度 $\mathrm{Bel}(x_{t-1},m_{t-1})$，也即 $p(x_{t-1},m_{t-1}|z_{t-1},x_{t-2},$

u_{t-1})，结合运动模型来预测当前 t 时刻状态 x_t 的先验信度 $\mathrm{Bel}^-(x_t,m_t)$。

$$\begin{aligned}\mathrm{Bel}^-(x_t,m_t) &= p(x_t,m_t \mid z_t,x_{t-1},u_t)\\ &= \int p(x_t \mid x_{t-1},u_t)p(x_{t-1},m_{t-1} \mid z_{t-1},x_{t-2},u_{t-1})\mathrm{d}x_{t-1}\\ &= \int p(x_t \mid x_{t-1},u_t)\mathrm{Bel}(x_{t-1},m_{t-1})\mathrm{d}x_{t-1}\end{aligned} \tag{7.29}$$

式中，$p(x_t|x_{t-1},u_t)$为运动模型，$\mathrm{Bel}(x_{t-1},m_{t-1})$为后验信度。

更新：利用感知模型，结合当前的感知测量信息 z_t 来更新当前 t 时刻状态 x_t 的后验概率分布 $\mathrm{Bel}(x_t,m_t)$。

$$\begin{aligned}\mathrm{Bel}(x_t,m_t) &= p(x_t,m_t \mid z_t,x_{t-1},u_t)\\ &= \eta p(z_t \mid x_t)p(x_t,m_t \mid z_{t-1},x_{t-1},u_t)\\ &= \eta p(z_t \mid x_t)\mathrm{Bel}^-(x_t,m_t)\end{aligned} \tag{7.30}$$

η 为标准化因子，$p(z_t|x_t)$为观测模型，$\mathrm{Bel}^-(x_t,m_t)$为先验信度。

上述预测更新过程，可用如下示例说明。

机器人与 ABC 这 3 个路标的初始位置如图 7.17 所示。由于机器人相对于路标 A 的位置为估计值，所以路标 A 用圆圈表示 A 的实际的可能值在圆圈内。

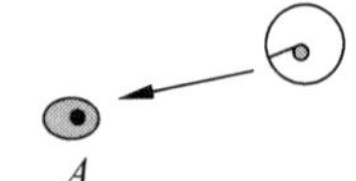

图 7.17　机器人与路标位置关系

如图 7.18(a)所示，机器人某时刻将向前移动一步，到达新位置。由于误差的存在，在新的位置，机器人相对于 A 的真实值可能落在圈内。在新的位置，路标 B、C 被观测到，路标 B、C 的相对于 A 的位置也是一个估计值(更大的圈)。假设下一时刻机器人返回到初始位置，此时机器人的位置相对于没有移动前更加不确定。图中用一个较大的椭圆表示了其可能的真实位置值范围。通过对 A 的重新测量，图 7.18(e)中的超大椭圆值被大大缩小了，即位置真值落入了一个比较小的范围内。通过对 B 的重新测量，机器人的位置点被重新估计，其位置真值范围又进一步缩小，同时 B 和 C 点的位置真值范围也大大缩小了。

一般而言，SLAM 由传感数据的获取、数据关联、定位和地图构建等环节构成，其典型流程如图 7.19 所示。

图 7.19 中，S_k 表示传感器测量所获取的数据，M_{k-1} 表示第 $k-1$ 时刻的局部地图，T_k 表示 k 时刻机器人的位姿。传感数据获取包括移动机器人本身的数据采集和环境的数据。

数据关联是 SLAM 的关键步骤，用于当前特征与已有特征的匹配。对于数据关联中没有关联上的特征，可先加入到临时特征存储区，并对下一次观测进行预测，在下一次观测中把观测特征与其关联。如果一个特征连续两次没有关联成功，则作为假观测从临时特征存

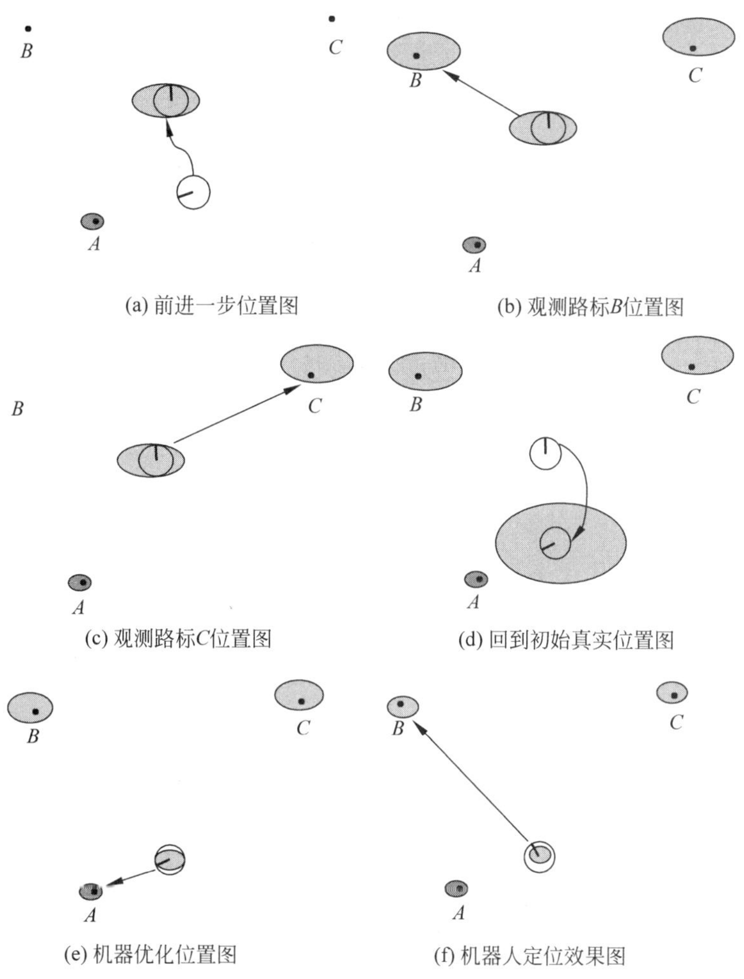

(a) 前进一步位置图　　(b) 观测路标B位置图

(c) 观测路标C位置图　　(d) 回到初始真实位置图

(e) 机器优化位置图　　(f) 机器人定位效果图

图 7.18　机器人移动步骤

储区剔除。如果一个特征第一次关联不成功，但第二次关联成功，则将该特征加入状态向量，同时对状态进行扩维。定位和地图构建是一个相互交互的过程，定位的结果用于地图构建，而已经构建的地图又用于机器人的定位。

事实上，目前移动机器人 SLAM 经典的算法主要包括扩展卡尔曼滤波器、最大似然估计、粒子滤波器以及马尔可夫定位等，而其中扩展卡尔曼滤波器 EKF 和粒子滤波的方法是来自于上述贝叶斯滤波器的估计状态后验概率分布的思想的。

2. 卡尔曼滤波

卡尔曼滤波在数学上是一种统计估算方法，通过处理一系列带有误差的实际量测数据而得到物理参数的最佳估算，其思想是利用前一时刻的数据和误差信息来估计当前时刻的数据。

卡尔曼滤波器用反馈控制的方法估计过程状态：滤波器估计过程某一时刻的状态，然后以(含噪声的)测量变量的方式获得反馈。因此卡尔曼滤波器可分为两个部分，即预测和更新。预测负责及时向前推算当前状态变量和误差协方差估计的值，以便为下一个时间状态构造先验估计。更新方程负责反馈，也就是说，它将先验估计和新的测量变量结合以构造

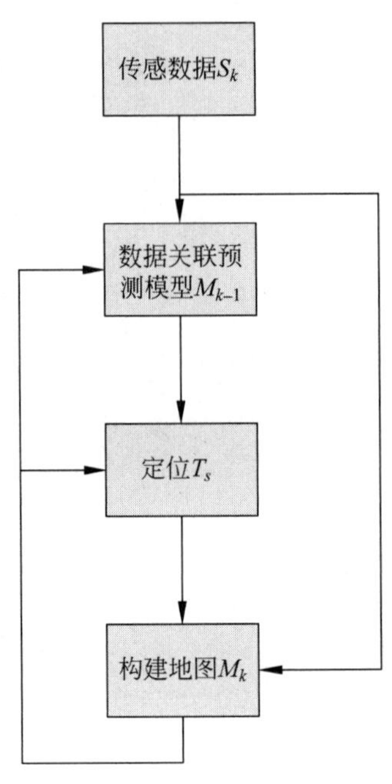

图 7.19　SLAM 典型流程

改进的后验估计。

卡尔曼滤波器估计一个用线性随机差分方程描述的离散时间过程。对于非线性的系统，一般采用对其期望和方差进行线性化的扩展卡尔曼滤波器(Extended Kalman Filter, EKF)。

3. 粒子滤波

粒子滤波是一种典型的采用蒙特卡罗数值模拟求解贝叶斯滤波问题的方法，其基本思想是利用一组带有相关权值的随机样本，用这些样本的估计来表示系统状态的后验概率密度。当样本数非常大时，这种估计将等同于后验概率密度。粒子滤波通过非参数化的蒙特卡罗模拟方法来实现递推贝叶斯滤波，适用于任何能用状态空间模型表示的非线性系统，以及传统卡尔曼滤波无法表示的非线性系统，精度可以逼近最优估计。

7.7.4　SLAM 的难点和技术关键

动态环境下移动机器人的 SLAM 问题取得了一定进展，但依然存在许多问题。

1. 不确定性和计算量大的问题

无论是感知外部环境的或感知机器人运动的传感器测量都带有不确定性，即测量噪声。机器人的运动控制也同样带有不确定性。各种测量误差之间并非完全独立，因此 SLAM 对地图的估计和对机器人的位姿估计都有很强的不确定性。

为了处理不确定性，无论是扩展卡尔曼滤波方法还是粒子滤波方法，都需要很大的计算量。扩展卡尔曼滤波 SLAM 方法的计算量主要在于地图的更新计算，即协方差矩阵的计算；而粒子滤波 SLAM 方法的计算量是随着粒子数的增多而增大的。如何减少 SLAM 过程的计算量是 SLAM 研究的重要课题，对于动态环境下的 SLAM 技术更是紧迫的问题。

2. 数据关联问题

数据关联问题也称一致性问题，是指建立在不同时间、不同地段获得的传感器测量之间、传感器测量与地图特征之间或者地图特征之间的对应关系，以确定它们是否源于环境中同一物理实体的过程。

数据关联问题是 SLAM 本身面临的挑战之一，其正确与否对于 SLAM 的状态估计至关重要。在动态环境下，由于动态目标的影响，数据关联问题就显得更为困难和重要。

3. 动态目标检测与处理问题

移动机器人成功构建地图必须具备识别动态障碍物和静态障碍物的能力。目前相关的研究大部分是就如何检测动态目标而展开，但是相关方法都有如下问题：检测的准确性；阈值难以确定；动态目标在成功检测出来后，如何在 SLAM 过程中进行处理都是难点之一。

第8章 无线传感器网络与智能机器人

无线传感器网络(Wireless Sensor Networks,WSN)是由大量密集布设在监控区域的、具有通信与计算能力的微小传感器节点,以无线的方式连接构成的自治测控网络系统。

无线传感器网络显著地扩展了移动机器人的感知空间,提高了移动机器人的感知能力,为移动机器人的智能开发、机器人间合作与协调,以及机器人应用范围的拓展提供了可能。同时,由于移动机器人具有机动灵活和自治能力强等优点,将其作为无线传感器网络的节点,可以很方便地改变无线传感器网络的拓扑结构和改善网络的动态性能。

因此,无线传感器网络和机器人技术相结合可以有效地改善和提高系统的整体性能,成为移动机器人与传感器网络发展的必然趋势。

8.1 无线传感器网络的基本理论

无线传感器网络的发展最早可以上溯到1978年由DAR以在宾西法尼亚州匹兹堡的卡内基-梅隆大学(Carnegie-Mellon University in Pittsburgh,Pennsylvania)主办的分布式传感器网络工作组(Distributed Sensor Nets workshop)。无线传感器网络被认为是继Internet之后,将对21世纪人类生活产生重大影响的IT热点技术。1999年,《美国商业周刊》将无线传感器网络列为21世纪最具影响的21项技术之一。2003年,MIT技术评论(Technology Review)在预测未来技术发展的报告中,将无线传感器网络技术列为改变世界的十大新技术之一。2003年,《美国商业周刊》又在其“未来技术专版”中发表文章指出,无线传感器网络是全球未来的四大高技术产业之一。

8.1.1 无线传感器网络的体系结构

1. 传感器节点

随着微机电系统技术的发展和成熟,传感器节点已经可以做得非常小,微型传感器节点亦被称为智能尘埃(smart dust)。每个微型节点都集成了传感、数据处理、通信和电源模块,可以对原始数据按要求进行一些简单的计算处理后再发送出去。单个节点的能力是微不足道的,但成百上千节点却能带来强大的规模效应,即大量的智能节点通过先进的网状联网(Mesh Networking)方式,可以灵活紧密地部署在被测对象的内部或周围,把人类感知的触角延伸到物理世界的每个角落。

一个典型的无线传感器节点由4个基本模块组成:传感模块、处理器模块、无线通信模块和电源模块,其体系结构如图8.1所示。

传感器节点在实现具体的各种网络协议和应用系统时,存在着以下的限制。

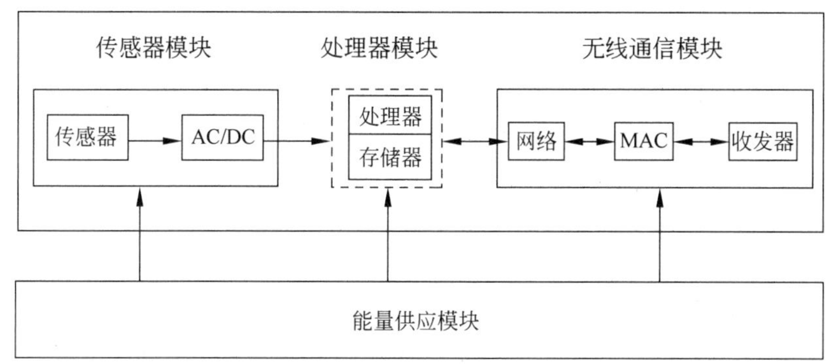

图 8.1　传感器节点体系结构

1）电源能力受限

传感器节点体积有限，携带的电池有限；传感器节点众多，要求成本低廉；传感器节点分布区域复杂，往往人不可到达，因此不能通过更换电池的方法来补充能量。

2）通信能力受限

无线通信的能量消耗随着通信距离的增加而急剧增加。由于传感器节点能量受限，所以在满足通信连通度的前提下应尽量减少单跳通信距离。

3）处理能力受限

传感器节点是一种微型嵌入式设备，要求它价格低功耗小，因此，一般来说，其携带的处理器能力比较弱，存储器容量也比较小。为了完成各种任务，传感器节点需要完成监测数据的采集、处理和传输等多种工作，如何利用有限的计算和存储资源完成任务成为传感器网络设计的挑战。

2. 网络结构

无线传感器网络通常由传感器节点、汇聚节点（基站）和任务管理节点等组成，其网络结构如图 8.2 所示。

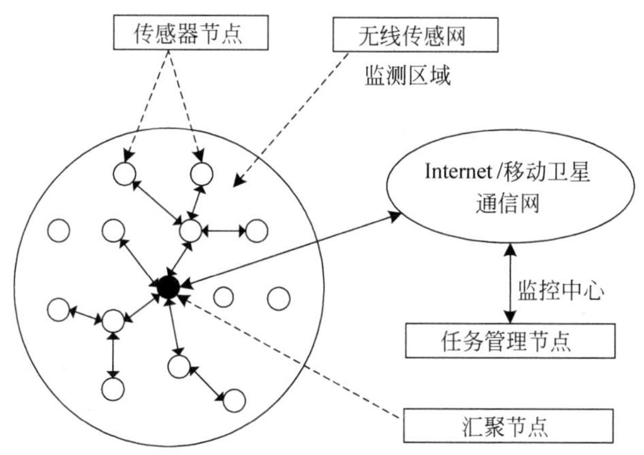

图 8.2　无线传感器网络体系结构

大量传感器节点随机部署在目标区域内部或附近，通过自组织方式构成无线网络，在传感器节点之间、基站与传感器节点之间进行无线通信。

传感器节点检测到的数据根据一定的路由协议沿着其他传感器节点进行传输，在传输的过程中可以对检测到的数据进行一些处理，数据经过多跳传输后到达汇聚节点。

汇聚节点负责传感器网络与 Internet 等外部网络的连接，经过汇聚节点处理后，传感器节点检测到的数据最后可通过互联网或卫星到达管理节点。另一方面，用户亦可通过任务管理节点对整个无线传感器网络进行配置和管理、发布监测任务。

3. 网络协议栈

图 8.3 为早期提出的无线传感器网络的协议栈，此协议栈包括物理层、数据链路层、网络层、传输层和应用层协议。

(1) 物理层负责数据的调制、发送与接收，为无线传感器网络提供简单可靠的信号调制和无线收发技术。

(2) 数据链路层负责数据成帧、帧监测、介质访问和差错控制，其主要功能是在相互竞争的用户之间分配信道资源。

(3) 网络层负责路由生成和路由选择，通过合适的路由协议寻找源节点到目标节点的优化路径，并且将监测数据按照多跳的方式沿着此优化路径进行转发。

(4) 传输层的主要功能是负责数据流的传输控制。

(5) 应用层包括一系列基于监测任务的应用层软件。

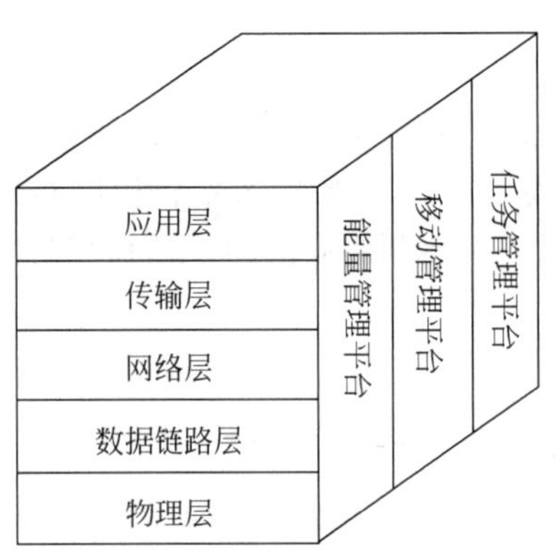

图 8.3 无线传感器网络协议栈

另外，该协议栈还包括能量管理平台、移动管理平台和任务管理平台。

(1) 能量管理平台负责管理节点如何使用能量。例如，控制开机和关机，调节节点的发送功率，决定是否转发数据和参与路由计算等。

(2) 移动管理平台负责跟踪节点的移动，并且通过邻居节点的协调来平衡节点之间的功率和任务。

(3) 任务管理平台负责为一个给定区域内的所有传感器节点合理地分配任务。任务的划分基于节点的能力和位置，从而使节点能够以能量高效的方式协调工作。

8.1.2 无线传感器网络的特点

无线自组网(mobile ad-hoc network)是一个由几十到上百个节点组成的，采用无线通信方式的、动态组网的、多跳的移动性对等网络。其目的是通过动态路由和移动管理技术传输具有服务质量要求的多媒体信息流。无线传感器网络和无线自组织网络有相似之处，但同时也存在本质区别，表 8.1 给出了它们的主要不同点。

表 8.1　WSN 与 Ad-hoc 网络的区别

	WSN	Ad-hoc
网络目标	数据为中心	地址为中心
网络规模	巨大(上万个节点)	较大(上百个节点)
节点能量	电量严格受限(电池供电)	电量不严格受限
存储和计算能力	严格受限(128KB Flash+8KB RAM MCU)	不受限(ARM DSP)
带宽	几十 kbps 到几百 kbps	几十 Mbps 以上
设计目标	最大程度节能	QoS 保证
成本	<1＄/node	较高

无线传感器网络具有以下几个方面的特点。

1. 超大规模

为获得物理世界的精确信息，被监测区域通常部署大量传感器节点，其数量可能成千上万，甚至更多。

2. 网络自组

网络的架构无须任何预设的基础设施，节点可通过分层协议和分布式算法协调各自行为，一旦启动便可快速、自动地组成一个独立的网络。

3. 实时可靠

无线传感器网络应用领域广泛，包括军事火灾探测、目标跟踪、建筑物监测等，这些应用都有不同程度的可靠性及实时性要求。由于监测区域环境的限制以及传感器节点数目巨大，不可能人工“照顾”每个传感器节点，网络的维护十分困难甚至不可维护。

4. 能力受限

基于价格、体积和功耗等原因，传感器节点的计算能力、程序空间和内存空间严重受限。这一点也决定了在传感器节点的操作系统设计中，协议层次不能太复杂。

5. 能量受限

传感器网络的特殊应用领域决定了在使用过程中，不能给电池充电或更换电池，一旦电池能量用完，这个节点也将失效。因此节能、提高网络的使用寿命是传感器网络设计过程中，考虑采用何种技术和协议的首要因素。

6. 动态拓扑

无线传感器网络中一些节点可能会因为电池能量耗尽、环境因素或其他故障而失效退出网络，一些节点也可能被移动。另外由于工作的需要，一些新的节点也可能添加到网络中。这些因素都将使网络拓扑结构随时变化，因此无线传感器网络是一个动态的网络，应该具有动态的拓扑组织功能。

7. 以数据为中心

由于传感器网络的动态拓扑结构，节点编号和节点位置没有直接的关系。无线传感器网络是以数据为中心的网络，而不像传统网络以连接为中心。用户感兴趣的是数据而不是网络和传感器硬件，用户不关心节点传感器的温度测量值，感兴趣的是某个地理位置的温度是多少。这就要求节点能够进行数据聚合、融合、缓存和压缩等处理。

8.1.3 无线传感器网络关键技术

无线传感器网络综合了传感器技术、通信技术、嵌入式计算技术、网络技术和程序设计等多方面的技术。目前,尚有非常多的领域和关键技术有待进一步研究。

1. 路由选择

路由选择就是在源节点和目的节点之间寻找一条传送数据的节点序列。寻找节点集合的算法称为路由选择算法。传统的路由选择算法主要以路径最短、开销最小、延迟最小为目标,算法一般都由专用的路由选择设备——路由器来完成。对于传感器网络而言,由于传感器节点的计算能力、存储能力、通信能力以及携带的能量都十分有限,每个节点只能获取局部网络的拓扑信息,因此其路由协议不能太复杂。另一方面,传感器网络拓扑结构动态变化、网络资源不断变化,这些都对路由协议提出了更高的要求。

由于不同无线传感器网络的应用特殊性,不宜设计一个通用的路由算法。传感器网络路由选择算法应该根据某一特定应用,具体设计路由选择算法。一般而言,应该考虑到以下几方面因素:

(1) 在保证数据传输可靠性的前提下尽量降低能耗,延长网络的使用寿命。

(2) 网络的自组织能力。

(3) 路由协议的动态适应能力和扩展能力。

(4) 数据融合和数据汇聚能力。

(5) QoS 保证。

(6) 算法的收敛性、鲁棒性。

(7) 失效节点的定位和故障恢复。

2. 定位技术

位置信息对传感器网络的监测至关重要,事件的发生位置(获取信息的节点位置)是传感器节点监测消息所包含的重要信息。根据节点位置是否确定,传感器节点分为锚节点和位置未知节点。锚节点的位置是已知的,位置未知节点需要根据一定数量的锚节点位置,按照某种定位机制确定其位置。在传感器网络定位过程中,通常会使用三边测量法、三角测量法或极大似然估计法等。良好的定位算法通常应具备以下特点:

(1) 自组织性。传感器节点随机分布,只能依靠局部的基础设施协助定位。

(2) 健壮性。由于传感器节点的硬件配置低、能量少、可靠性差,测量距离时会产生误差,所以算法必须具备良好的健壮性。

(3) 能量有效性。尽可能地减少定位算法中计算的复杂性、减少节点间的通信开销,从而尽量延长在网络中的生存周期。通信开销是传感器网络的主要能量开销。

3. 能量管理

能量管理的核心是电源管理,由于网络中的传感器节点依靠携带的电池供电,而且网络监测区域环境恶劣,一般不具备充电条件,所以电源能量管理对延长网络的使用寿命至关重要。能量管理需要通过控制网络各个节点的能耗,来保证节点能量合理有效的利用,延长网络使用寿命。

为了实现这个目标,传感器网络应用层在操作系统中采用动态电源管理和动态电压调整策略,折中考虑性能和功耗控制的需求来延长系统生存时间。网络层通过加快网络冗余数据的收敛，以多跳方式转发数据包，选择能量有效路由来提高能量效率。媒体访问控制(MAC)层通过减少数据包的竞争冲突，减小控制数据包开销，减少空闲监听时间和避免节点间的串音来提高能量效率。而物理层的能量效率设计是通过对具体物理层技术的改造来实现的，例如，高能效的调制技术、编码技术、速率自适应技术、协作多输入多输出(MIMO)技术。

4. 数据融合

在传感器网络中，对目标环境的监视和感知由所有传感器节点共同完成，在覆盖度较高的传感器网络中，相邻节点感知的信息基本相同，这就导致在信息收集的过程中，各个节点单独传输数据到汇聚节点会产生大量的数据冗余，浪费大量的带宽资源和能量资源，也会降低信息收集的效率。为了解决这个问题，传感器网络采用数据融合技术，对多个传感器节点的数据进行处理，组合出更符合任务要求的数据，然后将这些数据传输到汇聚节点。

数据融合技术对传感器网络而言具有如下作用：

(1) 节省能量。

(2) 获得更准确的信息。

(3) 提高数据传输效率。

这里的数据融合概念与多传感器信息融合是有所区别的：

(1) 数据融合技术是指节点对采集或者接收到的多个数据进行聚集处理，其主要目的是去除数据冗余、减少网络数据量传输、提高信息汇集效率。

(2) 多传感器信息融合是利用计算机技术将来自多个传感器或多源的观测信息进行分析、综合处理，从而得出决策和估计任务所需的信息处理过程。其目标是综合各传感器检测信息，通过优化组合来导出更多的有效信息，提升系统性能。

5. 时间同步

无线传感器网络是一个分布式系统，每个传感器节点都有一个独立的本地时钟，由于不同节点时钟晶体震荡存在偏差，各个节点的时钟在运行一段时间后便会出现误差，如果这种误差得不到校正，汇聚节点和信息中心将无法准确判断信息产生的时间，从而造成数据混乱，严重情况下数据将无法利用。

时间同步就是采用某种机制或者算法使网络中传感器节点的时钟完全相同。常用的算法有：

(1) 参考广播同步算法(Reference Broadcast Synchronization)。

(2) 传感器网络时间同步协议算法(Timing-Sync Protocol for Sensor Networks)。

(3) Mini-Sync 算法和 Tiny-Sync 算法。

(4) 基于树的轻权算法(Lightweight Tree-based Synchronization)。

6. 网络安全

无线传感器网络作为任务型的网络，不仅要进行数据的传输，而且要进行数据采集和融合，任务的协同控制等。为了保证任务的机密布置和任务执行结果的安全传递和融合，无线传感器网络需要实现一些基本的安全机制：机密性；点到点的消息认证；完整性的鉴别；新鲜性；认证广播和安全管理。除此之外，为了确保数据融合后数据源信息的保留，水印技术也成为无线传感器网络安全的研究内容。

虽然在安全研究方面，无线传感器网络没有引入太多的内容，但无线传感器网络的特点决定了它的安全与传统网络安全在研究方法和计算手段上有很大的不同。

(1) 有限的计算资源和能量资源使得无线传感器网络的单元节点必须很好地考虑算法计算强度和安全强度之间的权衡问题,如何通过更简单的算法实现尽量坚固的安全外壳是无线传感器网络安全的主要挑战。

(2) 有限的计算资源和能量资源使得无线传感器网络必须综合考虑使用各种安全技术减小系统代码的数量,节省资源。

(3) 无线传感器网络任务的协作特性和路由的局部特性使得节点之间存在安全耦合性,因此在考虑安全算法的时候要尽量避免。

7. 无线通信技术

传感器网络需要低功耗、短距离的无线通信技术。IEEE 802.15.4 标准是针对低速无线个人域网络的无线通信标准,把低功耗、低成本作为设计的主要目标,旨在为个人或者家庭范围内不同设备之间的低速联网提供统一标准。由于 IEEE 802.15.4 标准的网络特征与无线传感器网络存在很多相似之处,故很多研究机构把它作为无线传感器网络的无线通信平台。

基于 IEEE 802.15.4 标准,ZigBee 成为一种新兴的短距离、低功耗、低数据速率、低成本、低复杂度的无线网络技术。ZigBee 具有 IEEE 802.15.4 强有力的无线物理层所规定的全部优点,即省电、简单、成本低,同时增加了逻辑网络、网络安全和应用层。ZigBee 为无线网络中传感与控制设备的通信提供了极佳的解决方案,其主要应用领域包括工业控制、消费性电子设备、汽车自动化、家庭和楼宇自动化、医用设备控制等。

ZigBee 技术的主要特点如下:

(1) 数据传输速率低。10KB/s~250KB/s,专注于低传输应用。

(2) 功耗低。在低功耗待机模式下,两节普通 5 号电池可使用 6~24 个月。

(3) 成本低。ZigBee 数据传输速率低,协议简单,所以大大降低了成本。

(4) 网络容量大。网络可容纳 65 000 个设备。

(5) 时延短。典型搜索设备时延为 30ms,休眠激活时延为 15ms,活动设备信道接入时延为 15ms。

(6) 网络的自组织、自愈能力强,通信可靠。

(7) 数据安全。ZigBee 提供了数据完整性检查和鉴权功能,采用 AES-128 加密算法,各个应用可灵活确定其安全属性。

(8) 工作频段灵活。使用频段为 2.4GHz、86MHz(欧洲)和 915MHz(美国),均为免认证(免费)的频段。

8. 操作系统

传感器节点是一个微型的嵌入式系统,携带非常有限的计算、存储和通信资源。这就需要操作系统能够有效地使用这些有限的硬件资源,为特定的应用提供最大的支持。传感器节点的结构模块化、网络数据并发性和任务实时性要求在资源有限的传感器节点上实现模块化实时多任务操作系统,给无线传感器网络操作系统的设计提出了很高的要求。

目前有代表性的开源的无线传感器网络操作系统有:

(1) Tiny OS 2.0——美国加州大学伯克利分校开发。

(2) Mantis OS 0.9.5 (Multimodal Networks of In-situ Sensors)——美国克罗拉多大

学开发。

(3) SOS 1.7——美国加州大学洛杉矶分校开发。

8.1.4 无线传感器网络的应用

无线传感器网络作为一种新的信息获取和处理技术，在各种领域，它有着传统技术不可比拟的优势。如果说互联网构成了逻辑上的信息世界，改变了人与人之间的沟通方式，那么传感网就是将逻辑上的信息世界与客观上的物理世界融合在一起，改变了人类与自然界的交互方式。近年来备受关注的"物联网"，其实质是无线传感器网络的一种应用形式。

1. 军事应用

在军事领域，由于无线传感器网络具有快速布设、自组织和容错等特性，无线传感器网络将会成为C4ISRT系统不可或缺的一部分。C4ISRT系统是美国国防部和各军事部门在现有的C4ISR(指挥、控制、通信、计算、情报、监视和侦察指控)系统的基础上提出的，强调了战场态势的实时感知能力、信息的快速处理和运用能力。无线传感器网络节点密集、成本低、随机自由部署、自组性强和高容错性的特点，是传统的传感器网络所无法比拟的。正是这些特点，使得无线传感器网络非常适合应用于恶劣的战场环境，包括监控敌军兵力和装备、监视冲突区、侦察敌方地形和布防、侦察和反侦察、定位攻击目标、战场评估、核攻击和生物化学的监测和搜索等功能。

2. 环境应用

无线传感器网络的应用已经由军事扩展到了很多领域，尤其在大规模的野外环境监测中显示出很大的应用潜力。无线传感器网络的节点可通过飞行器直接撒播在被监测区域，一方面使网络的监测区域可以扩展到更广阔的范围，另一方面也避免了人类活动对生物栖息、生活习性的影响。无线传感器网络的环境监测应用包括森林火灾监测、跟踪候鸟和昆虫的迁移、环境变化对农作物影响等多个方面。例如，加州大学伯克利分校Intel实验室和大西洋学院目前联合在大鸭岛(Great Duck Island)上部署了多层次的无线传感器网络以监测海燕的生活。

3. 灾难救援

地震、水灾等自然灾害后，固定的通信网络设施(如有线通信网络、蜂窝移动通信网络的基站等网络设施、卫星通信地球站以及微波中继站等)可能被摧毁或无法正常工作。对于抢险救灾来说，就需要无线传感器网络来进行信号采集与处理。无线传感器网络的快速展开和自组织特点，是这些场合通信的最佳选择。

4. 建筑物状态监测

建筑物可能年久失修，会存在一定安全隐患，同时地壳活动也会影响建筑物的安全，而这些通常是传统网络无法监测出来的。美国加州大学伯克利分校的环境工程和计算机科学家们利用传感器网络，让建筑物能够自检健康状况，并能够在出现问题时及时报警。

5. 智能家居

嵌入到家具和家电中的传感器节点可与执行机构组成的无线传感器执行器网络以及Internet连接在一起。这将会为人们提供更加舒适、方便和更加人性化的智能家居环境。例如，可根据环境亮度需求、人的心情变化来自动调节灯光，根据家具清洁程度自动进行除尘等。

6. 医疗保健

传感器网络在医疗和健康护理方面的应用包括监测人体的各种生理数据、跟踪和监控医院内医生和患者的行动，进行药物管理等。通过住院病人身上安装的微型传感器节点，如心率和血压监测设备，医生就可利用传感器网络，长期收集相关生理数据，随时监控病人病情，并及时处理。而这些安装在被监测对象身上的微型传感器也不会给人的正常生活带来太多不便。

8.2 移动机器人与 WSN 结合

8.2.1 必要性分析

无线传感器网络具有强大的感知能力，而移动机器人机动灵活，具有一定的自治能力。WSN 与机器人技术的结合有利于发挥各自的优势和特点，其必要性主要体现在以下几个方面。

1. 无线传感器网络在移动机器人系统中的应用

移动机器人正逐步实用化并进入社会生活的各个方面，各种危险作业机器人、军用机器人和服务机器人的应用领域也正在不断扩展。自主避障、导航、安全高效地到达目的地是移动机器人完成作业任务的关键。

无线传感器网络的微型传感器节点遍布于工作区域，可通过节点上配置的多种传感器获得位置、光照、温度、振动、电磁等多元化的全局环境信息，这为移动机器人的全局路径规划提供了依据。机器人将无线传感器网络节点作为路标，根据一定的导航算法选择下一个路标(传感器节点)前往，如此进行迭代，直至到达目标。由于无线传感器网络获得的环境信息是实时的，因此非常有利于机器人在动态变化的环境中，利用实时环境信息进行在线路径规划。例如，在火灾监控和灭火场合，传感器网络可以长时间监控目标区域，一旦发现目标区域出现火情，立刻通知移动机器人赶赴火灾区域，移动机器人在传感器网络的支持下，定位火灾的具体位置并扑灭火情。Jung 等利用共享的拓扑地图实现多机器人对多个目标的跟踪。Guilherme 等为了收集感知网的信息，利用人工势场法实现机器人的路径规划。Batalin 等利用网络节点提供的信息实现机器人在大规模室内环境下的导航，是无线传感器网络应用于机器人领域的典型代表。

2. 移动机器人在无线传感器网络中的应用

一方面，无线传感器网络能够扩展移动机器人的感知空间，提高移动机器人的感知能力，为移动机器人的智能开发、机器人之间合作与协调，以及机器人应用范围的拓展提供了可能；另一方面，由于移动机器人具有机动灵活和自治能力强等优点，可将其作为无线传感器网络的节点，可以很方便地改变无线传感器网络的拓扑结构和改善网络的动态性能。

8.2.2 可行性分析

从实际应用上讲，随着 MEMS、大规模集成电路和嵌入式技术的快速发展，传感器网络节点的功能越来越强大。各种微小型机器人的体积也越来越小，价格越来越低，而且同时又像传感器网络节点一样，具有数据采集、处理和存储能力，同时具备了传感器网络节点和移动机器人的特征。无线传感器网络和多移动机器人系统的相似性主要体现在：

(1) 它们都是具有无线网络连接和通信能力的分布式传感与控制系统，具有典型的分布式特征。

(2) 无线传感器网络的节点和移动机器人个体一样，要求具有独立的电池供电方式，具有良好的传感能力，它们都是群工作系统中的自治个体。

移动机器人和传感器网络相结合正成为一种必然的发展趋势。传感器网络可延伸机器人的感知空间，通过信息融合来加强移动机器人的感知能力，为移动机器人(群)的智能开发、合作与协调开辟新空间。移动机器人正向着具有自组织、自学习、自适应和智能化方向发展，它可以迅速便捷地撒布传感器节点在敏感区域，为传感器网络节点的自我修复、网络的自我维护与动态连通提供支持。这种由无线传感器网络与移动机器人结合构成的分布式传感与控制形式，既具有集中的局域传感和控制能力，又具有远程的分布式协同的全局传感和协作控制能力。

8.3 无线传感器网络在移动机器人系统中的应用

无线传感器网络显著地扩展了移动机器人的感知空间，提高了移动机器人的感知能力，为移动机器人的智能开发、机器人间合作与协调，以及机器人应用范围的拓展提供了可能。基于无线传感器网络的移动机器人定位导航是无线传感器网络在移动机器人系统中的主要应用。

定位技术是移动机器人研究中的一项关键技术，移动机器人只有借助定位服务才能实现自主导航。目前，机器人的定位技术主要分为以下两类：

(1) 通过码盘、电子陀螺仪、加速度计等传感器记录机器人自己的移动过程，通过累计计算出当前时刻的位置。该方法积分累计误差对定位精度影响较大。

(2) 通过雷达、激光测距仪、图像匹配等确定机器人与环境的相对位置进而获得自己的位置信息。但是由于移动机器人机动性强、自身建模困难，因此成本较高，需要增加昂贵的附属设备。

8.3.1 WSN 的节点相对定位

1. 测距定位原理

在根据测距来定位的算法中，通常都是先通过测量参考节点和被测目标之间的距离，然后通过相关定位算法就可以求出对应的位置信息。可以说，定位坐标的准确性很大程度上取决于测距的精度。比较常用的测距方法有 TOA(Time of Arrival)测距、TDOA(Time Difference Of Arrival)测距、AOA(Angle Of Arrival)测距和 RSSI(Received Signal Strength Indicator)测距。

1) TOA(Time Of Arrival)测距

TOA 测距是根据信号传播时间来进行距离测量的。在已知信号的传播速度的条件下，根据无线信号在空气中的传播时间来计算接收和发射节点之间的直线距离。

若无线信号在空气中的传播速度设为 v，信号发射的时间为 t_1，接收到信号的时间为 t_2，就可以计算出两点之间的距离，如下所示：

$$d = (t_2 - t_1) \times v \tag{8.1}$$

TOA 测距的误差最主要的来源是发射节点与接收节点之间的时间同步问题。假如两者在时间上不能精确同步，就会对测距带来一定的误差，从而影响到整个系统的定位计算。所以节点间保持精确的时间同步是很关键的一步。

2）TDOA(Time Difference Of Arrival)测距

TDOA 是根据不同的信号在空气中的传播速度不同的原理来计算距离的。当发射节点同时发出两种不同速度的信号，在接收端将先后接收到这两个信号。TDOA 技术一般是在节点上安装超声波收发器和 RF 收发器。如图 8.4 所示，令接收到信号的时间分别为 t_1 和 t_2，同时两个信号的传播速度是已知的，分别为 v_1 和 v_2。那么就可以计算出发射节点到接收节点之间的距离，如式(8.2)所示：

$$d = (t_2 - t_1) \times \frac{v_1 v_2}{v_1 - v_2} \tag{8.2}$$

TDOA 技术受限于超声波传播距离限制和 NLOS(Non-Line-Of-Sight)问题对超声波信号的传播影响。虽然已有减轻 NLOS 影响的技术，但都需要大量计算和通信开销，不太适用于低功耗的 WSN 应用。

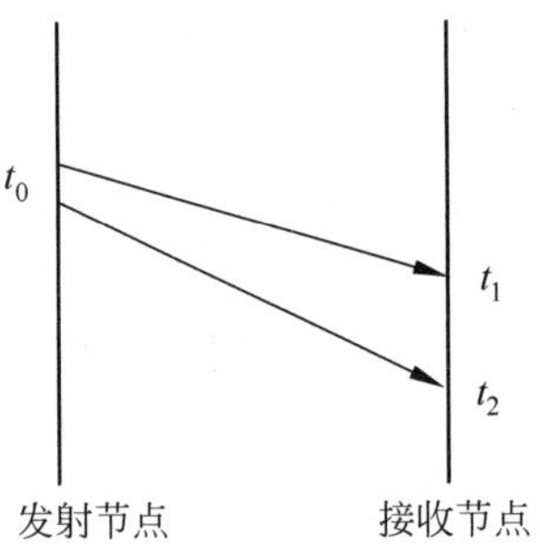

图 8.4　TDOA 测距示意图

3）AOA(Angle Of Arrival)测距

AOA 测距方法是通过天线阵列接收机感知发射节点发出信号的到达方向，在获得信号的到达方向后就可得出接收节点和发射节点间的相对角度，再通过定位算法计算出节点位置。这种测距方法是将距离转换成角度测量，虽然整个测距系统结构简单，但对天线阵要求比较高，需要有高灵敏度和高分辨率。AOA 定位不仅能够确定节点的坐标，还能附带提供方位信息。但是这种测距会受到信号多径传播的影响，不太适合于一些恶劣的环境。AOA 需要额外的硬件，可能无法满足传感器节点对硬件尺寸和功耗的要求。

4）RSSI(Received Signal Strength Indicator)测距

RSSI 测距是利用信号在空气中传播会随着距离的增加而逐渐衰减的原理进行测距。发射节点发射信号后，接收节点随后获得该信号的信号强度。在空气中，信号衰减与距离之间存在着一定的关系，所以可以使用信号传播衰减理论模型或经验模型将信号衰减转换成距离。传感器节点本身具有的无线通信信号就可以作为衰减信号，因此不需要增加额外的硬件就可以进行测距。故 RSSI 是一种低功率、廉价的测距技术，其主要误差来源是由环境影响所造成的信号传播模型的建模复杂性，另外，反射、多径传播、NLOS、天线增益等问题都会在距离相同情况下产生显著不同的传播损耗。

在信号传播的理论模型中，主要是考虑室内环境对信号传播强度的影响，建立相应的信号衰减与传播距离之间的关系式。通过大量的实验和现场测量数据表明，通常无线传感器网络的路径损耗满足以下公式：

$$P_{r,\mathrm{dB}}(d)=P_{r,\mathrm{dB}}(d_0)-\eta 10\lg\left(\frac{d}{d_0}\right)+x_{\delta,\mathrm{dB}} \tag{8.3}$$

式中，d 是发射节点与接收节点之间的距离，d_0 是参考距离，$P_{r,\mathrm{dB}}(d)$是以 d_0 为参考点的信号的接收功率，η 是路径衰减常数，$x_{\delta,\mathrm{dB}}$是以 δ^2 为方差的正态分布，为了说明障碍物的影响。

事实上，节点之间的距离和信号路径损耗之间一般没有很明确的解析式。而且应用于无线信号传播损耗的数学计算模型比较很多，它们中既有基于各种测量值的纯经验模型，也有在物理参数测量基础上进行理论分析的半经验模型。通常情况下，特定的模型仅适用在特定的定位工作环境中。

节点无线信号的发射功率与接收功率间存在的相互关系可以用式(8.4)表示，其中无线信号的接收功率为 p_R，无线信号的发射功率为 p_T，接收和发送节点间的距离为 d，信号传播因子为 n，它取值的大小是根据无线信号传播的环境来确定。

$$p_R=p_T/d^n \tag{8.4}$$

对式(8.4)的两边分别取对数可以得到式(8.5)：

$$10n\lg d=10\lg p_T/p_R \tag{8.5}$$

假如已知节点的发射功率，那么将获得的发送功率代入式(8.5)中就可以得到式(8.6)：

$$10\lg p_R=-(A+10n\lg d) \tag{8.6}$$

式(8.6)的左边部分 $10\lg p_R$ 是接收到的信号功率，如果用 dBm 来表示，就可以写成式(8.7)的形式：

$$\mathrm{RSSI(dBm)}=-(A+10n\lg d) \tag{8.7}$$

从式(8.7)中可以看出，式中的常数 A 和 n 的值决定了信号衰减模型中接收到的信号强度与传输距离之间的关系。参数 A 和 n 用来表示定位网络的工作环境：A 代表距离发射节点 1m 距离时，接收节点获得的平均信号强度能量的绝对值；信号衰减值 n 代表着节点发送的信号能量随着信号传播距离的增加而减弱的速度。

2. 测距定位算法

1) 三边测量法

在基于测距的定位算法中，三边测量法(trilateration)是一种常用计算定位坐标的方法。如图 8.5 所示，A、B、C 代表是信标节点，假设它们的坐标是已知的，分别为(x_1,y_1)，(x_2,y_2)，(x_3,y_3)。d_1、d_2、d_3 表示定位节点 D 到信标节点 A、B、C 的距离。分别以 A、B、C 为圆心，d_1、d_2、d_3 为半径画圆，它们的交点就是定位节点的位置。

设 D 的坐标为(x,y)它们的关系可以用式(8.8)表示：

$$\begin{cases}\sqrt{(x-x_1)^2+(y-y_1)^2}=d_1\\ \sqrt{(x-x_2)^2+(y-y_2)^2}=d_2\\ \sqrt{(x-x_3)^2+(y-y_3)^2}=d_3\end{cases} \tag{8.8}$$

解上面方程组(8.8)得到 D 的坐标为：

$$\begin{bmatrix}x\\y\end{bmatrix}=\begin{bmatrix}2(x_1-x_3) & 2(y_1-y_3)\\ 2(x_2-x_3) & 2(y_2-y_3)\end{bmatrix}^{-1}\begin{bmatrix}x_1^2-x_3^2+y_1^2-y_3^2+d_3^2-d_1^2\\ x_2^2-x_3^2+y_2^2-y_3^2+d_3^2-d_2^2\end{bmatrix} \tag{8.9}$$

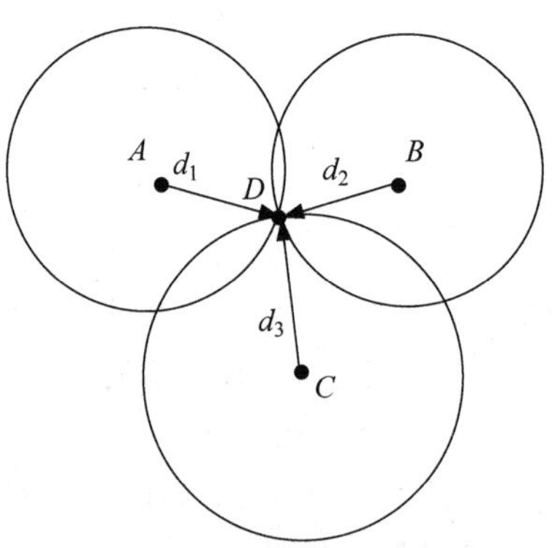

图 8.5　三边测量法原理图

2）三角测量法

三角测量法原理如图 8.6 所示，令 A、B、C 三个参考节点的坐标分别为(x_a, y_a)、(x_b, y_b)、(x_c, y_c)，节点 A、B、C 相对定位节点 D 的角度分别为：$\angle ADB$、$\angle ADC$ 和$\angle BDC$，如果令定位节点 D 的坐标为(x, y)。

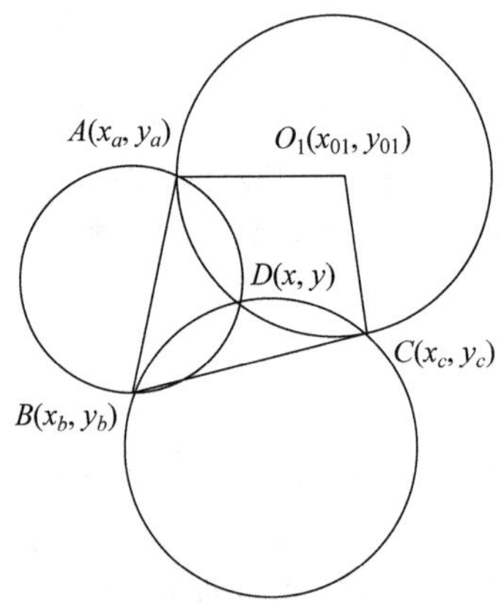

图 8.6　三角测量法示意图

对于参考节点 A、C 和角$\angle ADC$，假如弧线 AC 在$\triangle ABC$ 的内部，那么通过计算能确定唯一的一个圆，令圆心的坐标为 $O_1(x_{o1}, y_{o1})$，半径是 r_1，那么 $\alpha = \angle AOC = (2\pi - 2\angle ADC)$，并存在如下公式：

$$\begin{cases} \sqrt{(x_{01} - x_a)^2 + (y_{01} - y_a)^2} = r_1 \\ \sqrt{(x_{01} - x_b)^2 + (y_{01} - y_b)^2} = r_1 \\ (x_a - x_c)^2 + (y_a - y_c)^2 = 2r_1^2 - 2r_1^2\cos\alpha \end{cases} \tag{8.10}$$

由式(8.10)能够计算出圆心 O_1 点的坐标和相对应的半径。同理对于 A、B、角$\angle ADB$ 和 B、C、角$\angle BDC$ 分别可以确定相对应的圆心坐标 $O_2(x_{o2}, y_{o2})$、半径 r_2 和圆心坐标 $O_3(x_{o3}, y_{o3})$、半径 r_3。最后根据三边测量法，由三个圆心坐标以及半径就可以计算出 D 点的坐标。

3）极大似然法估计法

在基于测距的定位算法中，也常采用极大似然法估计法，也称为多边测量法（multilateration），它是三边测量法的基础上变形而来。假如已知有 $n(n>3)$ 个参考节点坐标分别是 $B_1(x_1,y_1)$、$B_2(x_2,y_2)$、…、$B_n(x_n,y_n)$，以及到定位节点 B 之间的距离分别表示为 d_1、d_2、…、d_n，令定位节点 B 的坐标为 (x,y)，那么可以得到如下方程组：

$$\begin{cases}(x-x_1)^2+(y-y_1)^2=d_1^2\\ \cdots\\ (x-x_n)^2+(y-y_n)^2=d_n^2\end{cases} \tag{8.11}$$

用极大似然估计法对式(8.11)求解，从方程组中的第一个公式开始分别减去最后一个，可得：

$$\begin{cases}x_1^2-x_n^2+y_1^2-y_n^2-2(x_1-x_n)x-2(y_1-y_n)y=d_1^2-d_n^2\\ \cdots\\ x_{n-1}^2-x_n^2+y_{n-1}^2-y_n^2-2(x_{n-1}-x_n)x-2(y_{n-1}-y_n)y=d_{n-1}^2-d_n^2\end{cases} \tag{8.12}$$

式(8.12)可以用线性方程组表示：$\boldsymbol{AX}=\boldsymbol{b}$，式中：

$$\boldsymbol{A}=\begin{bmatrix}2(x_1-x_n) & 2(y_1-y_n)\\ \cdots & \cdots\\ 2(x_{n-1}-x_n) & 2(y_{n-1}-y_n)\end{bmatrix}$$

$$\boldsymbol{X}=\begin{bmatrix}x\\ y\end{bmatrix}$$

$$\boldsymbol{b}=\begin{bmatrix}x_1^2-x_n^2+y_1^2-y_n^2+d_n^2-d_1^2\\ \cdots\\ x_{n-1}^2-x_n^2+y_{n-1}^2-y_n^2+d_n^2-d_{n-1}^2\end{bmatrix} \tag{8.13}$$

再用标准的最小均方差估计法就可以计算出节点 B 的坐标为：

$$\hat{x}=(\mathbf{A}^{\mathrm{T}}\mathbf{A})^{-1}\mathbf{A}^{\mathrm{T}}\boldsymbol{b} \tag{8.14}$$

8.3.2 基于 WSN 的移动机器人自主导航

基于无线传感器网络的移动机器人自主导航技术，主要针对在复杂不确定的 WSN 工作环境下，为移动机器人提供精确、实时、廉价的导航定位服务。

WSN 节点计算能力和可靠性较低，但由于其节点众多，可利用多个低复杂度、低可靠性的个体节点构建一个高精度、高可靠性的分布式自主导航网络系统。例如，采用分布式处理技术，可将复杂的导航运算分散到多个信标节点中协作执行，单一节点的故障并不影响整个导航系统的运行。

1. 导航策略

WSN 对机器人提供的不只是单一的位置信息，而是一种全方位的导航策略，部署在工作区域内的信标节点通过决策信息引导机器人到达指定目标。如图 8.7 所示，大量 WSN 节点通过空投或弹射的方式密集部署在战场区域以收集各类信息并为战场机器人提供导航服务。

一般地，WSN 可以利用网络扑结构和节点间 RSSI 信息为机器人提供自主导航服务。具体实现过程有如下两种方案：

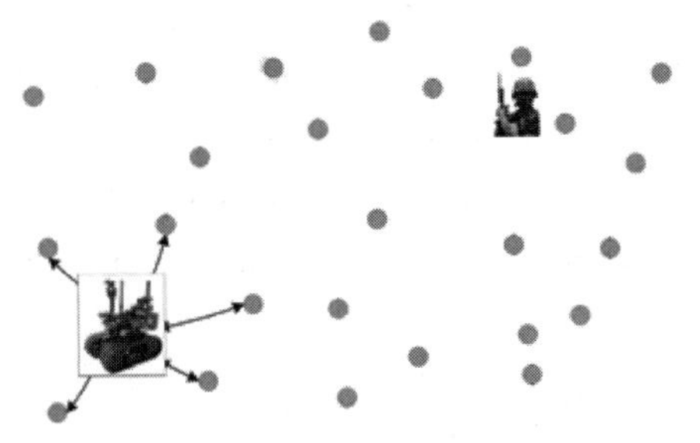

图 8.7　无线传感器网络在战场机器人导航定位中的应用

(1) 基于传感器节点的感知信息对其活动环境建模创建环境地图，移动机器人从传感器获得信息后，对照地图按照预先给定的任务命令，自主地做出各种决策，调整自身姿态，引导机器人安全到达目标位置。

(2) 静态节点随机部署，移动机器人和静态节点只具备 RSSI 测量功能而无其他定位测距设备，静态节点通过 RSSI 信息和网络拓扑结构实现预定位，机器人移动过程中通过 RSSI 信息确定其相对于静态节点的位置，进而实现自主导航。但由于受背景噪声的影响，目前还没有一种合适的理论或经验信道模型，将 RSSI 转换为几何距离时会引入较大的模型误差，因此该方案导航精度受到了一定的限制。

2. 基于 WSN 移动机器人导航的特点

基于无线传感器网络的移动机器人导航，直接通过传感器节点获取的信息，针对实时变化的环境信息，利用无线传感器网络的分布检测和分布处理特性，实现了基于“路标”的移动机器人在线导航。该方法具有如下特点：

1) 可在线导航，适合于动态环境

由于无线传感器网络能够实时采集环境信息，动态感知温度等环境信息的变化，并根据环境变化情况动态调整导航代价，因此该导航方法可以适用于动态变化的环境，对机器人进行实时的在线导航。

2) 移动机器人配置要求低

该方法基于无线传感器网络的分布信息进行分布计算，机器人只要接收传感器节点发出的“路标”信息，根据“路标”选择路径，不需要参与算法的运算以及对信息进行分析等。因此，任何一个机器人等移动目标，只要它具备按照指令朝各个方向运动以及停止的功能，配以一个无线收发模块就可以运用该方法进行导航。

3) 环境适应性强

该方法可以利用无线传感器网络获取的各种环境信息(温度、辐射、干扰和地形等)，为导航与路径规划提供决策支持，使机器人在路径规划时能避开危险区域、选择优化路径。

4) 容易实施，适合于应急应用

无线传感器网络具有成本低、可靠性高、布置容易等优点。因此，使用该导航方法所需的前提条件相对容易满足、易于实施，适合应用于战场环境、抢险救灾等紧急情况下。

8.4 移动机器人在无线传感器网络中的应用

同时，由于移动机器人具有机动灵活和自治能力强等优点，将其作为无线传感器网络的节点，可以很方便地改变无线传感器网络的拓扑结构和改善网络的动态性能。

8.4.1 移动传感器网络

移动传感器网络有别于一般的分布式传感器网络，其节点除具有感知、计算、通信能力外，还具有移动能力。传感器网络需要"移动"，网络的"可移动性"支持传感器网络节点的自我修复、网络的自我维护与动态连通。"移动性"同时也给传感器网络提供了更好的感知质量和更灵活的数据通信模式。

根据网络移动方式不同，移动传感器网络主要有以下几类：

(1) 基于环境移动的移动传感器网络。例如，移动传感器网络可配备发动机可用于现场移动勘探与部署；将生物医学传感器注射入人体，可随着血液循环来实现人体血液、器官及癌症的检测。

(2) 基于动物的移动传感器网络。通过携带传感器的动物四处游动，是构建移动传感器网络的一个有效途径。利用该网络，可完成该动物栖息地的数据收集，并将数据发送到附近的接入点。

(3) 基于机器人的移动传感器网络。移动机器人的可移动性和传感器网络强大的感知能力已引起各国学者的高度重视。例如，2003 年 10 月有关专家在波兰举行的 GeoSensor Network Workshop 上指出移动机器人和传感器网络结合，将以低廉的价格得到性能卓越的混合系统，可在网络散布与维护、救援与反恐等领域广泛应用。

8.4.2 移动机器人在无线传感器网络中应用功能

移动机器人应用于无线传感器网络中，其功能主要有以下几个方面。

1. WSN 的节点部署与拓扑建立

确定性节点部署和自组织节点部署是传感器布置的两种方式。在确定性节点部署中，传感器一般手动放置。自组织节点部署，传感器节点以随机的方式分布，并以 Ad-hoc 方式进行组织。在某些特定的情况下，节点的部署环境恶劣，节点是不允许手动布置的，利用机器人进行节点部署将是一个有效的方法。Batalin 等利用机器人部署节点，让节点记录各个方向上通过的机器人数量，并把数量最少的方向通知给有效范围内的机器人继续部署节点。为达到指定的连通性、覆盖性以及满足其他系统性能要求，通常不得不随机布置大量的冗余静态节点。显然，如果加入一些资源和硬件配置相对较高的移动机器人节点，将有利于降低系统总的成本耗费。

2. WSN 的网络修复与能量获取

无线传感网络的某些节点的损坏可能会产生一定的网络漏洞并影响到网络的连通性。显然，适时加入一些移动节点来修复网络并维持其连通性是必要的。Rahimi M. 等人提出了通过移动节点完成能量"搬运"调剂、建立网络能量自维持的一种策略，并取得了不错的效果。

3. WSN的网络节能与寿命提高

无线传感网络是一个多跳自组织结构,普通节点除了要完成基本的感知数据之外,还要承担起转发其他节点数据的任务,造成了较大的能量浪费。特别是靠近汇聚节点的那些节点,由于需要承担大量的数据转发任务,其能量消耗非常快。显然,它们容易成为系统的瓶颈节点。如果由移动机器人来担当汇聚节点,其"移动性"可把上述瓶颈节点进行平均分布,从而显著提高网络的整体寿命。而由移动机器人担当中继节点,则可让普通节点专注于进行数据收集,不再需要多跳数据传输,这就将原来长距离的多跳通信变为现在短距离的一跳通信,因此能够较好地节省节点能量和延长传感网络寿命。

8.4.3 移动传感器网络需要解决的问题

移动传感器网络是一种特殊的无线分布式传感器网络,由于其移动性的特点,网络拓扑是变化的,它比一般由固定传感器节点组成的传感器网络系统需要更多的关键技术:

(1) 移动机器人技术,主要是路径规划、避障、自主导航、多机器人协作等。

(2) 节点间的通信技术,通信包括机器人间的通信和感知信息的传输,所以难度增加。

(3) 自定位技术,通过少量的锚节点进行分布式协同定位,以获得节点的绝对或相对位置。

第9章　多机器人系统

9.1　智能体与多智能体系统

Agent 是一类在特定环境下能感知环境，并能自治地运行以代表其设计者或使用者实现一系列目标的计算实体或程序。自主性是 Agent 区别于其他概念的基本必备特征。

Minsky 曾经对智能体和多智能体系统有过这样一段描述：每个智能体本身只是做一些简单的事情，当某个方法将这些单个智能体组合成一个群体系统时，就产生了智能，而多智能体的协调与协作正是这种产生智能的组合方法。

目前，对智能体 Agent 的研究大致可分为智能 Agent、多 Agent 系统和面向 Agent 的程序设计(Agent-Orient-Programming，AOP)这 3 个相互关联的方面，涉及 Agent 和 MA 的理论、Agent 结构和组织及 Agent 语言规划通信和交互技术 MAS 之间的协作和协商等内容。

9.1.1　Agent 的体系结构

将每个 Agent 系统分为几个控制模块：环境感知层、动作执行层、规划控制层、通信管理层和信息融合层，设计出的 Agent 的体系结构，如图 9.1 所示。

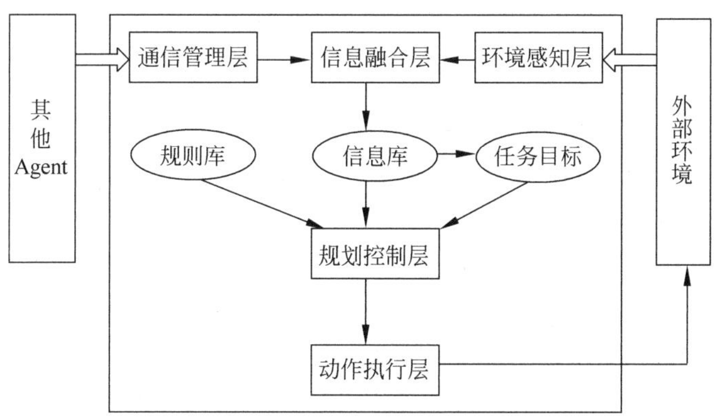

图 9.1　Agent 体系结构图

1. 环境感知层

环境感知层是整个 Agent 系统的信息输入点，提供各种传感器，如声呐测量值、激光测距仪数据以及里程仪提供的位置信息、摄像头传感器提供的图像数据等，也负责对感知数据进行初步的处理，完成局部地图的创建。

2. 动作执行层

动作执行层是对移动机器人的行为动作进行执行，根据当前感知的环境信息和目标设定，将移动机器人的动作执行变量输送到电机，改变动作的方向和速度。

3. 规划控制层

规划控制层是完成一些基本功能和行为，包括自定位、行为控制、目标检测和避障。自定位模块感知层输入的局部地图、全局地图和机器人的感知信息，计算机器人的当前信息。规划控制根据规划的结果产生机器人完成任务的动作序列。避障模块采用基于免疫网络的局部路径规划，以实现在线避碰。目标检测根据传感器信息和目标信息识别目标。

4. 通信管理层

通信管理层负责与其他 Agent 进行通信，包括将自己的信息通知其他 Agent 及接收从其他 Agent 发出的信息；同时信息融合层将所感知的外界信息或是与其他 Agent 通信所获知的信息转变成自身能理解的信息表示符号，并与自身信息库中的信息相融合，再存入自身的信息库中。

在每个 Agent 中还存有信息库、规则库和任务目标库。信息库中存储 Agent 所知道的各类信息，包括其他 Agent 的状态和外部环境的信息；规则库中存放设计者制定的规则，当 Agent 进行行为规划时，根据设计者设计的规则和当时所知的信息进行行为规划；任务目标库中存放每个 Agent 需要完成的任务及目标，外界环境状态的改变和其他机器人状态的改变都有可能影响每个 Agent 的当前任务目标。

Agent 感知数据在开放动态的环境中不一定具备很强的推理能力，而可以通过不断的交互，逐步协调与环境以及各自之间的关系，使整个系统体现一种进化能力。

9.1.2 多 Agent 系统相关概念

所谓多 Agent 系统(Multi Agent System，MAS)，是由多个可计算的 Agent 组成的集合，是一种分布式自主系统，其中每个 Agent 是一个物理的或抽象的实体，可作用于自身和环境并与其他的 Agent 通信；也可以定义为：MAS 是由一些对所处环境具有局部观点并可对环境产生局部响应的 Agent 构成的网络系统。

MAS 主要研究内容集中在以下几个方面：Agent 结构和多 Agent 组织结构和模型的设计，Agent 协作策略模型和机制的研究，Agent 通信机制的研究等。

1. 多 Agent 系统的组织体系结构

多 Agent 系统的组织体系结构包括 Agent 的模型结构和 Agent 之间的组织形式，是指系统中 Agent 之间的信息关系和控制关系以及问题求解能力的分布模式组织结构的研究。对于整个多 Agent 系统的研究具有重要意义，是多 Agent 系统研究的基础，确定多 Agent 系统的组织结构时要确定它是分散的还是集中的，如果是分散的，还要确定是分布的还是分层的。

2. 多 Agent 系统的通信

通信是 MAS 中最基本的问题，MAS 将独立的 Agent 个体通过通信模块实现相互协作与协调，构成一个有一定功能可以运行的系统，因此通信问题是 MAS 中的基本问题。

3. 多 Agent 系统的协调和协作

多 Agent 系统不同于传统的分布式处理系统，它侧重于研究一组 Agent 的自治能力，如独立的推理、规划和学习等能力，以及为了联合采取行动求解问题，以达到某一全局目标，如何协调各自的目标、策略和规划能力。

虽然单个 Agent 的智能是有限的，但可以通过适当的体系结构将 Agent 组织起来，从而弥补各个 Agent 的不足，使得整个系统的能力超过任何单个 Agent 的能力。多 Agent 系统这种体系结构放松了对集中式、规划顺序控制的限制，提供了分散控制、应急和并行处理，将复杂问题简单化；并且多 Agent 系统还可以降低软件或硬件的费用，提供更快速的问题求解方法。

9.1.3 多智能体系统的体系结构

多智能体系统作为一个整体参与协作任务，并不是简单地将多个具有一定自主能力的智能体合并到一起，而是需要通过协商解决各自规划时产生的冲突与对抗，根据协作任务的目标，在个体之间交互大量的信息，分析可能产生的冲突，制定协作策略。

多移动机器人采用协作的体系结构主要有集中式、分布式和混合式，图 9.2 为一个多智能体协作模型。

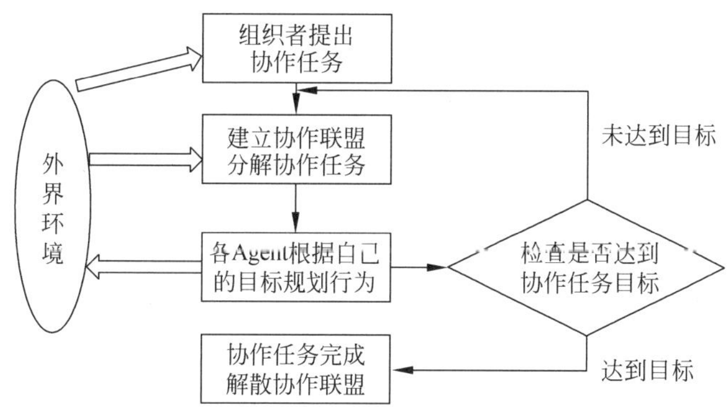

图 9.2 多智能体协作模型

根据这个协作流程，当出现多智能体协作任务时：

(1) 首先提出协作任务，某个 Agent 或是某个控制系统根据当前所处环境状态及当前任务判断是否需要多机器人协作完成任务，如果需要多机器人协作完成任务，那么提出协作任务，这里提出协作任务的 Agent 或控制系统就称为组织者。

(2) 建立协作联盟，组织者在已有的 Agent 中组织部分或全部的 Agent 参与到提出的协作任务中，并将协作任务分解为每个参与任务的 Agent 的子任务，协作联盟的建立过程可以通过组织者和所有 Agent 之间的协商来确定。

(3) 各个参与协作的 Agent 根据第二阶段分解的子任务规划自己的行为，当某个 Agent 根据行为规划并执行相应的动作后，必然会影响所处的环境。

(4) 当每个 Agent 执行相应的动作后，组织者检查是否达到协作任务的目标，如果达到协作任务的目标，那么协作任务完成，协作联盟解散；否则，组织者重新组织协作联盟，转步骤(2)。

以上所给的协作流程，既适用于一般的协作任务，如多机器人合作搬箱子、合作编队等；也适用于动态协作任务，如机器人围捕、故障处理等协作目标不断变化甚至协作出现的时间、地点及协作目标都不能事先确定的协作任务。

在多智能体系统协作中，目前常见的协作规划模式是集中规划模式、分散规划模式和分散集中规划模式三种。

1. 集中规划

系统提供了一个具有全局性的机器人，通过它实现多机器人协作过程中的全局控制，比如任务的规划和分配，其他机器人仅为执行者，这种协作模式的问题是随着各机器人的复杂性和动态性的增加，控制的瓶颈问题愈加突出，一旦控制全局的机器人崩溃，将导致整个系统崩溃。

2. 分散规划

此时不存在用来综合协调各子(部分)规划的机器人，每一个机器人根据各自的目标独立制订各自的动作计划，所有的控制是分散的，知识是局部的。这种模式使得每个智能体获得一定的自主性，从而增加了灵活性；它的缺点是不仅要解决规划执行过程中可能出现的各种潜在冲突，而且还要考虑分析各机器人规划执行过程中所产生的各种有利或无利的状态；而且将全局目标分解为每个机器人的局部目标也存在一定困难，如果每个机器人的行为受限于局部的和不完整的信息(局部目标、局部规划)，则很难实现全局一致的行为。

3. 分散集中规划

允许每个机器人制定自己的子(部分)规划，这些子规划统一提交给协调者，协调工作由某个机器人集中完成；协调者综合所有子规划以形成一个整体规划，对于潜在冲突的发现和剔除可采用合理安排动作执行顺序或确定必要的同步点来完成。

研究表明，集中式规划效率最高，适合于简单理想环境，对协作任务的配合要求强；分布式规划复杂度最高，遇到的潜在冲突也最高，适合于复杂独立环境，自主性强，对协作任务的配合要求弱；分布式集中协调规划的复杂度和效率位于上述两种模式之间，适合于有组织结构、各自有较强自主性的群体机器人。

9.2 多机器人系统

9.2.1 多机器人系统的简介

1. 多机器人系统优势

随着多机器人技术的日益发展，越来越多的复杂的作业依靠单个机器人的能力已经难以完成，多机器人系统的应用越来越广泛，一个相互协调的多机器人系统有着单个机器人系统所无法比拟的优势。

(1) 可以通过对某些任务进行适当分解，使多个机器人分别并行地完成不同的子任务，从而加快任务执行速度，提高工作效率，如执行战术使命、足球比赛、对未知的区域建立地图和对某区域进行探雷等。

(2) 可以将系统中的成员设计为完成某项任务的“专家”，而不是设计为完成所有任务的“通才”，使得机器人的设计有更大的灵活性，完成有限任务的机器人可以设计得更完善。

(3) 可以通过成员间的相互协作、交换信息、增加冗余度、消除失效点、增加解决方案的鲁棒性，如，野外作业的机器人和装配有摄像机的多移动机器人系统建立某动态区域地图。

(4) 可以提供更多的解决方案，降低系统造价与复杂度等。

2. 多机器人系统的任务模型

20 世纪 80 年代后期，协作多机器人系统的快速发展体现为三个方面的相互影响，即问题、系统和理论。为解决一个给定的问题，想象出一个系统，然后进行仿真、构建，借用其他领域的理论进行协作。

将这些实际应用中多机器人合作所面临的任务加以抽象，列出了一些代表性的任务，这些任务可分为三类。

1) 交通控制

当多个机器人运行在同一环境中时，它们要努力避碰。从根本上说，这可以看作是资源冲突的问题，这可以通过引进如交通规则、优先权或通信结构等来解决。从另一个角度来看，进行路径规划必须考虑其他机器人和全局环境。这种多机器人规划本质上是配置空间-时间中的几何问题。

2) 推箱子/协作操作

许多工作是讨论推箱子问题的。有的集中在任务分配、容错和强化学习上，而有的则研究通信协议和硬件。协作操作较大的物体也非常令人感兴趣，因为即使机器人之间相互不知道对方的存在也可以实现协作行为。

3) 采蜜

它要求一群机器人去拣起散落在环境中的物体。这可以联想到有毒废物清除、收割、搜寻和营救等。采蜜任务是协作机器人学的规范试验床。一方面这种任务可以由单个机器人来完成；另一方面可以从生物学获得灵感来研究协作机器人系统。解决方案有最简单的随机运动拾捡，还有将机器人沿着目标排成链型队形将目标传递到目的地。在研究这类问题时，群体的体系结构和学习也是主要的研究主题。

3. 多机器人系统的性能指标

各个应用领域要求多机器人系统有很高的性能，这些性能有下列衡量指标。

(1) 鲁棒性：对机器人出现故障具有鲁棒性。因为许多应用要求连续的作业，即使系统中的个别机器人出现故障或被破坏，这些应用要求机器人利用剩余的资源仍然能够完成任务。

(2) 最优化：对动态环境有优化反应。由于有些应用领域涉及的是动态的环境条件，具有根据条件优化系统的反应能力成为能否成功的关键。

(3) 速度：对动态环境反应要迅速。如果总是要求将环境信息传输到别的地方进行处理才能做出决策，那么当环境条件变化很快时，决策系统就有可能不能及时提供给机器人如何行动的指令。

(4) 可扩展性：根据不同应用的要求易于扩展以提供新的功能，从而可以完成新的任务。

(5) 通信：要有处理有限的或不太好的通信能力。要求应用领域为机器人之间提供理想的通信效果，这在许多情况下是不现实的。因此，协调体系结构对通信失效要具有很强的鲁棒性。

(6) 资源：合理利用有限资源的能力。优化利用现有的资源，是优化多机器人协调的重要因素。

(7) 分配：优化分配任务。多协调机器人系统中一个主要难点就是确定个体机器人的任务，这是设计体系结构时要考虑的重要因素。

(8) 异构性：能够应用到异构机器人团队的能力。为了易于规划，许多体系结构以同构机器人为假设条件。如果是异构机器人的情况，协调问题将更困难。成功的体系结构应当对同构机器人和异构机器人都适用。

(9) 角色：优化指定角色。许多体系结构将机器人限于完成一种角色的功能，但机器人拥有的资源可以完成多种任务。优化指定角色可以使机器人根据当时可以利用的资源尽可能地完成多个角色的功能，并且随着条件的变化而变化。

(10) 新输入：有处理动态新任务、资源和角色的能力。许多动态性应用领域要求机器人系统能够在运行过程中处理一些变化，如处理新分配的任务、增加新资源或引进新角色。所有这些都由体系结构支持。

(11) 灵活性：易于适应不同的任务。由于不同的应用有不同的要求，因此通用的体系结构需要具有针对不同的问题轻松重新配置的能力。

(12) 流动性：易于适应在操作过程中增加或减少机器人。一些应用要求可以在系统运行过程中添加新的机器人成员。同样，在执行任务的过程中系统也要具有适应减少成员或成员失效的能力。合理的体系结构可以处理这些问题。

(13) 学习：在线适应特定的任务。虽然通用的系统非常有用，但将它用于特定应用时，通常需要调整一些参数。因此具有在线调整相关参数的能力是非常吸引人的，这一点在将体系结构转移到其他应用时可节省许多工作。

(14) 实现：能够在物理系统上实现和验证，和其他问题一样，用实际的系统证实更能令人信服。然而要想成功实现物理系统，需要解决那些在仿真软件系统上不能发现的细节问题。

9.2.2 多机器人系统研究内容

1. 多机器人系统研究需借鉴的学科

由于协作机器人学是一个高度交叉的学科，研究协作多机器人系统需要借鉴这些学科知识或解决某些问题的理论和方法。具体来说，这些学科有：

1) 分布式人工智能(Distributed Artificial Intelligence，DAI)

DAI 主要研究由智能体组成的分布式系统，它分为两个部分：分布式问题求解(Distributed Problem Solving，DPS)和多机器人系统(Multi-Agent System，MAS)。DPS 主要研究利用多个智能体解决同一个问题，智能体独立地解决每个子问题或子任务，并周期性地进行交流结果。DPS 中至少有三方面可以供多机器人系统借鉴，即问题分解(任务分配)、子问题求解以及解综合。

MAS 研究多机器人的群体行为，这些智能体的目标存在潜在的冲突。MAS 可以供协作多机器人学借鉴的东西不只是 MAS 的一些具体的结论，更重要的是它的方法，如 Agent 建模方法、Agent 的反射式行为驱动策略、Agent 的拓扑结构、组织方法、多机器人 Agent 系统的框架、通信协议、磋商和谈判策略以及系统的实现方法等。

2）分布式系统(Distributed System)

多机器人系统实际上就是一个分布式系统的特例，因此分布式系统是解决多机器人系统问题的重要思想来源。但分布式计算仅仅提供理论基础，具体的应用还要具体分析。利用多机器人系统与分布式计算系统的相似性，一些学者已经利用分布式系统的理论试图解决死锁、消息传递、资源分配等问题。

3）生物学(Biology)

生物学中蚂蚁、蜜蜂及其他群居昆虫的协作行为提供了有力的证据，即简单的智能体组成的系统能完成复杂的任务。这些昆虫的认知能力非常有限，但通过交互就可以出现复杂行为。研究其自组织机制和合作机制，对于实现多机器人系统的协作将很有帮助。

2. 多机器人系统研究的主要内容

总体来说，多移动机器人的主要研究内容包括体系结构、通信、任务分配、环境感知与定位、可重构机器人以及多移动机器人的学习理论等。多机器人系统是一个复杂的系统，研究的内容涉及方方面面，主要有：

1）群体的体系结构

体系结构是多机器人系统的最高层部分和基础，多机器人之间的协作机制就是通过它来体现的，它决定了多机器人系统在任务分解、分配、规划、决策及执行等过程中的运行机制以及系统各机器人成员所担当的角色，如各机器人成员在系统中的相对地位如何，是平等、自主的互惠互利式协作，还是有等级差别的统筹规划协调。

一般地，根据系统中是否有组织智能体为标准，将体系结构分为集中式控制和分布式控制，分别如图 9.3 和图 9.4 所示。

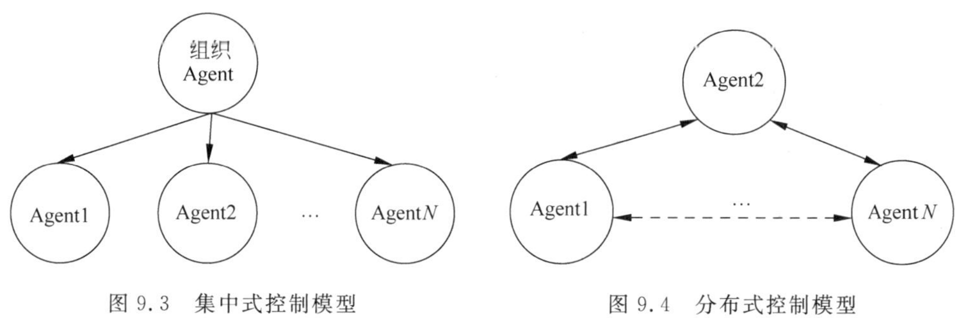

图 9.3　集中式控制模型　　图 9.4　分布式控制模型

(1) 集中式结构。

集中式结构以有一个组织智能体为特点，由该组织智能体负责规划和决策，其协调效率比较高，减少了用于协商的开销，最突出的优点是可以获得最优规划；但难以解决计算量大的问题，因此其实时性和动态特性较差，不适用于动态、开放的环境。

(2) 分布式结构。

分布式结构没有组织智能体，个体高度自治，每个机器人根据局部信息规划自己的行为，并能借助于通信手段合作完成任务，其所有智能体相对于控制是平等的，这种结构较好地模拟了自然社会系统，具有反应速度快、灵活性高、适应性强等特点，适用于动态、开放的任务环境。但这种结构增加了系统的复杂性，由于没有一个中心规划器，所以难以得到全局最优的方案，还可能带来通信的巨大开销。

普遍的看法是分布式结构在某些方面(故障冗余、可靠性、并行开发的自然性和可伸缩性等)比集中式结构要好。

另外,有的学者将分布式结构和集中式结构相结合,相互取长补短,系统中的组织智能体对其他个体只有部分的控制能力。

虽然许许多多机器人协作结构已经在机器人系统上得到了实现,并取得了不同程度的成功,但都需要满足一定的前提条件。至今仍然没有一种通用的体系结构可以满足在动态环境中多机器人有效协作的所有准则。

2) 通信与协商

为进行合作,多机器人之间要进行协商。协商从形式上看是合作前或合作中的通信过程。因此,通信是多机器人系统动态运行时的关键。一些研究虽然在探讨无通信的合作,但依据通信使系统效率得到提高是更实际的。

按照交互方式可以将通信分为三类:

(1) 通过环境实现交互。

通过环境实现交互,即以环境作为通信的媒体,这是简单的交互方式,但机器人之间并没有明确的通信。

(2) 通过感知实现交互。

通过感知实现交互,即机器人之间距离在传感器感知范围之内时,可以相互感知到对方的存在,感知是一种局部的交互,机器人之间也没有明确的通信。这种类型的交互要求机器人具有区分机器人与环境中物体的能力。多机器人系统由于每个机器人都可能具有自己的传感器系统,整个系统的传感器信息融合和有效利用是一个重要问题。

(3) 通过明确的通信实现交互。

通过明确的通信实现交互时机器人之间有明确的通信,包括直接型通信和广播型通信。

目前计算机网络技术的迅速发展,为分布式信息处理系统带来极大的便利。多机器人系统作为典型的分布式控制系统之一,网络结构将是其特征之一。但是,多机器人系统的通信与面向数据处理与信息共享的计算机网络通信有很大的不同。

3) 学习

找到正确的控制参数值,从而导致协作行为对于设计者来说是一项花费时间且困难的任务。学习是系统不断寻找或优化协作控制参数正确值的一种手段,也是系统具有适应性和灵活性的体现。因此,人们希望多机器人系统能够学习从而优化控制参数完成任务,且能适应环境的变化。强化学习(reinforcement learning)是多机器人协作系统中经常使用的一种学习方式。

4) 建模与规划

智能体对与之协作的其他智能体的意图、行动、能力和状态等进行建模,可使智能体之间的合作更有效。当智能体具有对其他智能体行为进行建模的能力时,对通信的依赖也就降低了。这种建模要求智能体能够具有关于其他智能体行为的某种表达,并依据这种表达对其他智能体的行动进行推理。

5) 防止死锁与碰撞

多个智能体机器人在共同的环境中运行时,会产生资源(时间和空间)冲突问题。碰撞实际上也是一种资源冲突。在解决资源冲突的过程中,如果没有适当的策略,系统会造成一种运行的动态停顿。通过规划(事先确定某些规则、优先级等),可以避免一部分死锁与碰撞。

6) 合作

智能体之间能否自发地产生合作,合作动机是什么? 这是令人感兴趣的问题。目前的多机器人系统研究中几乎都是人为地假设了合作必然发生。

McFarland 定义了自然界中的两种群体行为:

(1) 纯社会行为可以在蚂蚁或蜜蜂这一类昆虫群体中发现,是个体行为进化所决定的行为。在这样的社会中,个体智能体的能力十分有限,但从它们的交互中却呈现出了智能行为。这种行为对生态群体中个体的生存是绝对必要的。

(2) 协作行为是存在于高级动物中的社会行为,是在自私的智能体之间交互的结果。协作行为不像纯社会行为,不是由天生行为所激发的,而是由一种潜在的协作愿望,以求达到最大化个体利益所驱动的。

生物学系统的群体行为是有启发的,但在目前机器人的智能水平上实现也许为时尚早,但这个问题的研究会有助于实际系统的设计与实现。

7) 多机器人控制系统的实现

多机器人控制器与传统的机器人控制器将有很大的区别,它不仅要求较高的智能与自治的控制能力,而且要有易于协作、集成为系统工作的机制与能力。在控制器实现时,要具备支持协作的新软件和硬件体系结构,如,编程语言、人机交互方式、支持系统扩展的机制等。

在具有分布式控制器的多机器人系统中,构造与实现系统(包括支持多机器人协调合作的问题求解或任务规划机制,控制计算机系统架构,分布式数据库等)应能使系统具有柔性、快速响应性和适应环境变化的能力。

9.2.3 多机器人系统应用领域及发展趋势

通过机器人之间合作,多机器人系统整体上能呈现高级智能行为,而单个复杂机器人不一定能拥有这样的智能行为,多机器人合作系统的研究可以从社会科学(组织原理、经济学等)、生命科学(动物行为学和心理学等)等学科领域得到有益的启示,更好地了解多机器人系统的内在特性,发挥多机器人系统的潜在优势,因此它的潜在应用领域非常广泛。

1. 自动化工厂

工业领域未来自动化生产线中,通过高效、高鲁棒性的异质多以多机器人系统的协作可以担负起人类的作用,如,组织物料运输;生产加工和其他一些复杂的任务,如,高楼大厦及大型空间设备的装配;在一些危险环境或恶劣环境中可以代替人类自主完成一些复杂作业,如,机器人扫雷、清扫核废料及清扫灾区;以及多农业机器人系统完成重体力和单调重复工作,如,喷洒农药、收割及分选作物。

2. 科学领域

医学领域中大量的微机器人进入肠道、胃或血管等人体内狭窄部位进行检查,发现和修补病变;军事领域使用机器人群体进行侦察、巡逻、排雷和架设通信设施等;航天领域利用机器人群体进行卫星和空间站的内外维护以及星球探索是可行的和有意义的,利用系统内机器人能力的冗余性提高完成任务的可能性,增强系统的性能,如柔性和鲁棒性等。

3. 教育及娱乐系统

机器人玩具、教育工具及娱乐系统越来越风行，如机器人足球赛的仿真和实体，包括多机器人之间角色的划分、合作、决策、实时规划和机器学习等问题，涉及计算机、自动控制、传感、无线通信、精密机械和仿生材料等众多学科的前沿研究与综合集成。

4. 远地作业

这类应用于科学探险，在煤矿、火山口等高危环境下作业以及在水下培育作物；另外如协助震后搜救与营救，完成安全、有效的灾区空间搜索。

5. 智能环境

通过把计算机和日常现象联系起来，能够使原来处于人-机范围之外的事情相互作用，利用计算机来完全改善日常活动的空间。这可以应用到智能房间和个人助理。许多环境如办公楼、超市、教室及饭店很可能在今后逐渐发展成智能环境。在这些环境中，智能体将会监视资源的优化使用，也会解决资源使用方面的冲突，智能体还要跟踪环境中对各种资源的需求。另外，进入环境中的每个人都会拥有一个智能体，该智能体的目标是为用户优化环境中的条件。

9.3 多机器人系统实例：多机器人编队导航

多机器人编队导航是典型的多机器人系统协作课题。多机器人编队导航是指机器人群体通过传感器感知周边环境和自身状态，协作完成编队，实现在有障碍物的环境中向目标运动。

9.3.1 多机器人编队导航简介

编队导航行为在自然生物群中随处可见，如，大雁列队飞行、鱼群结队游行、狼群编队捕食等；在人类活动中，编队导航也被广泛应用，如军事上的机群编队、航母军舰混合编队等。

多机器人编队导航控制是指多个机器人编队向目标行进过程中，保持某些队形，同时又要适应环境约束的控制技术；同时包括保持队形，根据环境约束而变换队形，以及驱动机器人根据队形需要到达指定位置的控制过程。多机器人编队导航是多机器人系统协同完成任务的前提，已经被广泛应用于国防和民用领域。

多机器人编队导航的关键技术包括如下几种。

1. 多机器人协同定位

多机器人协同定位在编队导航过程中起到至关重要的作用，自主移动机器人只有准确地知道自身位置，以及编队的其他成员机器人的位置，才能安全有效地进行运动协作。

2. 路径规划

路径规划的基本思想是寻找一条从起始点到目标点的无碰撞的最优或近似最优的路径为编队的机器人群组规划一条从初始化位置到目标地的路径，并包括在导航过程中，避开静态和动态障碍物，以及避免与队列中其他机器人之间的冲突。

3. 多机器人通信

多机器人之间的信息交互，是多机器人系统协作的前提，多机器人通信研究包括通信方式、通信策略等方面的研究。

4. 合作编队

合作编队包括队列初始化和队形保持、变换。队形保持与变换，指编队机器人群组在导航过程中，根据需要保持或变换机器人之间的位置关系。编队导航都是机器人群组协同完成任务的前提条件，并非物理意义上多个机器人简单的几何排列，具体考虑因素主要包括协调与合作。

9.3.2 多机器人编队导航模型

1. 集中式：领导-跟随(Leader-Follower)编队导航模型

Leader-Follower 结构，即领导-跟随编队的基本思想是编队的机器人群体中，某些机器人被指定为领队机器人，其他的作为跟随者。跟随者同各自的领队机器人之间存在位置和方向上的关系。

1) 基本原理

领导-跟随编队控制器有两种形式：

(1) l—ϕ 控制器。根据距离与角度两个量来控制机器人位置，该算法控制跟随机器人与领队机器人维持某个固定的距离与角度。

(2) l—l 控制器。利用三角形几何特性来控制机器人位置，该算法考虑三个机器人，跟随者与两个领队机器人之间达到某个固定距离，则认为队形稳定。

领导-跟随编队方法一般应用自上而下的三层编队控制算法。

(1) 领队机器人规划层。决定一个机器人为领队机器人，领队机器人负责规划所有跟随机器人到达目标的路径。

(2) 领队-跟随机器人配对层。除了第一层的领队机器人外，其他所有机器人都要选择一个邻近的机器人作为跟自己配对的领队机器人，所以包含 n 个机器人的队列，将会出现 $n-1$ 个领队-跟随机器人，每个跟随机器人尽量保持与配对的领队之间的距离与角度。

(3) 实体控制层。领队机器人控制协调成员机器人的运动，以及将整个队列向目的地带领，跟随机器人控制器保持与主机器人相对位置关系，以及在行进过程中避让障碍物。

2) 特点

只要给定领队机器人的行为或轨迹就可以控制整个机器人群体的行为。给定领队与跟随机器人之间的相对位置关系，就可以形成不同的网络拓扑结构，也就是形成不同的队形。

这种方法不足之处在于系统中没有明确的队形反馈，如果领队机器人前进速度太快，那么跟随机器人就有可能不能及时跟踪，另外如果领队机器人失效，那么整个队形就会无法保持。

2. 分布式：基于行为的方法(behavior-based)

基于行为的控制方法主要是通过对机器人基本行为以及局部控制规则的设计使得机器人群体产生所需的整体行为。

1) 基本原理

基于行为的控制方法定义了一个包含机器人的简单基本行为的行为集，机器人的行为包括避障、驶向目标和队形保持，机器人在受到外界环境刺激做出反应等。而行为决策则通过一定的机制来综合各行为的输出，并将综合结果作为机器人对环境刺激的反应而输出。

基于行为的队形控制中，在对各行为输出的处理上主要有三种行为选择机制。

(1) 加权平均法。将各个行为的输出向量乘以一定的权重再求出它们的矢量和，权值的大小对应相应行为的重要性矢量和经过正则化后作为机器人的输出。

(2) 行为抑制法。对各个行为按一定的原则规定优先级，选择高优先级行为的输出作为机器人的输出，也就是高优先级的行为抑制低优先级的行为。

(3) 模糊逻辑法。根据模糊规则综合各行为的输出，从而确定机器人的输出。

2) 特点

基于行为的队形控制方法的优点在于：当机器人具有多个竞争性目标时，可以很容易地得出控制策略。由于机器人根据其他机器人的位置进行反应，所以系统中有明确的队形反馈，易于实现分布式控制。其缺点在于不能明确地定义群体行为，很难对其进行数学分析，并且不能保证队形的稳定性等。

3. 分布式：虚拟结构法(virtual structure)

虚拟结构法是借鉴刚体以多自由度在空间中运动的状态提出的，当刚体以多自由度在空间中运动时，虽然刚体上各个点的位置在变化，但是它们之间的相对位置是保持不变的。

1) 基本原理

设想把刚体上的某些点用机器人来代替，并以刚体上的坐标系作为参考坐标系，那么当刚体运动时，机器人在参考坐标系下的坐标不变，机器人之间的相对位置也就保持不变，也就是说，机器人之间可以保持一定的几何形状，它们之间形成了一个刚性结构，这样的结构被称为虚拟结构。

在虚拟结构法中，协作是通过共享虚拟结构的状态等知识实现的。虚拟结构法的实现过程分为三步：

(1) 定义虚拟结构的期望动力学特性。

(2) 将虚拟结构的运动转化为每个机器人的期望运动。

(3) 得出机器人的轨迹跟踪控制方法。

2) 特点

虚拟结构法的优点是，简化了任务的描述与分配，用刚性结构来描述队形，具有较高的队列控制精度，可以很容易地确定机器人群体的行为(虚拟结构的行为)，并可以进行队形反馈，能够取得较高精度的轨迹跟踪效果；机器人之间没有明确的功能划分，不涉及复杂的通信协议。

虚拟结构法的缺点在于具备刚性结构，自由度与灵活性受到限制，导致容错能力下降，要求队形向一个虚拟结构运动，因此也就限制了该方法的应用范围。

9.3.3 多机器人编队的应用

多机器人编队导航是多机器人系统协同完成任务的前提，已经被广泛应用于国防和民用领域。

1. 军事机器人作战群

随着现代战争形态逐渐由机械化战争向信息战争、智能战争转变，组建智能机器人部队已成为各发达国家战略发展的重要目标。这些在战场部署的各种战争机器人，包括机器人步兵、机器人炮手、机器人侦察兵、机器人防化兵和机器人步战车等。

实际战争中，各异构机器人战士装备相应的传感器，通过对战场环境的感知，实现对战友及敌军的定位，这是编队导航完成战斗任务的重要条件。同时，通过对战场复杂地形的感知，规划有效前进路径。大规模的异构机器人部队，从陆地、空中编队形成进攻之势，各机器人战士具备不一样的战斗能力，彼此协同互补，完成战斗任务。

2. 野外勘探机器人群

勘探工作往往需要在复杂的地形，多变的环境，且充满了潜在威胁的区域进行，机器人正可以代替人类从事高危作业。野外勘探机器人团队编队出行，需要有一定的智能程度，除了局部勘探专业能力外，还能自主定位，适应复杂地形，以及跟人类沟通交互的能力。为应对野外的高危环境，各机器人之间时刻保持局部位置上的某种关系，通过能力上的互补，及增加冗余度来增强多机器人系统的鲁棒性。

3. 救灾机器人群

多机器人按照某个几何队形编队开赴灾难现场，首先利用外部传感器，对自身位置及周边环境进行定位，结合队列中各个体的当前位置几何模型，对现场进行二维或三维重构，重建灾难现场地图。灾难现场往往地形比较复杂而不易行动，搜救机器人按照实际地形环境，编排搜救队列，有条不紊地实施搜救任务。

搜救过程也会碰到很多需要多机器人合作搬运的情形，这实际上是一个具有约束条件下的多机器人系统队形保持问题。在该问题中对多机器人系统的约束条件是，参与搬运工作的各个机器人的空间相对位置保持不变，每个机器人必须具有相同的运动速度和运动方向。

第 10 章　“未来之星”智能机器人实践平台

“未来之星”智能机器人是一款由北京博创兴盛机器人技术有限公司生产的，面向高校机器人技术教学的实验平台。该平台通过机载威盛高集成度的 Nano-TX 主板(1.2GHz 的威盛 CoreFusion 处理器平台)，以 Windows 操作系统为支持，用户可以直接采用 VC++ 6.0 环境开发上位机程序，来完成一系列机器人控制实验，如，路径规划、语音交互、图像识别、动作编辑等。

10.1　“未来之星”组成架构

10.1.1　硬件系统

“未来之星”机器人的局部外观及内部结构如图 10.1 所示，各项性能指标参数如表 10.1 所示。以智能、识别、群体、网络、移动、执行、交互、感知作为最重要的设计要求，充分涵盖家用机器人开发所需要的各方面技术支持；同时，PC 系统集成到机器人内部，能更为便捷地开发高端应用程序，是辅助智能机器人理论课程教学的优质实验平台。

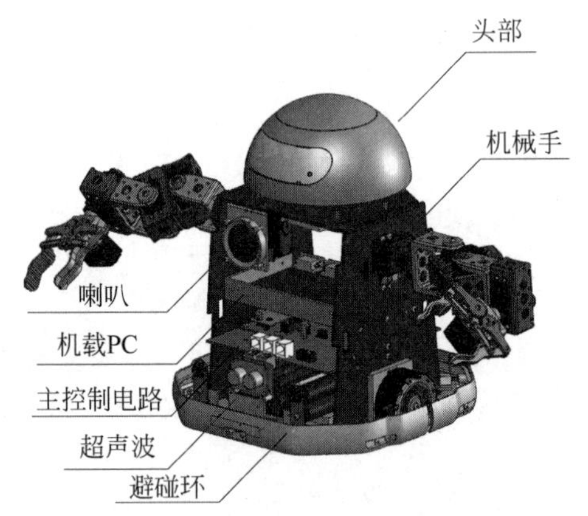

图 10.1　“未来之星”机器人局部外观及内部结构图

表 10.1　“未来之星”机器人的性能指标参数

内　容	参　数	备　注
标准尺寸 长×宽×高	215mm×315mm×320mm	带机械臂
重量	6kg	带机械臂
额定电压	24V	

续表

内　容	参　数	备　注
工作电流	2.5A	带机械臂
驱动方式	轮式,直流电机驱动	伺服电机
电池	4.8Ah 锂离子电池	
最大速度	1m/s	24V
最小速度	0.001m/s 0m/s	能够闭环控制 能够锁定位置
工作时间	2 小时	

图 10.2 为“未来之星”软硬件系统架构。分为运动/执行控制层、传感/底层决策层、决策控制层以及用户层四个层面的设计。用户层主要是用户控制的上位 PC 与机器人之间的联网控制,运动/执行控制层、传感/底层决策层、决策控制层则是机器人本身所划归的三个架构层次。各层的功能与原理详述如下:

1. 用户层

用户层硬件主要是由一台高性能的 PC 与通信模块(比例如无线网络、无线电台等)组成。软件方面主要有通信类、运动控制类、传感器反馈类等。用户层可以通过网络或无线电通信查询机器人的有关信息,比如图像信息、超声信息、红外信息、陀螺仪姿态信息、倾角计姿态信息、机器人自身状态信息等。用户层也可以直接干预机器人的控制,并修改机器人自主决策的结果。

2. 决策控制层

决策控制层硬件与用户层相同。决策控制层实际上是一组程序(Windows 下运行的进程),可以完成漫游、寻光、跟踪目标等自主功能。通过组合,可以实现更加复杂的自主决策。

3. 传感/底层决策层(行为层)

传感/底层决策层主要由搭载在 RS-485 全双工总线上的多个电路模块构成。每个电路模块可以接受上位机的指令要求获取一些传感器信息,或者完成对某些执行控制层部件的逻辑控制(而不是实际的控制或驱动)。在此之外,这一层的部分模块具备应激行为的能力,例如避碰、利用惯性传感器自动锁定航向等。

4. 控制执行层

这一层包括电机伺服控制器、舵机控制器等。MultiFLEX 控制卡搭载到机器人的总线上,当作一个控制执行节点来使用。这一层接受来自上层的控制指令,处理大量高速原始数据,并用简单的算法完成对执行器的自动控制,以及对传感器的有效读取,并把信息传递给上层。

整个系统基于全双工总线设计,系统配置采用一台主机(机载 PC)多台从机的组合方式。从机指运动控制卡、MultiFlex 控制卡,超声波传感器及其他的扩展设备,从机搭载在 RS-422 总线上服从主机发出的各种任务指令。从系统架构中可以看出,机载 PC 主机作为机器人大脑,通过分析从传感/底层决策层上传的传感器信号,同时响应直接连到 PC 相应端口上的摄像头、麦克风、无线网卡、喇叭、液晶屏等各种 PC 外围设备,采用 RS-232 与运动执行控制器进行通信,完成机器人行为决策控制。

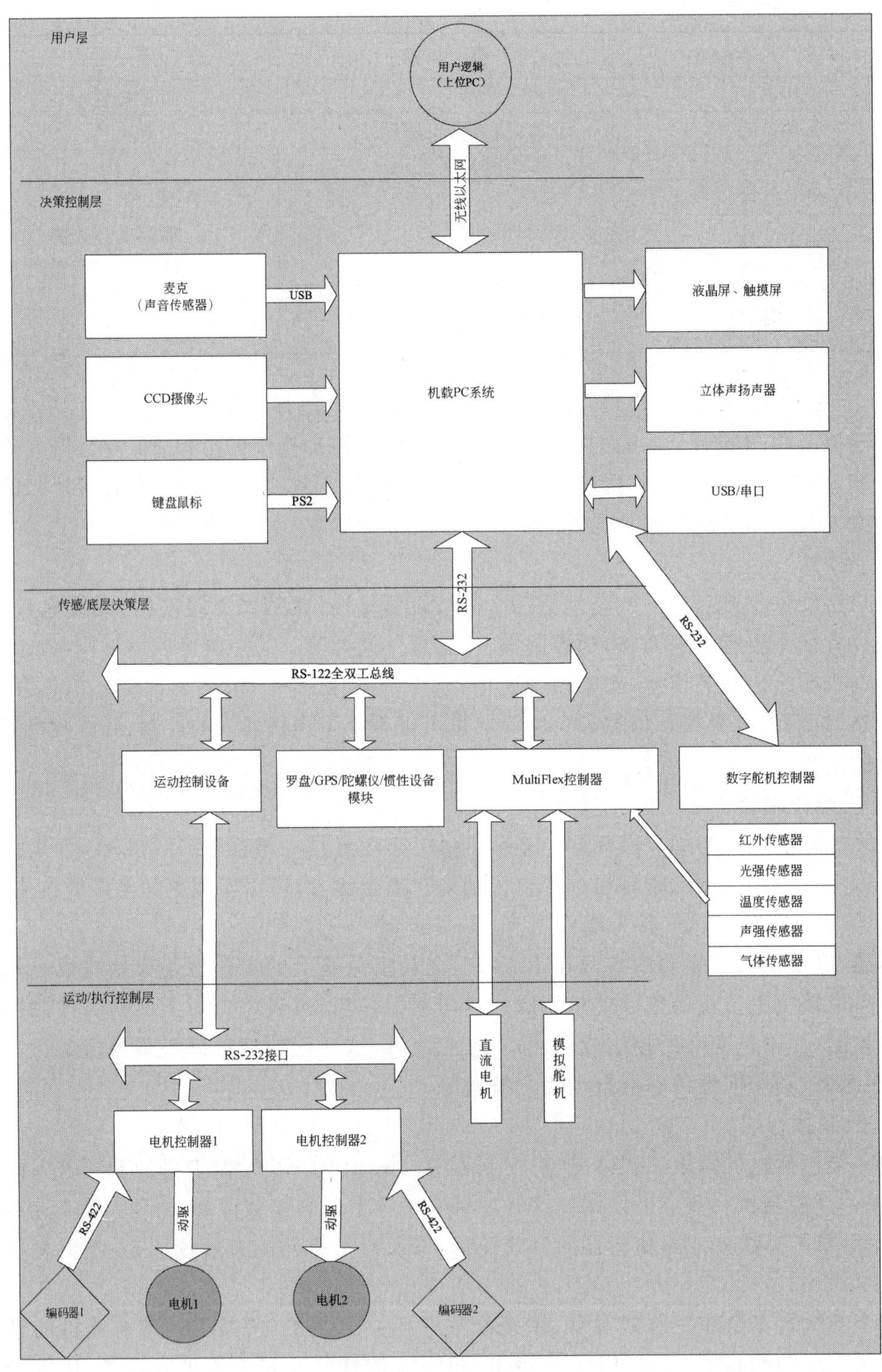

图 10.2 “未来之星”系统架构

以系统一个查询响应周期为例，PC 通过 RS-232 给控制系统主板发 1 条超声波数据查询指令，主板电路将这条指令转化为 RS-422 总线指令，并传递给任何搭载在主板上的 RS-422 设备。超声波传感器从主板的 RS-422 总线上获得这条指令，就将当前障碍物距离值以 RS-422 电平形式将数据返回主板 RS-422 总线上，主板变换电平为 RS-232 并发送给 PC，PC 收到超声波的距离值判断机器人与障碍物的距离，并做出前进或者后退等决策，并以 RS-232 指令发给主板，主板将其变换为 RS-422 指令发给运动控制卡，控制器控制驱动器和电机做出相应的动作，让机器人完成前进或者后退。

10.1.2 软件系统

"未来之星"软件系统开发平台 FStar，沿用了 Voyager Ⅱ 平台所采用的基于行为的控制思想，编码方式遵循面向对象的设计风格，通过各种抽象对象的组合来组织代码，条理清晰且便于理解。软件系统的架构设计如图 10.3 所示。分为硬件通信层、指令协议解析层、行为层和决策层。

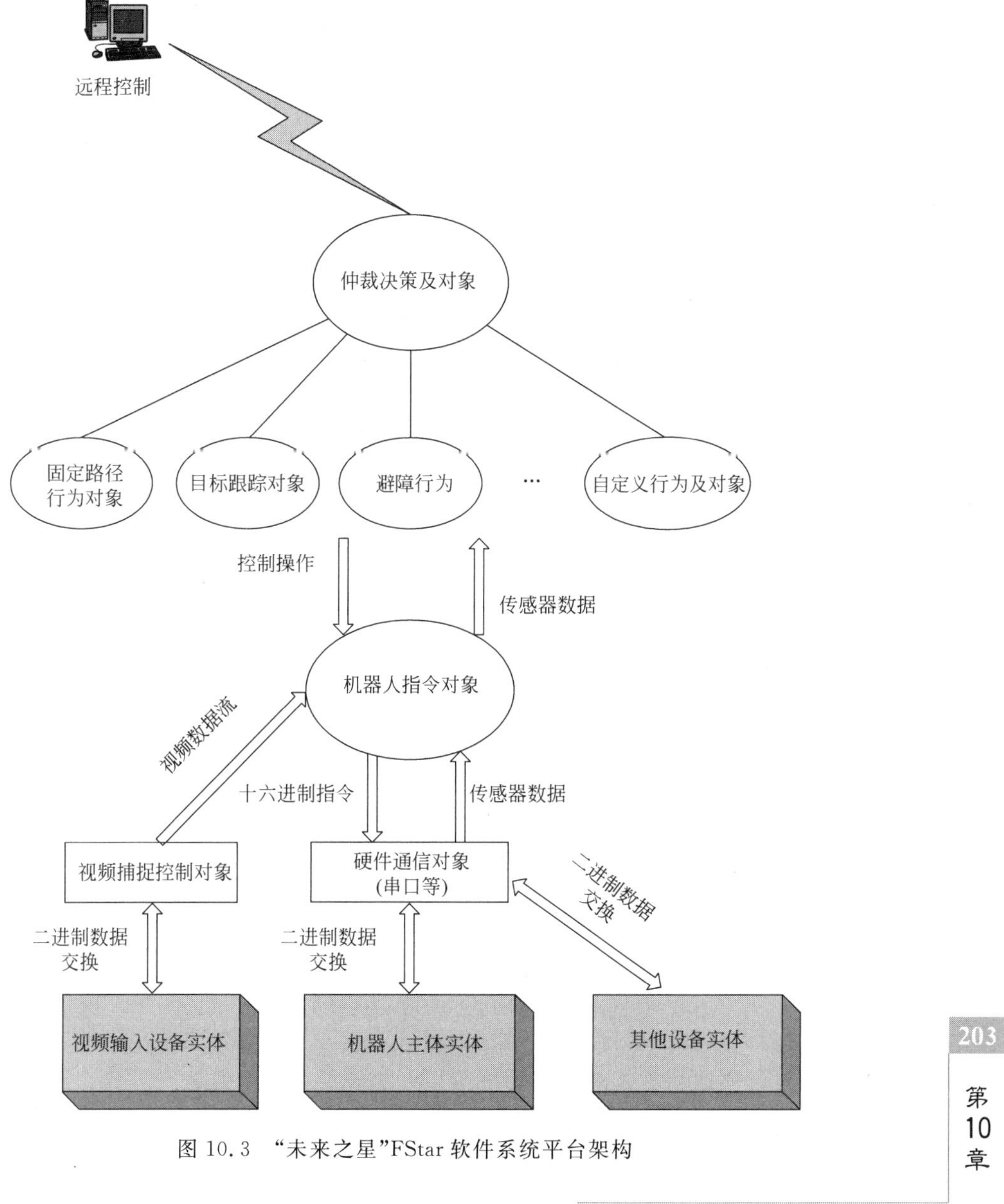

图 10.3 "未来之星"FStar 软件系统平台架构

目前，所拥有的 FStar 软件平台为 2.2.1 版，软件源码开放，因此，我们可以在现有的系统功能上增添或修改相关的功能函数，以更好地满足实验设计的要求。在实验过程中，也可以借助无线以太网，通过远程计算机（远程 PC）进行控制。机载 PC 和远程 PC 都是使用 FStar 软件进行“未来之星”所有功能的演示操作。

在软件开发过程中，我们需要引起注意的是视频捕捉控制对象，相对其他基于 IPhy 基类派生的硬件实例类有所区别。视频捕捉控制对象是一个基于微软 DirectShow 技术的封装对象，适用于所有具有 WDM 驱动的视频捕捉设备，以及部分 VFW 驱动采集卡。对应的类为 CCaptureVideo 类，该类的接口实现了视频捕捉设备的枚举和选择，以及静态图片与持续视频流的捕捉。同时，还预留了视频流原始数据的入口，可以很便利地对获取的视频图像进行实时的处理。

如图 10.4 所示，通过一个避碰跟球任务作为例子，了解软件系统各层次之间的调用关系。

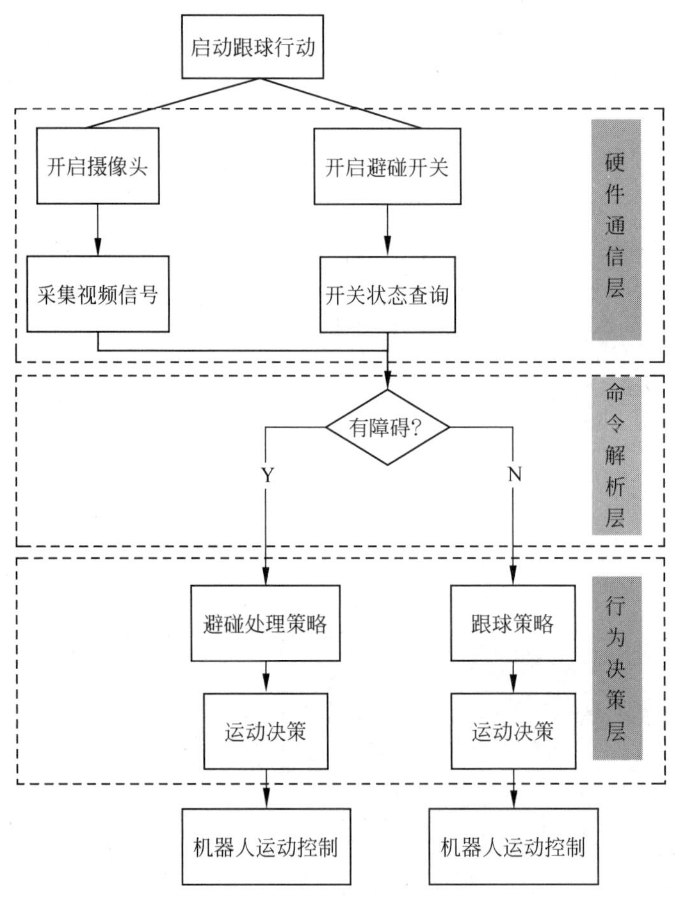

图 10.4　执行避碰跟球任务的程序设计调用关系

首先，机器人启动跟球行动并开始避碰开关状态查询，摄像头采集到的图像数据和避碰开关数据通过硬件通信方式均返回给决策层。决策层首先对避碰开关状态进行判断。如果有障碍，进入避障处理策略；如果没有障碍，进入跟球策略。跟球策略计算得出的结果，又通过命令解析层和硬件层，传递到机器人底层执行机构（电机）得到执行。

10.2 机器人的信息感知与融合

"未来之星"机器人标配 5 种传感器，即超声波传感器、红外传感器、光敏传感器、温敏传感器、接触开关。同时可以选配陀螺仪和倾角计模块、声强传感器、长距离红外传感器等机器人常用传感器。

10.2.1 超声波传感器

"未来之星"所搭载的是一款简单易用、高精度、低能耗的超声波传感器模块。超声波模块搭载在主板 485 总线上，每次测量操作，模块产生 20 个 40kHz 超声波信号驱动超声波发送换能器发出超声波，同时模块内部的定时器开始计数。如果超声波接收换能器接收到信号，通过放大器对接收到的微弱超声波反射波进行放大，再检波输出到单片机，单片机进行比较判断，得到超声波传播时间 t。这时，热敏电阻测量一次环境温度，根据以下公式计算出测量距离。

超声速度：

$$C = 331.5\mathrm{m/s} + 0.6 \times T \tag{10.1}$$

其中 T 为摄氏温度；

距离：

$$L = C \times t/2 \tag{10.2}$$

其中 t 为超声波传播时间。

由于超声波也是一种声波，其声速与温度有关。在使用时，如果温度变化不大，则可认为声速是基本不变的。如果测距精度要求很高，则应通过温度补偿的方法加以校正。

如图 10.5 所示，模块的有效测量角度为 60°。

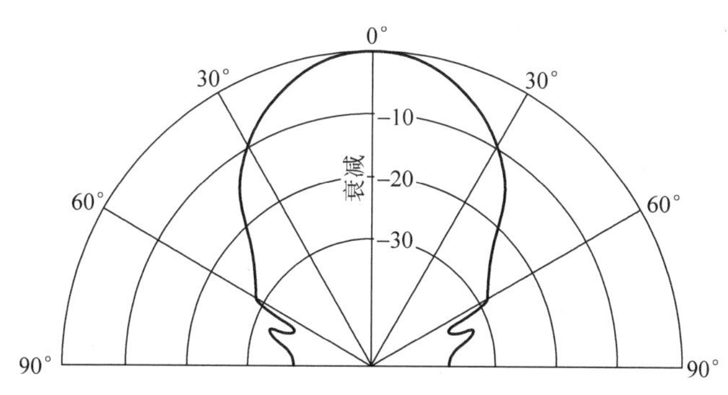

图 10.5 测量角度示意图

由于超声波模块搭载在主板的 485 总线上，在"未来之星"上扩展 485 接口需采用 14 针 IDC 接头，如图 10.6 所示。定义如下：

1：GND 电源地

2：GND 电源地

3：+5V 电源+5V 输入

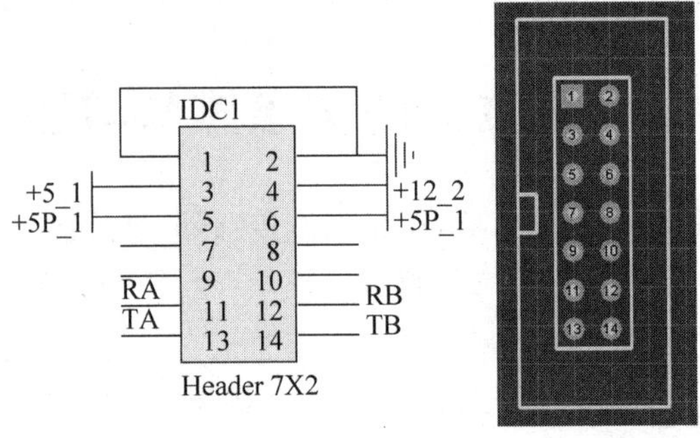

图 10.6　IDC 接头

11：RA　RS485 总线接收 A

12：RB　RS485 总线接收 B

13：TA　RS485 总线发送 A

14：TB　RS485 总线发送 B

超声波模块的波特率为 19200BPS，无奇偶效验，一位停止位。本指令可启动一次超声波测量，测量成功返回 16 位距离数据，如果测量失败将返回两字节 0XFF。

10.2.2　陀螺仪和倾角计

"未来之星"上用陀螺仪传感器和倾角计来测量机器人的实时姿态信息，如图 10.7 所示。

图 10.7　"未来之星"高精度双轴倾角传感器

其温度特性优良，抗冲击能力强，长期稳定性好，采用 5V 单极供电，要达到高精度，电源波动最好在 5±0.05V 之内；比例电压输出，零点输出电压 $V_{dd/2}$，测量范围 1G(±90°)，其中倾斜方向和比例电压输出对照如图 10.8 所示。

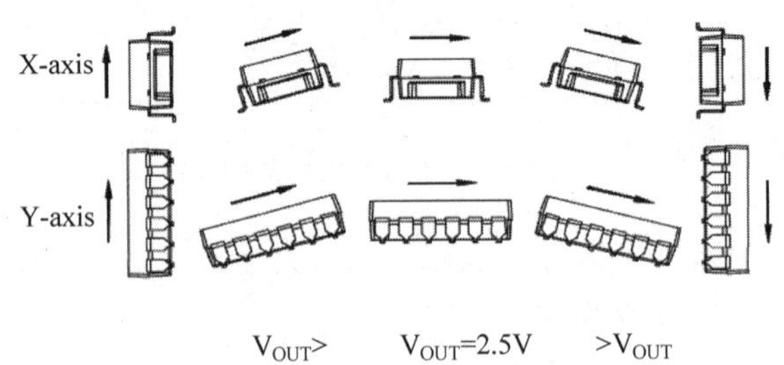

图 10.8　倾角计的倾斜方向和比例电压输出对照

1. 信号采集电路(ADRS150)

姿态测量电路的主要部分如图 10.9 所示。

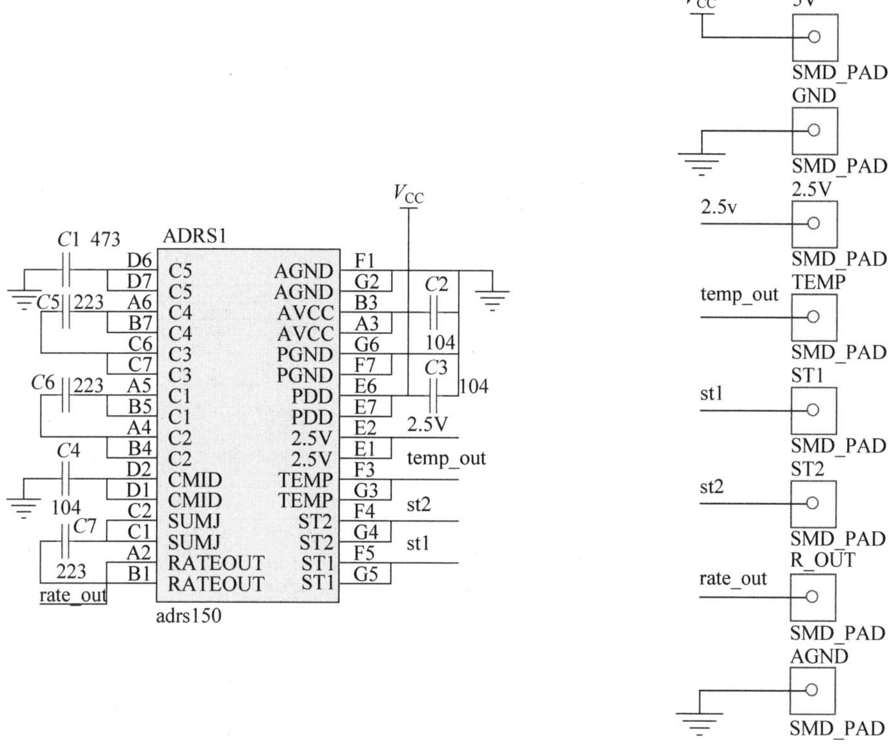

图 10.9　ADRS150 角速率陀螺仪的典型应用电路

(1) rate out 脚。输出电压与陀螺仪旋转角速率成正比,输出电压范围:0.25～4.75V;陀螺仪静止时理想输出电压为 2.5V,顺时针旋转输出电压增大,逆时针旋转输出减小。陀螺仪工作原理如图 10.10 所示。

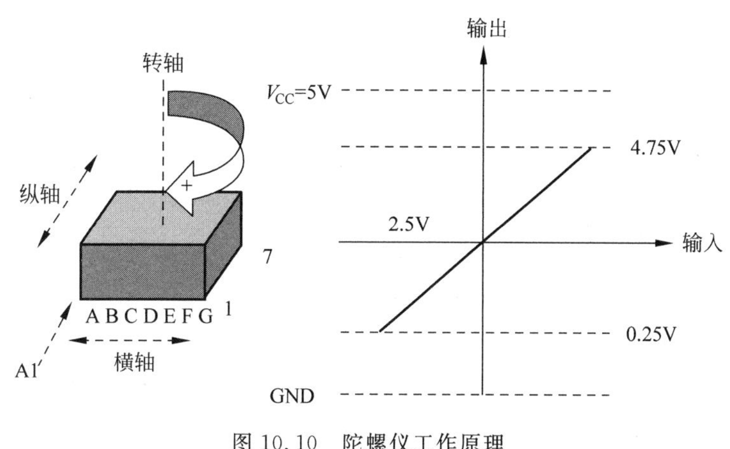

图 10.10　陀螺仪工作原理

（2）temp out 脚。输出电压，为温度补偿作参考用。

（3）st1，st2 脚。输入 TTL 高电平即可，作 self-test 用。

2. 信号处理电路（ATmega8）

陀螺仪信号处理电路如图 10.11 所示。角速率传感器输出的是标准电压信号，必须经 A/D 转换，并经过数字化处理后方能为上位机所用。下位机处理器选用的是 ATMEL 公司生产的 8 位单片机 ATMega8，其速率和功耗远胜于 C51 型单片机，且它内部集成 10 位的 A/D 转换器，转换频率可做到 12kHz，无需外围的 A/D 扩展电路，故简捷可靠。

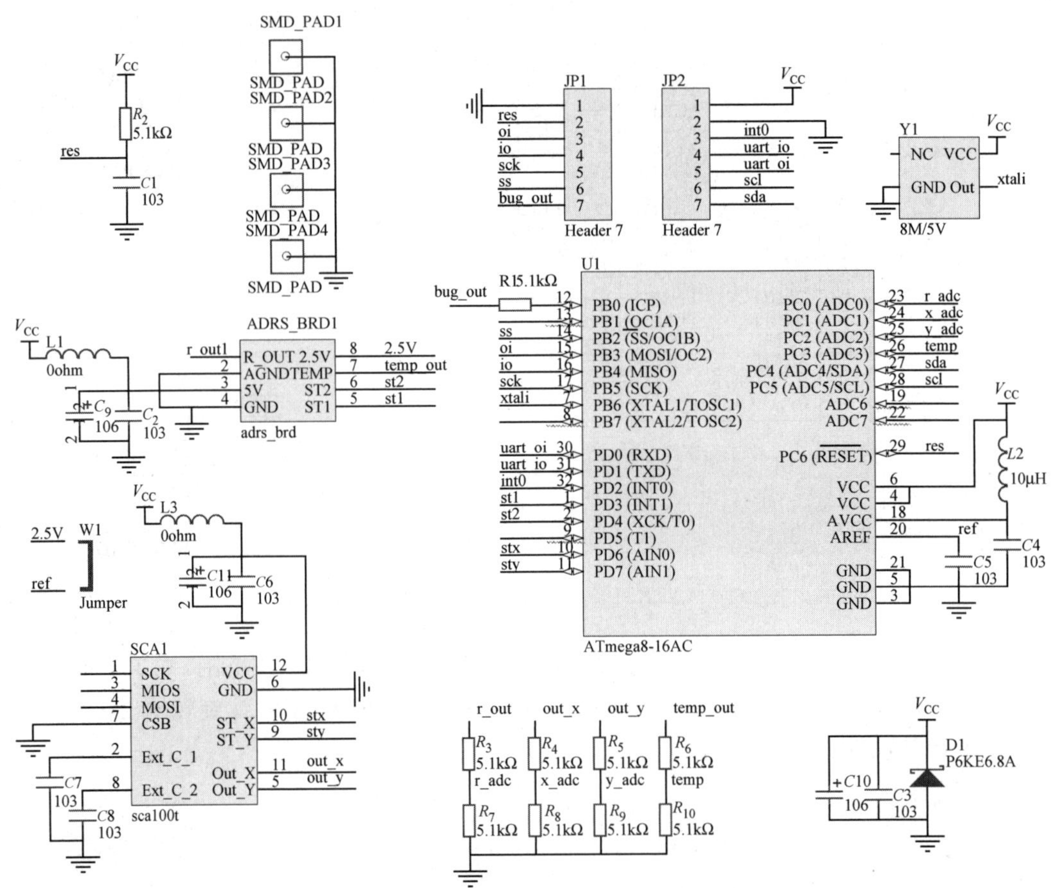

图 10.11 陀螺仪信号处理电路

3. 基于陀螺仪导航的机器人行进实验

行进实验需要在 Windows 系统中安装配置 eil μVision3 和 ads1.2 两个软件。在机器人行进过程中主要涉及转向和航向锁定功能的实现。

1）转向

当上位机发来让机器人以某一速度转过某一角度的指令，运动控制卡向两个电机驱动器分别发送运动速度指令，机器人开始转向，同时运动控制卡不断查询陀螺仪的数据，检测机器人转过的角度，当旋转的角度与上位机指令相同时，发送 STOP 指令使机器人停止转向。陀螺仪模块检测的角度已精确到 0.1°。如此，即可实现机器人转动任意角度。

其中让机器人转动任意角的指令解析如图 10.12 所示，此条指令表示：以 1500RPS 的速度左转 90°。角度参数中 03 84(十六进制数)转换位十进制为 900，再乘以最小单位 0.1°表示 90°了。方向参数：01 左转；02 右转；00 停止。速度参数：0F；调节单位为 100RPS；表示 15×100RPS。

55 aa 01 04 2e 03 84 01 0F C9

55 aa	01	04	2e	03 84	01	0F	C9
字头		帧长度	命令字	角度参数	方向参数	速度参数	校验和

图 10.12　机器人转任意角度的指令说明

2) 锁定航向

人在河中游泳时，会受到水流方向的影响，但人的游动方向一般一直保持着朝向对岸，机器人的锁定航向功能和此类似。由于人为推动、地面打滑、机械误差、左右轮直径误差等导致机器人行进时方向会和预定的有所差距；当机器人用姿态传感器进行导航时，可以实时监控行进方向，并及时纠正偏差使机器人恢复到原来的行进方向。

机器人锁定航向系列指令说明如图 10.13 所示，其中方向参数：00 停止；01 前进；02 后退。

锁定行向前进：55 aa 01 02 2C 01 0F 2D
锁定行向停止：55 aa 01 01 2C 00　2D
锁定行向后退：55 aa 01 02 2C 02 0F 2E

55 aa	01	02	2C	01	0F	2D
字头		帧长度	命令字	方向参数	速度参数	校验和

图 10.13　机器人锁定航向系列指令说明

10.2.3　其他传感器

1. 红外传感器

"未来之星"配置了两个红外传感器，可以在机器人运动时对运动边缘进行检测。

"未来之星"的红外传感器可以检测距离 1cm 左右的障碍物(距离可能有微小偏差)。在这个范围如果有障碍物时，传感器输出电压随距离的远近而线性变化。当在这个范围之外有障碍物时，传感器输出电压随距离的远近而急剧增加。在"未来之星"上，我们设定一个值，当电压低于这个值表示检测到障碍物，当电压高于这个值时表示没有检测到障碍物，相当于一个接近开关。

"未来之星"的红外传感器是 SIG/VCC/GND 三线制接口，其中 SIG 是电压输出。可以连接到 MultiFLEX 控制卡的模拟量输入通道。

2. 温度传感器

温度传感器是一个检测温度的部件。其核心采用了美国 National Semiconductor 公司的 LM35 温度传感器，接收 0～5V 的模拟信号。在室温(20℃左右)时，通过模拟输入通道采集、转换并显示在 UP-MRcommander 软件界面上的数值大约是 20，当温度升高到 70℃

左右时，传感器的输出大约是45。传感器的标称温度检测范围是0～70℃。为了传感器的安全起见，传感器不要放置在超过80℃的环境中，同时由于其并不具备防水能力，不能用于测试水温。

"未来之星"的温度传感器是SIG/VCC/GND三线制接口，其中SIG是温度信号输出。可以连接到MultiFLEX控制卡的模拟量输入通道。

3. 碰撞传感器

碰撞传感器本质上是一个按钮及其外围的电路。当按钮按下时，信号输出端输出低电平；按钮被释放时，信号输出高电平。

"未来之星"中的碰撞传感器是SIG/VCC/GND三线制接口，TTL电平，可以连接到MultiFLEX控制卡的数字量输入通道。把该通道配置为"输入模式"即可。

4. 声强传感器

声强传感器可以用来测量声音的强度，即声强级别。"未来之星"采用的声强传感器的换能器是一个驻极体电容式麦克风。通过外围的放大、滤波电路处理，其敏感频率为1～2kHz，人说话、拍手等声音，大致都属于其敏感范围之内。

"未来之星"套件中的声强传感器是SIG/VCC/GND三线制接口，可以连接到MultiFLEX控制卡的模拟量输入通道。

5. 光强传感器

光强传感器的主要作用是对可见光波长的光照强度(专业术语即"照度")敏感。其核心元件是一只对可见光敏感的光敏电阻。

"未来之星"的光强传感器是SIG/VCC/GND三线制接口，可以连接到MultiFLEX控制卡的模拟量输入通道。

多传感器信息融合技术是通过对这些传感器及其观测信息的合理支配和使用，把多个传感器在时间和空间上的冗余或互补信息依据某种准则进行组合，以获取被观测对象的一致性解释或描述。

10.3 目标检测与跟踪实验

10.3.1 实验目的

(1) 了解机器人视觉系统的基本组成与视觉计算模型。

(2) 熟悉视频采集系统的组成与图像识别系统的工作原理。

(3) 掌握图像生成、图像特征提取、图像分割以及目标检测与识别等与视觉处理紧密相关内容的基本原理，熟悉其在机器人中的应用。

10.3.2 实验基本理论

机器视觉指用计算机实现人类的视觉功能，即对客观世界的三维场景的感知、识别和理解。机器视觉的主要研究目标是建成机器视觉系统，完成各种视觉任务。要使计算机能借助各种视觉传感器获取场景的图像，而感知和恢复3D环境中物体的几何性质、姿态结构、运动情况、相互位置等，并对客观场景进行识别、描述、介绍，进而做出决断。机器视觉是一门已迅速发展的新领域，是一门多学科交叉的边缘科学，而图像处理、图像理解与机器视觉密切联系。

机器视觉是光学成像问题的逆问题，即通过对三维世界所感知的二维图像来提取出三维景物的几何物理特征。在成像过程中，有三个方面的影响是至关重要的：

(1) 三维场景投影成二维图像过程中将损失大量信息。

(2) 成像物体的灰度受场景中诸多因素的影响。

(3) 成像过程中将或多或少地引入畸变和噪声。

这些根本因素导致了视觉计算中的不适定性。因此，一方面要尽量减少上述不适定因素的影响；另一方面通过建立适当的模型，对上述因素造成的影响尽量消除。

1. 图像采集与摄像机模型

灰度图在许多图像理解和机器视觉研究中作为输入信息源。要实现场景恢复的工作，首先要采集反映场景的图像。立体成像的两个关键是图像采集设备(成像装置)和图像采集方式(成像方式)。我们生活的客观世界在空间上是三维的，因此在获取图像时要尽可能地保持场景的3D信息，并建立客观场景和所采集图像在空间上的对应性。为此需要了解成像变换和摄像机模型。

成像过程涉及不同坐标系统之间的变换，它们之间的变换计算详细过程请参考机器视觉类相关书籍。其中3D空间景物成像时涉及的主要坐标系统有：

(1) 世界坐标系统。

(2) 摄像机坐标系统。

(3) 像平面坐标系统。

(4) 计算机图像坐标系统。

与此同时，CCD(Charge-coupled Device)摄像机有很多用户可调整的操作参数：

(1) 光圈孔径大小。

(2) 曝光时间长短。

(3) 增益大小控制。

(4) 白平衡控制参数。

其中，光圈孔径、曝光时间以及增益大小都是控制镜头的进光量的大小，因此，三者也将影响被摄取图像的亮度大小。白平衡控制是为了减除环境光线对颜色的影响，通过对其参数的设置，使人眼观测起来更具真实感。

2. 图像预处理

在实际工作中，我们所拍摄的图像通常都将受到各方面因素的影响。如，场景光线、复杂地理环境等。因此，为了使后续的特征提取、图像分割以及图像目标检测、识别等核心工作能够迅速有效地进行，我们必须对摄取图像进行适当的处理。这部分工作称为图像预处理。

基于机器人视觉系统的图像预处理主要包括图像校正、图像去噪、图像增强等。与此同时，还可以对图像进行一定的压缩，以节省机载存储空间。

图像校正是指对失真图像进行的复原性处理。引起图像失真的原因有：成像系统的像差、畸变等造成的图像失真；由于成像器件拍摄姿态和非线性扫描引起的图像几何失真；由于运动模糊、辐射失真、引入噪声等造成的图像失真。因此，图像校正可以分为几何校正和灰度校正两种。图像校正的基本思路是,根据图像失真原因,建立相应的数学模型,从被污染或畸变的图像信号中提取所需要的信息,沿着使图像失真的逆过程恢复图像本来面貌。

图像去噪是指通过滤波等方式,减少数字图像在数字化和传输过程中,由于受到成像设备与外部环境噪声等影响而产生的噪声干扰,使得图像看起来更为准确、清晰。

图像增强的目的是改善图像的视觉效果,针对给定图像的应用场合,有目的地强调图像的整体或局部特性,将原来不清晰的图像变得清晰或强调某些感兴趣的特征,扩大图像中不同物体特征之间的差别,丰富信息量,加强图像判读和识别效果,满足某些特殊分析的需要。图像增强既可以从空域进行,如直方图均衡、颜色增强等,也可以考虑从频率域对图像进行增强,频域法是间接的处理方法,是先在图像的频域中对图像的变换值进行操作,然后变回空域。

从上述各种图像预处理手段仔细推敲,我们可以发现:它们之间并没有严格的界限对其区分,都可以看成是图像增强的不同方面。但其目的是统一的,即通过处理手段,增强成像图像质量。

3. 图像目标检测与识别

图像目标检测与识别是整个视觉系统的核心工作,它既可以看成是图像预处理的目标,也可以看成是图像理解等其他更高层次工作的基础。

图像目标检测与识别,两者其实是密不可分的。目标检测的工作是回答:图像中是否有物体(where)。识别的工作目标则是回答物体为何物(what)。在完成这两项工作的过程中,我们所涉及的工作包括特征提取、特征学习、分类器设计以及分类判决等。

在可以人为干预的情况下,我们可以调节目标的相关特征参数,如颜色分量的取值区间、形状大小参数等,进而依据这些参数,在图像中进行区域划分获得二值化图像,即将图像中的所有像素划分成目标和非目标两类,对应目标像素的点置1,而其他像素点置0,找到所要辨识的目标。

在完全智能的情况下,我们的理想,则希望机器人能够在各种环境下,自动且主动地检测识别目标。要完成这项工作,我们必须在机器人开始检测识别目标工作前,采集足够多的有关目标的样本图像,通过这些样本图像,学习到目标的鲁棒特征(SIFT特征、Harr特征、HOG特征等)。并依据这些特征,设计训练合适的分类器。分类器可以理解为一种判断准则(是目标输出1,非目标输出−1)。当视觉系统获取到图像以后,通过扫描全图各个区域并送给分类器进行判断,找到使得分类器输出为1的区域,从而完成检测识别的工作。

4. "未来之星"机器人的视觉系统结构

数字摄像头是一种数字视频的输入设备,利用光电技术采集影像,通过内部的电路把这些代表像素的"点电流"转换成为能够被计算机所处理的数字信号的0和1,而不像视频采集卡那样首先用模拟的采集工具采集影像,再通过专用的模数转换组件完成影像的输入,数字摄像头在这个方面显得集成度更高,数字摄像头将摄像头和视频捕捉单元做在一起。"未来之星"机器人通过安装在其头部的CCD数字摄像头获取外界环境信息。摄像头通过USB接口与机载PC相连。

通常来说,机器人视觉子系统至少需要有3个模块,图像获取、图像预处理和图像处理,必要时还需要有机器学习和模式识别相关的处理环节。典型的视觉系统处理流程如图10.14所示,其中特征提取、目标检测、识别、目标跟踪属于图像处理所涵盖的内容;特征学习、分类器设计属于机器学习与模式识别的研究范畴。图10.14中间一行所标示的操作,是任何一种处理方式都需要经历的数据处理流程。上行虚线箭头所示的数据交互,表示允许人工干预条件下的数据处理流程,操作者可以在图像处理的各个环节中加入经验知识。因此,这样的数据处理方式智能化程度并不高。下行实线箭头表示在全自动情况下的数据传输流程,相对来说,该方法的智能化水平高,但需要在实验前采集足够多的样本场景图像,以便使计算机学习得到更准确的知识。在当今社会,对产品智能化水平要求越来越高的情况下,全自动的处理方式得到了众多研究者的重视。在本实验中,我们希望尽量采用全自动的方式去完成。

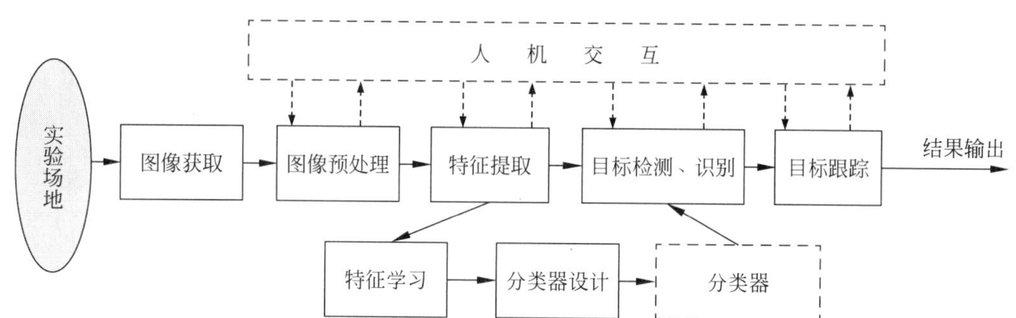

图 10.14 典型视觉系统的数据处理流程

"未来之星"机器人选用的摄像头为现代 v06 免驱摄像头,性能参数如表 10.2 所示。该款摄像头采用新一代高科技芯片,具有 10 倍数码变焦的功能;高清晰,特有 6 灯超强夜视功能,可以通过 USB 线上的调节旋钮调节夜视灯的亮度,即使在较暗的环境下,也能提供良好的视频效果;独有专利性的低照度技术具有 800 万像素豪华数码相机大镜头;可应用于工业生产监控、机器视觉、显微图像分析、生物及医学等领域。

表 10.2 现代 v06 型号免驱摄像头性能参数

感光元件	CMOS
传感器特性	A+级镁光 360 彩色传感器
元件像素	1200 万
镜头	专业数码相机镀膜
视场	左右 360°旋转,上下 90°旋转
传输接口	USB 2.0
外形设计	造型优美,精选重工业 ABS 高强度材料,磨砂工艺处理
硬件	中星微新一代无驱主控芯片

10.3.3 实验内容

1. 实验任务

(1) 基于"未来之星"机器人的软硬件系统、FStar 软件开发平台,自主完成远程 PC 的连接与相关设置。

(2) 搭建实验场地,安装相关驱动程序与软件,熟悉机器视觉系统的组成与视觉计算模型,熟悉 OpenCV 开源图像库。

(3) 学习图像预处理及特征提取、分类器设计、图像目标检测、识别与跟踪等图像分析、模式识别等相关技术。并能编程实现相关算法,应用于"未来之星"机器人平台。

重点掌握图像目标检测、识别、跟踪方法在 PC 上的算法实现。能够在 FStar 软件平台上添加或改进图像目标检测、识别、跟踪功能。具体包括：从简单环境中，通过提取强辨别性特征，高效主动检测识别目标物体（自选）。进一步在目标行进过程中，能够使机器人跟随其运动，以实现稳健的目标跟踪。

2. 基本要求

（1）利用 FStar 软件，熟悉"未来之星"机器人视觉传感器的数据输入与输出。了解 FStar 软件平台的图像识别功能模块。熟悉软件系统的层次调用关系，能够利用机器人头部水平旋转云台，主动检测目标。

（2）在不同的光照环境条件下，图像目标检测、识别与跟踪算法需稳定可靠。

图 10.15 "未来之星"开始识别人手

3. 实验结果

以人手跟踪为例，实验结果如图 10.15 和图 10.16 所示。实验中采用灯光照射，通过改变环境中的光照条件，验证目标跟踪算法的稳定性。

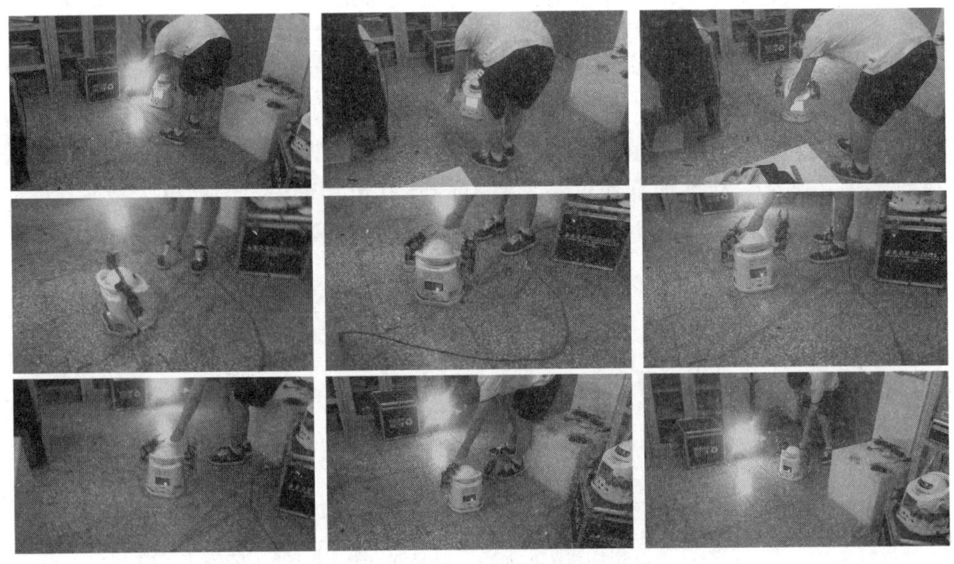

图 10.16 "未来之星"进行人手跟踪

10.4 基于语音远程控制的简单路径行走实验

10.4.1 实验目的

（1）熟悉机器人控制系统的组成与相关控制技术。

（2）熟悉轮式移动机器人运动控制系统的组成与控制方法。

（3）熟悉 PID 控制、模糊控制与神经网络控制算法的基本原理及其在智能机器人控制中的应用。

(4) 熟悉语音识别的基本原理及其在智能机器人中的应用。

10.4.2 实验基本理论

实验涉及3部分的内容，分别为语音识别、远程控制和路径行走控制。

1. 语音识别的基本原理

语音识别本质上就是对机器人说出预先设定好的几个条目之一，机器人接到指令并进行转换后，机器人就会提取、训练并执行相应的动作。其主要原理如图10.17所示，进行描述。

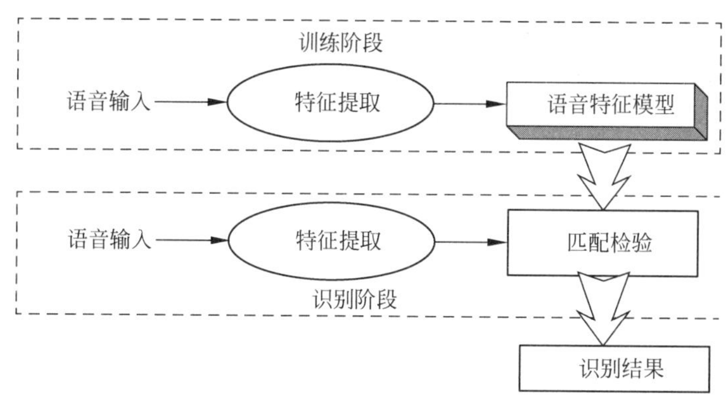

图10.17 语音识别的原理

2. 基于无线以太网的远程控制

基于无线以太网的远程控制可以在远程主机上控制机器人的一切行动，同时可以将机器人采集到的图像信息传输到远程主机上，使机器人的控制更加灵活自由。"未来之星"机器人通过自建无线局域网，远程主机加入该局域网即可实现对机器人的控制。

3. 路径行走控制

1) 硬件部分

控制系统是机器人的核心，是机器人顺利完成各项任务的基本保证。"未来之星"机器人的控制主要涉及头部控制、手臂控制和运动控制。头部的控制主要通过一个旋转舵机来实现头部转动。手臂控制包括肩关节、肘关节、腕关节和指关节，左右手臂各具有5个自由度。在运动控制部分，"未来之星"采用两轮驱动，两个直流伺服驱动器对两个直流伺服电机进行闭环控制，能够比较精确地控制机器的运动轨迹。结合带陀螺仪和倾角计导航的运动控制卡，机器人可以实现精确的运动控制，有效地锁定航向、自动补偿和纠正因外力造成的运动偏差。

"未来之星"机器人控制系统结构如图10.18所示。其中，控制系统主板是控制系统的核心；运动控制卡和MultiFLEX控制器又是主板上最重要的控制设备。

运动控制卡主要有两方面的功能：一方面接收上位机的指令，并将其转化为驱动器的控制指令，控制两组驱动器和电机执行上位机要求的运动；另一方面通过IIC总线查询陀螺仪和倾角计传感器的数据信息，并做基本PID运算；接收上位机的导航控制指令，结合姿态传感器的姿态信息做相应的运算并控制两组驱动器和电机闭环执行预定的轨迹运动。

MultiFLEX控制器是"未来之星"机器人的核心控制器，是一个模块化的机器人控制卡。同时，MultiFLEX是一块公开电路图、公开源程序的控制卡。用户可以根据这些资源，

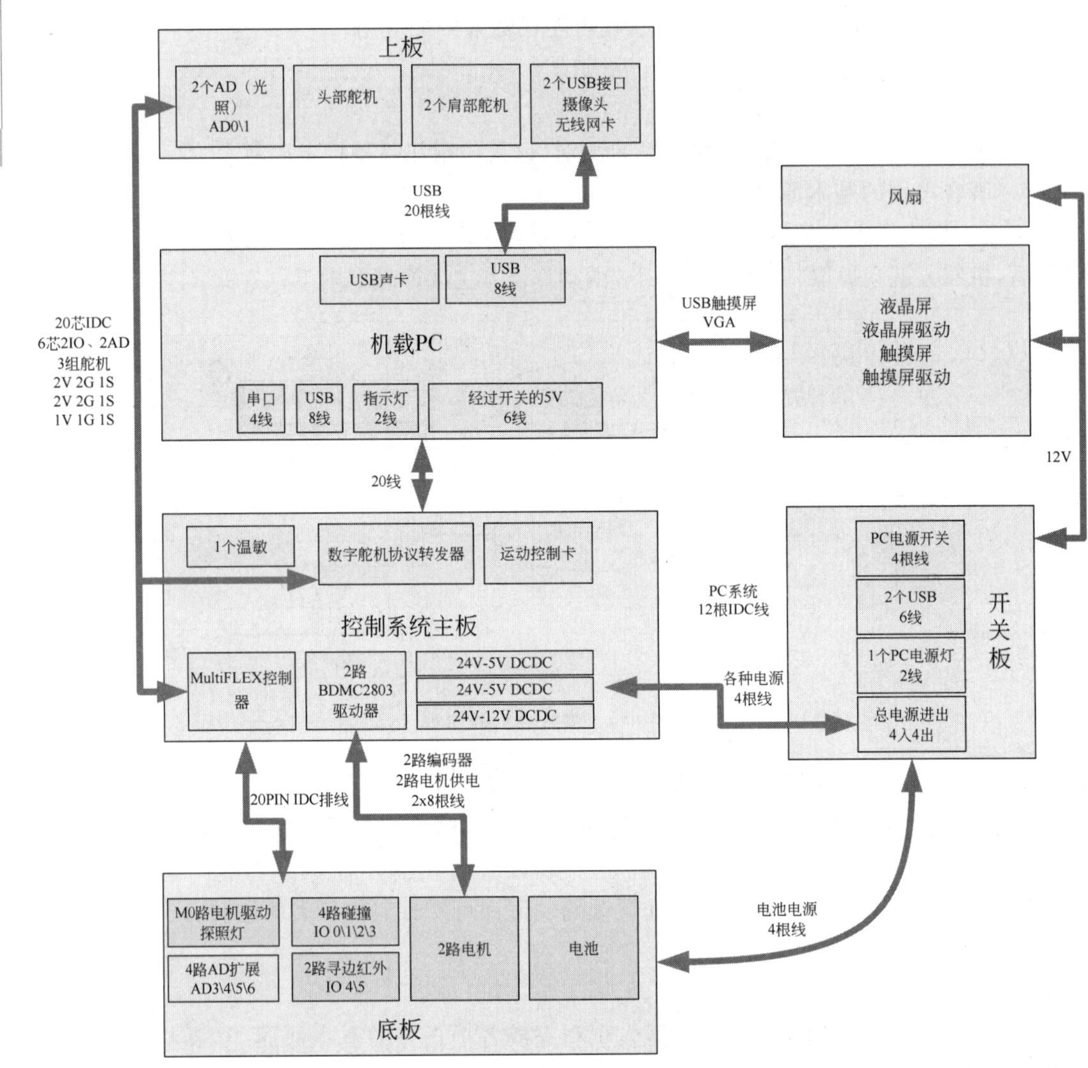

图 10.18 "未来之星"控制系统结构框图

自行为它开发针对某个特定机器人的程序，使 MultiFLEX 具有决策能力。MultiFLEX 控制卡上有多种输入输出接口，在"未来之星"上主要用于简单传感器信息的采集和处理，舵机和电机的运动控制。在"未来之星"的系统架构中，最底层的运动/控制执行层包括电机伺服控制器，舵机控制器等。MultiFLEX 控制卡搭载在机器人的总线上，当作一个控制执行节点来使用。控制执行层接收来自上层的控制指令，处理大量高速原始数据，并用简单的算法完成对执行器的自动控制，以及对传感器的有效读取，并把信息传递给上层。

MultiFLEX 卡上的各种接口说明如下：

(1) 电源接口，5～6V 电源 (J6)(1.0a 之后版本的控制卡使用同轴电源插座，极性为内正外负)。

MultiFLEX 控制卡使用 5～6V 的直流电源。至少要求 5A 的电流输出能力。

(2) 控制板总线接口(J8)。

MultiFLEX 控制卡支持博创科技的标准总线，可以作为功能模块安装在博创科技的所有机器人产品上使用。具体使用方法请参考“MultiFLEX 控制卡数据手册”。

(3) 4 路电机接口 M1—M4 (J7)。

4 路 PWM 电机驱动输出。最大允许电流 2A，最高输出电压为供电电压。可以支持各种小型直流有刷电机。

(4) RS-232 串口(J5)。

友迅达(FriendCOMM)标准的 5 针 RS-232 串行口。标准 RS-232 电平。需要在这里插入 232 通信电缆。

(5) 7 路模拟输入接口 AD0—AD6 (J2)。

ADC 输入口允许输入 0～5V 模拟信号，在 MultiFLEX 控制卡中可以转换为数字信号。主要用于一些模拟电压输出的传感器信号采集。其中靠近电路板内侧是信号输入线(对应图上字母 S。需要注意输入最低电压 0V，最大电压为 MultiFLEX 控制卡的电源电压，即 5～6V)，中间是电源(5～6V，对应图上“＋”号)，外侧是地线(GND，对应图上“－”号)。

(6) 12 路 PWM 舵机控制 PW0～PW11(CH0～CH11)(J4)。

12 路舵机的控制接口被分成了四组。这是为了避免各个接口的接插件之间干涉。舵机的引线有三根，其中黄色是信号线(对应图上字母 S，靠近电路板内侧)，橙色是电源(5～6V，对应图上“＋”号)，棕色是地线(GND，对应图上“－”号)。

(7) 16 路数字 I/O IO0—IO15 (J1，J3)。

16 路数字 I/O 可以在 UP-MRcommander 软件中被配置为输入或者输出。如果配置为输入，每个 I/O 口能采集加在其上的电压是高电平(1)还是低电平(0)，主要用于检测开关、按钮、红外传感器等的状态。如果配置为输出，每个 I/O 口可以输出高低电平(高电平为电源电压，低电平为 0V)，可以用于驱动 LED、微型电机等器件。其中靠近电路板内侧是信号输入线(对应图上字母 S。需要注意输入最低电压 0V，最大电压为 MultiFLEX 控制卡的电源电压，即 5～6V)，中间是电源(5～6V，对应图上“＋”号)，外侧是地线(GND，对应图上的“－”号)。

(8) AVR 单片机在线编程接口(J6)。

MultiFLEX 控制卡使用 AVR ATMega128 微控制器作为处理器，这款处理器具备在线编程(ISP)功能。使用 ICCAVR、WINAVR 等 PC 上的 C 语言编译环境交叉编译好的二进制文件可以通过该接口下载到处理器内置的 FLASH 存储器中运行。

(9) 控制卡功能选择拨码开关(S1)。

H 的上方即是控制卡功能选择拨码开关。拨码开关共有 8 路，每一路拨到 ON 位置为接通。

- 第 1、2 路接通且 3、4 路断开时使用 RS232 串口与 PC 的 UP-MRcommander 软件通信；当第 1、2 路断开且 3、4 路接通时，控制卡通过标准总线与上位机连接。我们在这里要使用的是第二种方式，即 1、2 处于 OFF 的位置，3、4 处于 ON 的位置。
- 第 5、6 路拨码开关用来选择通信的波特率。5 路为低位，6 路为高位；拨码开关接通代表 0。波特率有以下几种：

```
编号:6 5:对应波特率
======================
0/1 状态0 0:115200BPS
```

```
0 1:38400 BPS
1 0:19200 BPS
1 1:9600  BPS
```


- 第 7 路拨码开关用于选择开机状态。当为 ON 时开机自动执行控制卡中上次保存的指令，当为 OFF 时待机，等待控制命令。
- 第 8 路暂时保留未用，为以后扩展功能使用。

在出厂时，拨码开关的默认值是：使用标准总线与上位机连接，波特率 19200BPS，表 10.3 为 MultiFLEX 控制卡主要数据。

表 10.3　MultiFLEX 控制卡的主要数据

项　　目	数　　据	说　　明
型号	MultiFLEX 1.0	
长/宽/高	105/50/19mm	不含 20pin 总线接口
供电	4.8～6.5V_{DC}	推荐 4.8～6V。电压超过 6.5V 可能损坏
保护	过流保护 反接保护	长时间电源反接仍可能损坏。 过流保护生效后，需重新上电才能工作
静态功耗	0.3W	
保护电流	6～8A	超过此电流后，自动切断。约 10 秒后才能再次工作
I/O 电平		低电平<GND+1.5V 高电平>VCC−1.5V
数字通信接口	RS-232 接口	TX、RX、GND 三线制
数字量输入/输出	16 个，复用	GND/VCC/SIG 三线制（SIG 可以为输入或输出，在 UP-MRcommander 软件中配置）
模拟量输入	8 个（其中一个已经内部使用）	GND/VCC/SIG 三线制（SIG 为信号输入）
功率输出	4 个	M+、M− 两线制，最大每通道 2A
舵机输出	12 个	GND/VCC/SIG 三线制（SIG 为信号输出）
扩展接口	20 线总线接口	博创科技标准的总线接口。可以通过该总线接口扩展其他外设
JTAG 功能	不支持	
ISP 功能	支持	GND/RST/MOSI/MISO/SCK 五线，配套提供 ISP 编程电缆
无线通信	支持	可选配无线通信模块，433MHz，19.2Kbps

2）软件部分

在演示软件 FStar 2.2.1 的基本控制页面，如图 10.19 所示，我们可以看到头部控制、手臂控制和运动控制三个部位的运动控制功能演示。有关电机方面的具体控制，此处不再赘述，请查阅相关资料。

从软件系统的层次架构中，我们主要通过发送命令、解析命令到行为执行来实现对机器人的控制。因此，我们必须熟悉各硬件设备与主机的通信协议以及在软件平台上的行为控制接口函数。通信协议与接口控制函数可查询《“未来之星”实验指导书》。

10.4.3　实验内容

（1）熟悉“未来之星”机器人的软硬件系统架构、FStar 软件开发平台。能够自主完成远程 PC 的连接与相关设置。

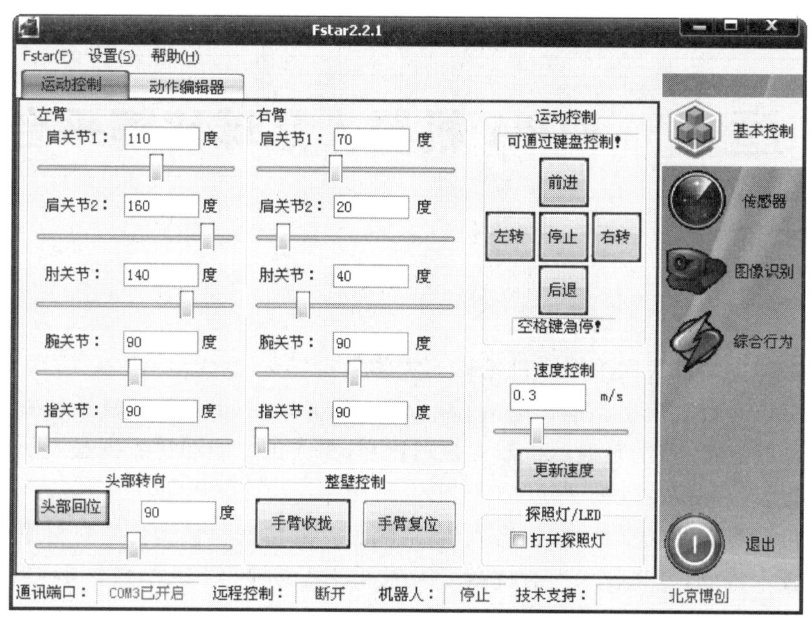

图 10.19 FStar 2.2.1 软件系统的基本控制页面

(2) 熟悉“未来之星”机器人的系统架构、控制系统组成、通信协议、软件平台的层次架构。

(3) 熟悉运动子系统的构建方案与系统组成。

(4) 掌握电机控制、舵机控制的通信协议与接口函数。

(5) 完成机器人运动系统建模，并能够推导出机器人姿态与速度之间的关系。分析为实现机器人的基本动作(跑位到定点、转到定角、原地转动等)，控制器的调节过程。

(6) 进一步研究机器人的航向锁定 PID 参数整定原理与 PID 算法程序实现。

(7) 实现基于以太网的远程语音控制。

实验要求当接收到不同语音命令时，则分别执行对应的运动操作，实现前进、后退、左转、右转、刹车、正方形、开启语音识别、圆形、S 形和停止。

第 11 章　FIRA 机器人足球比赛平台

机器人足球由加拿大大不列颠哥伦比亚大学教授 An Mackworth 在 1992 年的一次国际人工智能会议上首次提出。他在论文 *On Seeing Robots* 中提出具有视觉和决策能力的机器人追逐足球的概念，目的是通过机器人足球比赛，为人工智能和智能机器人学科的发展提供一个具有标志性和挑战性的课题。

机器人足球赛涉及人工智能、机器人学、通信、传感、精密机械和仿生材料等诸多领域的前沿研究和技术集成，是高技术的对抗赛。国际上最具影响的 FIRA 和 RoboCup 两大世界杯机器人足球赛，有严格的比赛规则，融趣味性、观赏性、科普性为一体。机器人足球赛从一个侧面反映了一个国家信息与自动化领域基础研究和高技术发展的水平。

11.1　机器人足球比赛介绍

目前，国际上有组织的机器人足球比赛分为两大系列——FIRA（Federation of International Robot-Soccer Association）和 RoboCup(Robot World Cup)。

11.1.1　RoboCup 比赛

RoboCup 比赛主要项目的设置如表 11.1 所示。

表 11.1　RoboCup 比赛项目的设置

项目	类别	机器人		场地	
		尺寸/cm	队员数	尺寸/m	球
类人组	小型组	30～60	不多于 3 人	6×4	网球
	中型组	100～120	不多于 2 人		沙滩手球
	大型组	130～160			
中型组		30×30～50×50	2-4	8×6～18×12	5 号足球
小型组		直径<18	5		高尔夫球
标准平台组		NAO 机器人	5	6×9	曲棍球

1. 类人组

类人机器人比赛是 RoboCup 比赛中难度最高、挑战最大的项目，同时也最接近 RoboCup 比赛宗旨。它集中了软件工程、机械设计、传感器、人工智能等多个学科。类人机器人通过头部摄像头获得视觉信息、传感器获得自身运行状态，完成物体识别、运行控制、步态调整、决策分析等过程，最终完成射门。

2. 中型组

中型组机器人队员体积不超过 45cm×45cm×80cm，机器人质量小于 80kg，在 18m×12m 的球场上自主运动(每年比赛场地大小不尽相同)，相互配合，将一只标准的足球射入对方球门取胜。

中型组机器人足球比赛按照机器人上场数目不同可以分为 2∶2 和 4∶4 两种类型。2∶2 的中型组机器人比赛它们的分工是一个用来进攻，一个用来防守；4∶4 的比赛机器人之间分工大致为进攻、助攻、协防、守门员。前者基本不需要机器人之间的配合，而后者需要考虑不同机器人之间的协作。

3. 标准平台组

标准组机器人足球联赛必须统一使用相同的 NAO 机器人，而且机器人在场上比赛时的运作完全是全自主的。SPL 5VS5 是每组出 5 个机器人进行比赛，规则与真人足球赛类似，以进球数的多少来决出胜负。标准平台组的足球场地与真实足球场地类似，是一个长 10.4m，宽 7.4m 的绿茵足球场地。机器人足球联赛所做的工作是相当多的，如，目标红球的识别与准确的追踪、场地边界的确定、球门的判别以及自定位工作等，其水平的高低直接体现着机器人的智能水平。

标准组技术挑战赛是让 NAO 机器人挑战一项特定的任务，即目标球的识别、将目标球踢出场外、传球控制等。一方面可以考查机器人动作控制、图像处理和智能决策等方面的能力；另一方面就是这些特定的任务都为后来机器人足球联赛做基础。

11.1.2 FIRA 机器人足球比赛

FIRA 机器人比赛主要项目的位置如表 11.2 所示。

表 11.2 FIRA 比赛项目的设置

项目	名称	机器人		场地	
		尺寸/cm	队员数	尺寸/m	球
NaroSot	超微机器人足球	4×4×5	5	1.3×0.9	乒乓球
AMiRESot	自主微型机器人足球	11×11	1	1.3×0.9	高尔夫球
AndroSot	仿人形机器人足球		3	2.2×1.8	高尔夫球
MiroSot	微机器人足球	7.5×7.5×7.5	3	1.5×1.3	高尔夫球
			5	2.2×1.8	
			7	2.8×2.2	
			11	4×2.8	
RoboSot	小型机器人足球	15×15×30	3		曲棍球

1. AndroSot 简介

AndroSot 主要有半自主式、全自主式。机器人的高度 H 应为 30～60cm，每个脚必须位于面积为 $0.035H^2$ 的长方形中。

在半自主比赛场地正上方有一个摄像头进行全局图像的采集，构成视觉系统，场地两旁的计算机和无线收发装置构成了决策和通信系统，比赛场地中的人形机器人构成机器人系统。

全自主式人形比赛机器人必须像人一样，不能依靠外部的指令。每个机器人装有独立的摄像头用于场地信息的捕获，独立的嵌入式芯片负责图像处理和实时决策，独立的无线收发模块负责队员间的通信及信息共享。

2. MiroSot 简介

MiroSot 又称为集控式机器人足球赛，它利用电脑主机对场上的轮式机器人进行统一调度和集中控制。

集控式微型足球机器人采用全局视觉，置于球场上方的摄像头实时采集、处理赛场上的彩色图像，感知动态环境中各机器人的位置、姿态和球的位置，并将这些数据传给主机，供主机上的决策子系统进行分析决策使用。主机经过决策，由通信子系统将决策指令发送给本队机器人小车，实现攻防。

11.2 FIRA 半自主机器人足球比赛系统概况

如图 11.1 所示，AndroSot 和 MiroSot 比赛系统硬件设备主要包括机器人、摄像装置、计算机主机和无线发射装置。具体可分为机器人、视觉、决策和无线通信 4 个子系统，其中 AndroSot 系统采用人形机器人，MiroSot 系统使用机器人小车。

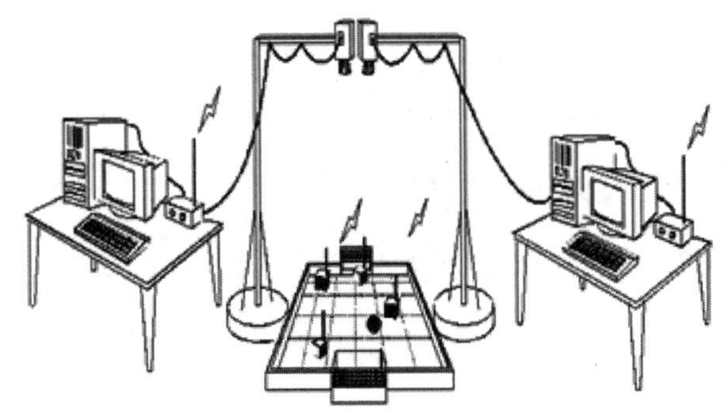

图 11.1 足球机器人比赛场景示意图

系统配置如下：

(1) 彩色摄像头一个。

(2) 镜头一个。

(3) 图像采集卡一块。

(4) 机器人个体。

(5) 无线发射装置一套。

(6) 球、球台等辅助装置一套。

(7) 计算机(配置越高越好)。

(8) VC. NET 系统。

11.2.1 AndroSot

1. 3V3 足球

AndroSot 3V3 比赛使用的场地大小为 2.2m×1.8m，比赛用球为橙色高尔夫球，其直径为 42～44mm，重量为 40～50g，比赛两队中每队包含最多三个机器人，其中一个是守门员。机器人应为双足人形机器人，机器人的高度 H 应为 30～60cm，每个脚必须位于面积为 $0.035H^2$ 的长方形中。头部的高度，包括颈部，必须在 $0.1H$ 和 $0.2H$ 之间。机器人的腿长应不超过其身高的 70%，每个机器人的臂长也不能超过其身高的 60%。机器人的可见部分应该是不反光的黑色或者银灰色，每队可准备多个人形机器人作为替补，所有机器人都由计算机来控制。

比赛规则要点如下：

(1) 赛前通过掷硬币的方式确定无线发射频率、对标颜色以及半场选择和开球方选择。

(2) 在每个半场开始以及得分时，球被放在球场中心。

(3) 进攻方可以把机器人放置在乙方半场和中心圆圈的任意地方，然后防守上可以将其队员摆放在除中心圆圈之外的乙方半场的任何地方。

(4) 裁判员响哨后，所有机器人可以自由移动。需要将球踢到中心圈外或者首先传给本方队友。如果不是这样，需要重新开球。防守方在开球之后，方可进入中心圆圈。

(5) 在 3V3 足球比赛中犯规动作主要有争球、门球、任意球等。

2. 队形比赛

在队形挑战赛中，每支队伍可使用最多三个机器人用于挑战任务。每个挑战任务有三个单元，每个单元有一次任务。每次任务都是基于一个随机对盒子 1～9 的三个选择。机器人必须从红色的盒子开始，然后移动到并且尽可能地进入到目标盒子中去。然而在裁判鸣哨前不允许机器人离开开始的盒子或者做任何行为。每队拥有 2 分钟的时间完成机器人摆放。当然，在裁判的允许下，可以修理或者测试机器人或系统，但是时间会持续计时。如果比赛在任何暂停后重新开始，机器人必须重新回到起始位置。每个单元之间的时间可以用于得分，因此，比赛一直处于进行中，每支队伍不允许触碰或者改变机器人的位置。比赛会一直进行直到裁判完成得分。

11.2.2 MiroSot

1. 5V5 足球比赛

5V5 足球赛赛场为黑色(不反光的)木质长方形场地，其尺寸是 2.2m×1.8m，带有 5cm 高、2.5cm 厚的围墙。用橘黄色的高尔夫球作比赛用球，直径 42.7mm，重 46g。比赛将在两个队之间进行，每队包括 5 名机器人，其中之一为守门员。每个机器人的尺寸被限定为 7.5cm×7.5cm×7.5cm，在确定机器人尺寸时不考虑通信天线的高度。

2. 11V11 足球比赛

11V11 足球赛机器人规格与 5V5 比赛所用机器人一样，场地为黑色(不反光的)木质长方形场地，场地大小为 4m×2.8m，带有 5cm 高、2.5cm 厚的围墙。每队包括 11 名机器人，其中一名为守门员。

比赛规则要点如下：

(1) 比赛分两个半场，每半场 5 分钟，中场休息 10 分钟。

(2) 在比赛开始前，队标颜色和开球权可通过投币来决定。获胜的队或者选择机器人队标(蓝色/黄色)或者选择开球权，开球方选择载波频率。

(3) 比赛开始时，进攻球队允许在中圈和自家半场内任意布置机器人，防守球队除中圈外亦可在其自己半场任意布置。

(4) 上半场和下半场开球,以及进球后重新开球时,球放置在场地中心处,开球方必须先将球踢回本方半场。

(5) 比赛过程中允许换人2次,在中场可以随便换人。当比赛进行中某队需要换人时,该队的领队通过叫"暂停"来通知裁判员,裁判员将在适当的时候中止比赛。比赛重新开始时,所有机器人和球置于暂停前的同一位置。

(6) 操作者可向裁判要求暂停,在一场比赛中每队有权暂停2次,每次将持续3分钟。

(7) 在5V5足球比赛中犯规动作主要有争球、门球、任意球以及点球等。

3. 多机器人追捕比赛

该比赛项目是考验由四个半自主型机器人构成的群机器人在裁判的命令下,能否在规定的时间内通过机器人之间的协调与合作,完成追捕、包围目标的任务。

目标可以是静态的,也可以是动态的。比赛场地采用半自主型5VS5比赛场地。多机器人对目标的追捕、包围速度主要取决于机器人之间协作能力、追捕算法与运动控制。

4. 队形比赛

队形是考查多机器人能否协调地完成队形操练的表演比赛项目。比赛场地采用半自主型5V5比赛场地,队形整齐水平主要取决于各机器人通过合作与协调,能否实现精确的速度与方向运动。

例如,根据群机器人运动状态该项目可分成三种组队形式,即并行队形、串行队形、交叉队形,且三种队形所用时间之和不得超过3分钟,否则该项目不得分。

(1) 并行队形。三个机器人以并行排队形式整齐地前进,到目的地后又整齐地并行返回到起始位置。

(2) 串行队形。三个机器人以串行排队形式整齐地前进,绕完一周(轨道为矩形)后又整齐地返回到起始位置。

(3) 交叉队形。三个机器人以交叉队形形式整齐地前进,到目的地后又整齐地交叉返回到起始位置。

11.3 FIRA半自主机器人足球比赛关键技术

11.3.1 视觉系统

传统的足球机器人视觉系统的硬件由模拟摄像头、镜头、数据传输线和图像采集卡组成。随着足球机器人技术的发展,对摄像头的要求越来越高,摄像头的选择逐渐由模拟转向了数字。同时,摄像头的变化对镜头的要求也越来越高。足球机器人视觉子系统主要有图像获取、预处理和图像处理3部分,如图11.2所示。

图像处理包括图像分割和目标识别,它是整个视觉系统的核心工作。足球机器人视觉系统是根据颜色实现不同机器人队员的识别。这一过程主要包括目标采样、颜色分析、颜色分割等步骤。

1. 颜色模型的选择与颜色信息库的建立

建立特征目标的颜色信息库是视觉系统的主要任务之一,信息库的好坏是影响辨识精度最关键的因素。信息库不完全会导致分割结果不稳定,甚至出现分割结果过小而导致目

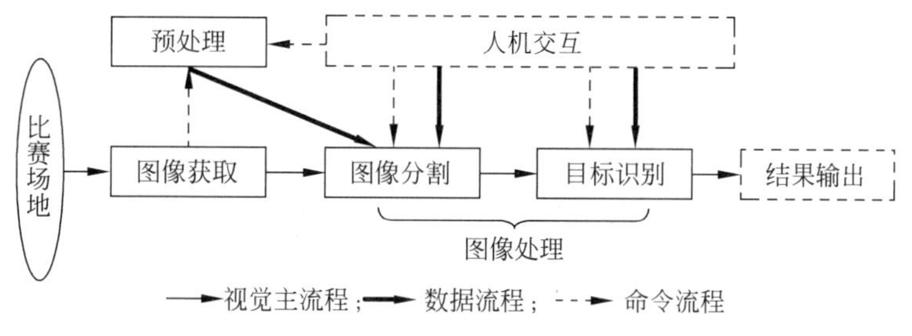

图 11.2 视觉系统结构图

标丢失。信息库覆盖范围过大又会引入很多不必要的干扰，甚至出现混色现象。另外，一个良好的信息库的结构应该具有好的可维护性，易于调整。

足球机器人系统常用的颜色模型有 RGB 模型、HSI 模型和 YUV 模型等。颜色模型的选择与建立颜色信息库的方法是紧密联系的。如果通过阈值进行颜色分割，应选用分布均匀的 HSI 或 YUV 模型；如果建立离散的颜色查找表，通常选择 RGB 颜色模型。

2. 色标辨识

可以采用多种设计实现色标辨识，图 11.3 给出了一些解决方案。

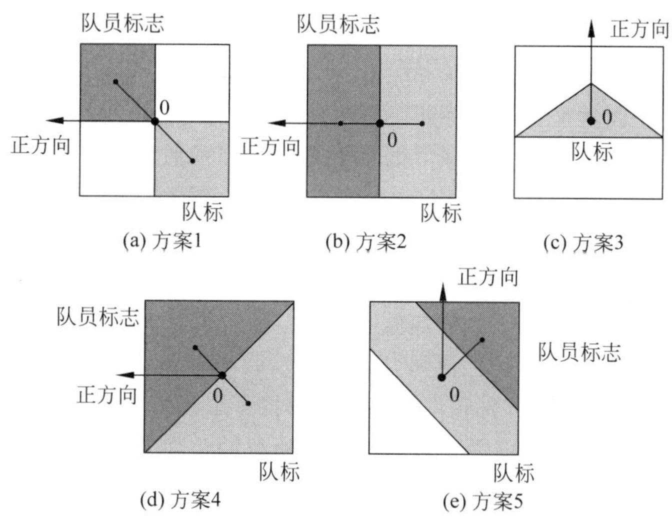

图 11.3 几种色标设计

以上几种色标设计，除了图 11.3(c)仅采用队标获取所有信息外，其余色标均是由队标和队员标志两种色块组成，小车的位置、角度信息和车号需要同时依靠两个色块确定。

如图 11.4 所示，根据 MiroSot 的比赛规则，队标颜色可选为黄色或蓝色。矩形块 B 和矩形块 C 为色标的辅助色块，其颜色为除黄色和蓝色以外的其他颜色。通过颜色编码方式，除去队标颜色外，11 个车号的编码只需要 3 种颜色。这大大减少了颜色的使用种类，降低了颜色间相互干扰的可能性。

3. 位姿信息获取

根据色标设计，视觉系统应该能够获取机器人小车在场地中的位置、角度和车号信息，其中位置和角度统称位姿信息。

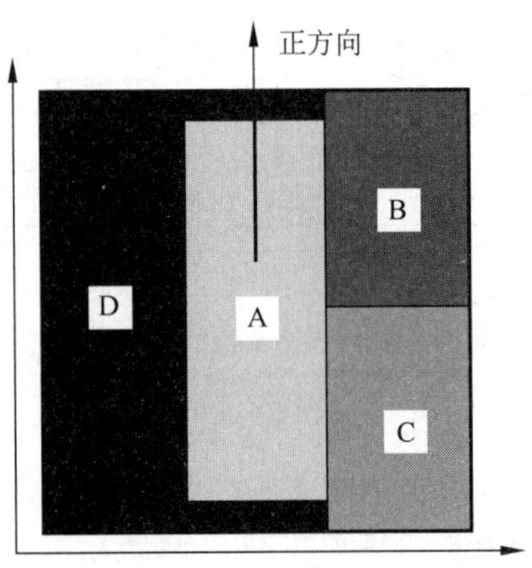

图 11.4 系统图标设计

由图 11.4 的色标设计可以看出，小车的中心位置根据队标中心位置而定，队标的中心主要采用重心法获得，令队标中心点坐标为(x_T，y_T)，则：

$$\begin{cases} x_T = \sum_{i=1}^{N} x_i / N \\ y_T = \sum_{i=1}^{N} y_i / N \end{cases} \tag{11.1}$$

式(11.1)中，x_i 代表符合队标特征颜色的像素点的横坐标；y_i 代表符合队标特征颜色的像素点的纵坐标；N 代表符合队标特征颜色的像素点的数量。

根据色标的设计，机器人正方向和队标的长轴方向相同或相差 180°。队标长轴的方向可以通过最小二乘法拟合得到，从而得到长轴和 x 轴所成的夹角，该角度与机器人正方向和 x 轴夹角相等或相差 180°。

通过色标，我们发现 B 部分和 C 部分的颜色是随着机器人的 ID(机器人车号)不同发生变化的，但 D 部分始终是与背景色相同，即为黑色，且顺着机器人的正方向看过去，D 部分始终处在队标 A 的左侧，因此，先利用最小二乘法拟合出队标长轴和 x 轴所成的角度，再判断 D 部分的位置，即可确定机器人正方向与 x 轴所成的角度。

MiroSot 视觉处理算法流程如图 11.5 所示。

足球机器人的颜色标志位于机器人顶部，由于机器人本身有一定的高度，摄像机也存在光学视角，位于场地中心附近的目标，采集所得到的位置坐标与实际差别不大；而距离场地中心较远的目标，所采集的位置坐标与实际位置坐标差别就比较大。这种畸变称为定位畸变，也叫作投影畸变，需要采取适当的方法进行矫正。投影畸变如图 11.6 所示。

图中 O 点为场地中心，B 点为机器人实际位置，A 点为摄像机摄取图像上机器人位置(采用重心法求出其坐标)；H 为摄像机高度，h 为机器人高度，X 为机器人实际位置，X_1 为机器人图像坐标。根据三角形相似原理，$\triangle ADO \sim \triangle ACB$，因此：

$$\frac{H}{h} = \frac{X_1}{X_1 - X} \tag{11.2}$$

从而求得机器人的实际坐标为：

$$X = \frac{H - h}{H} X_1 \tag{11.3}$$

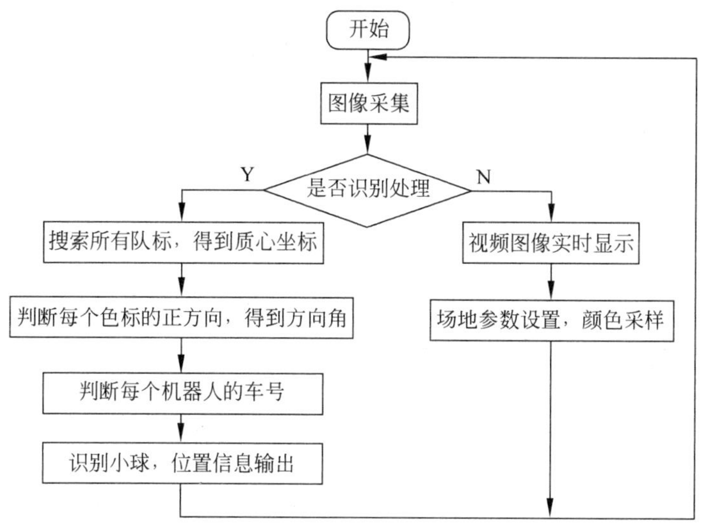

图 11.5　视觉算法流程图

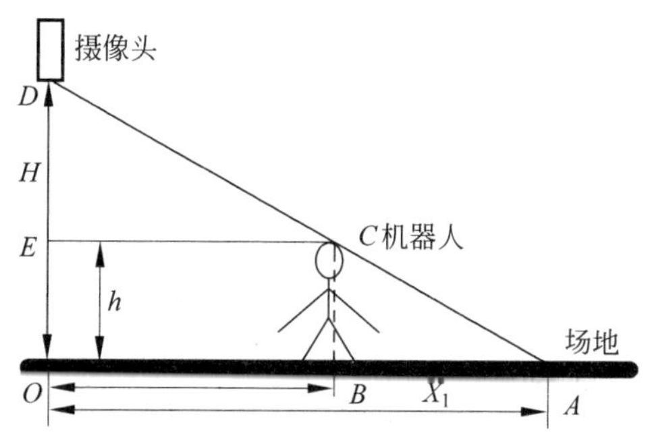

图 11.6　机器人坐标校正

11.3.2　通信系统

足球机器人无线通信子系统通常使用单片射频收发芯片，加上微控制器和少量外围器件构成专用或通用无线通信模块，通常射频芯片采用 FSK 调制方式，工作于 ISM 频段，通信模块一般包含简单透明的数据传输协议或使用简单的加密协议，用户不用对无线通信原理和工作机制有较深的了解，只要依据命令字进行操作即可实现基本的数据无线传输功能。

按比赛要求建立由内嵌决策子系统的 PC 作为服务器，服务器通过 RS232 或 USB 外接一个无线发送器，每一个包含无线接收器的足球机器人都是终端，多个终端和服务器就构成了点对多点的无线通信系统。

nRF2401A 是挪威 Nordic 公司推出的单片 2.4GHz 无线收发一体芯片，芯片内置频率合成器、功率放大器、晶体振荡器和调制器等功能模块。工作于 2.4～2.5GHz ISM 自由频段，能够在全球无线市场畅通无阻。nRF2401A 支持多点间通信，最高传输速率达到 1Mb/s。它采用 SoC 方法设计，只需少量外围元件便可组成射频收发电路。nRF2401A 没有复杂的通信协议，它完全对用户透明，同种产品之间可以自由通信。nRF2401A 是业界体积最小、功耗最低、外围元件最少的低成本射频芯片。nRF2401A 的引脚采用 5mm×5mm 的 24 引脚 QFN 封装,它的主要特点如下:

(1) 采用全球开放的 2.4GHz 频段,有 125 个频道,可满足多频及跳频需要。

(2) 传输速率(1Mbps)高于蓝牙传输,且具有高数据吞吐量,发射功率和工作频率等所有工作参数可编程设置。

(3) 电源电压范围为 1.9～3.6V,功耗很低,以 -5dBm 的功率发射时,工作电流只有 10.5mA,接收时只有 18mA。

(4) 每个芯片可以通过软件设置最多 40 位地址,而且只有收到本机地址时才会输出数据(提供一个中断指示),同时编程也很方便。

(5) 内置 CRC 检错硬件电路和协议。

(6) 采用 DuoCeiverTM 技术可使用同一天线同时接收两个不同频道的数据。

(7) 采用 ShockBurstTM 模式时,能适用极低的功率和适应多种 MCU 的操作。

(8) 可 100%RF 检验,并且带有数据时隙和数据时钟恢复功能。

数据传给无线模块后,当需要无线传输时由模块自动对数据按无线数据协议进行打包发送等操作。决策子系统对足球机器人的通信是单向的,采用广播式无线通信方式:每个控制周期无线数据发射器发射一帧数据给本方所有机器人,各机器人根据自身编号设定读取数据帧的不同字段,获得自己的运动控制指令。

表 11.3 给出了一种 11 V 11 的数据格式。数据包由起始字节 0xFF0xAA 0xFF0xAA 引导,表示有效数据开始传送。字段 2 给出了机器人的标号和左右轮速,对于表示速度的字节当中,最高位表示机器人车轮运动的方向,第 7 位表示车轮运动速度的大小。

表 11.3 通信协议数据格式

字段 1	字段 2	字段 3
起始引导字节	机器人标识及左右轮速	检验字节
0xFF0xAA 0xFF0xAA	N1 L1 R1 N2 L2 R2 … N11 L11 R11	检验和

例如,无线通信子系统采用 57.6kbps 的波特率,当需要对 11 个机器人进行通信时,需要发送 4+11×3+1=38 个字节,由于串口通信采用有一位起始位和一位停止位的通信方式,这样每个字节实际相当于 10 位,这样从通信开始到最后一个机器人接收完左右轮速耗时 38×10/57600s=6ms,这样的延时能够满足足球机器人系统的控制周期要求。

11.3.3 运动系统

1. AndroSot 运动控制

步态规划是仿人机器人研究中的一项重要工作,步态规划的好坏将直接影响到机器人行走过程中的稳定性、所需驱动力矩的大小以及姿态的美观性等多个方面。仿人机器人实现足球比赛需要完成的基本动作包括前进、转身、侧移与踢球等。仿人机器人的运动框架结构如图 11.7 所示,仿人机器人足球比赛实况如图 11.8 所示。

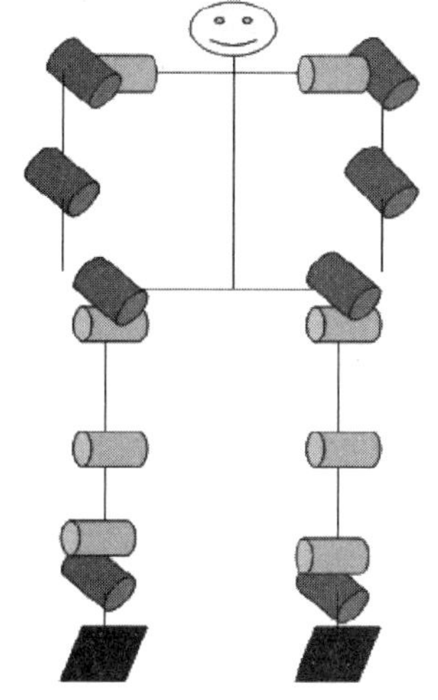

图 11.7　机器人运动框架结构

图 11.8　仿人机器人足球比赛实况

2. MiroSot 运动控制

1) 系统配置

(1) 硬件配置。

① 微处理器：C8051F019(1280Byte 数据存储器，16KB 程序存储器)。

② 电机：(Minimotor 6V/4.55W/8200rpm)。

③ 编码器：IE2-512。

④ 无线通信：CRM2400CNC。

(2) 技术指标。

通信速率：19 200bps。

如图 11.9 所示，MiroSot 足球机器人采用两轮差动式运动控制结构，几何尺寸为 7.5cm×7.5cm×7.5cm，电机采用 Series 2224U006SR，重量小于 550g，其最大线速度可达 2.4m/s。机器人运动模型如图 11.10 所示，运动控制系统的控制器结构框图如图 11.11 所示。

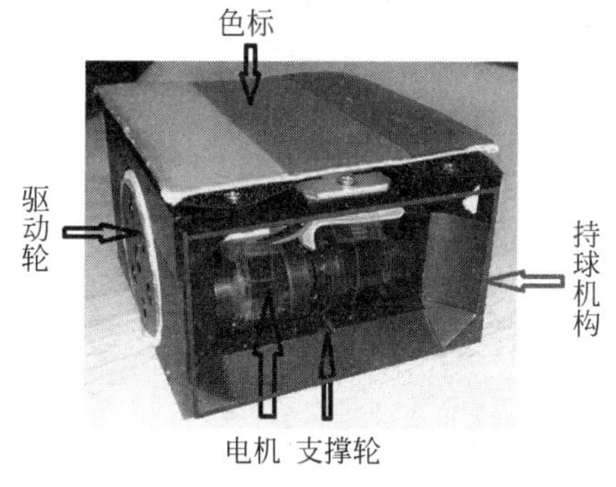

图 11.9　两轮差动式运动控制结构

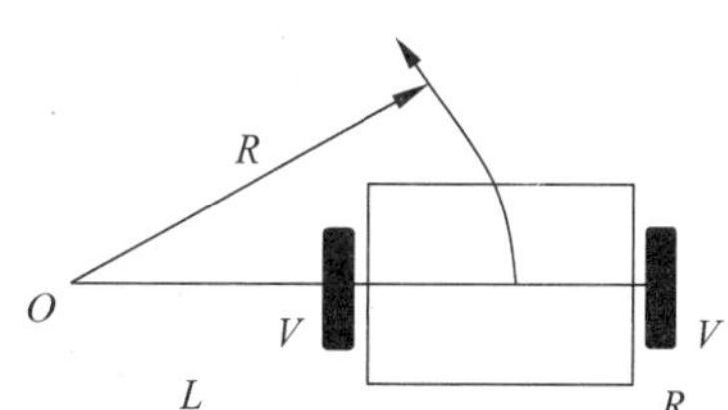

图 11.10　机器人运动模型

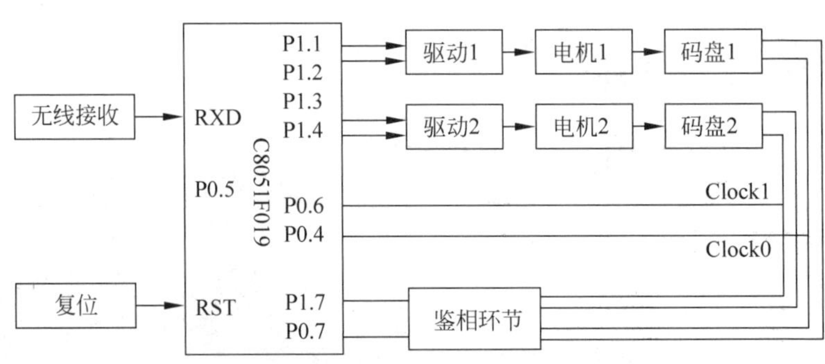

图 11.11　机器人控制器原理框图

2）运动控制模块

(1) CPU 控制单元。

通过无线发射模块接收上位机发送的指令，可采用定时器/计数器 T0/T1 完成对速度脉冲的计数，定时器/计数器 T3 定时产生小车速度检测中断。

(2) 电机驱动单元。

系统可采用集成电机驱动芯片 L298 来驱动电机。L298 为双桥高电压大电流功率集成电路，可以驱动继电器线圈、直流电机、步进电机等感性负载。

(3) 速度检测单元。

系统可采用光电译码器作为速度检测器件，它构成小车速度的闭环反馈。它和电机集成在了一起，把电机的速度反馈给单片机，构成反馈速度，和上位机发的实际速度相比较，通过 PID 算法得出差值来控制电机的转速。

MiroSot 机器人足球比赛实况如图 11.12 所示，两轮差动轮式机器人的运动控制在前述章节已有分析，这里不再赘述。在 MiroSot 系统中，机器人的基本动作主要包括跑位到定点、转到定角、原地转动等。从控制的角度来看就是不断减小机器人当前位置、角度与目标位置、角度的差值，从而使机器人快速地完成任务。

图 11.12　MiroSot 机器人足球比赛实况

11.3.4 决策子系统

决策子系统的主要任务是：根据视觉子系统得到并处理后的信息，包括我方机器人信息、对方机器人信息、球的信息等，分析判断比赛场地上敌我双方的攻防形态，经过任务分解、角色分配等一系列处理，做出相应的决策，得到机器人的运动参数，通过通信系统发送给场地上的机器人，从而实现比赛中的各种任务。

1. 决策子系统的态势分析

决策子系统是根据球场信息，判断出当前环境下的攻守态势，进而决定是进攻还是防守。在进行态势分析时，主要考虑了球的位置、运动方向及机器人的位置、姿态 4 个关键因素。这 4 个因素属于彼此相互独立的信息无关量。下面就各因素对攻守决策的影响进行分析：

(1) 球的位置。球在场上的不同位置，对球门的威胁程度是不同的。当球处于不同位置时，要相应采用不同的攻防策略，球越接近对方球门，越要加强进攻；反之，要加强防守。

(2) 球的运动方向。球的运动方向与球和对方球门中点连线的夹角越小，对对方的球门威胁越大，越要加强进攻；反之，要加强防守。

(3) 对方机器人球员位置。对方机器人球员的站位是整体靠前还是靠后，对我方球门的压力是不同的，对方机器人的整体位置越远离我方球门，对我方球门威胁越小，越要加强进攻；反之，加强防守。

(4) 对方球员的姿态。除了考虑对方球员的整体站位，还要考虑对方球员的姿态。正确的姿态代表是控球权的获得。对方机器人进攻方向与机器人和球的连线之间角度愈大，愈不易获得控球权，愈有利我方进攻；反之，要加强防守。

2. 决策子系统的层次结构

决策子系统的层次结构可分为协调层、运动规划层与基本动作层，如图 11.13 所示。

1) 协调层

协调层的任务是完成机器人之间的协调组织，通过从整体上分析比赛的形势得出群体的协作意图，如同人类足球比赛中教练的临场指挥。协作意图得到后，将其传送到运动规划层。

作为决策子系统最上层的协调层，首先要考虑各种状态下的开球模式。开球的好坏直接影响到比赛的正常进行和比赛开始后场地上敌我双方的力量对比。队形示意图如图 11.4 所示。

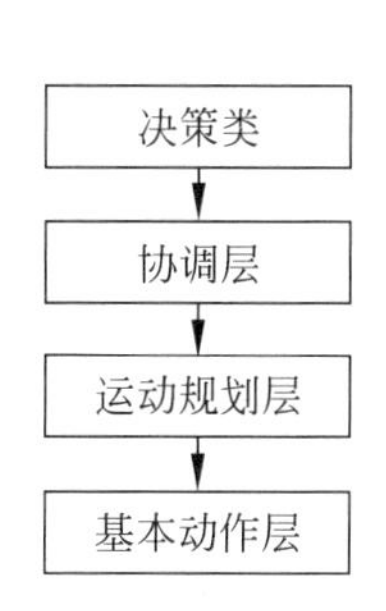

图 11.13　整个决策层

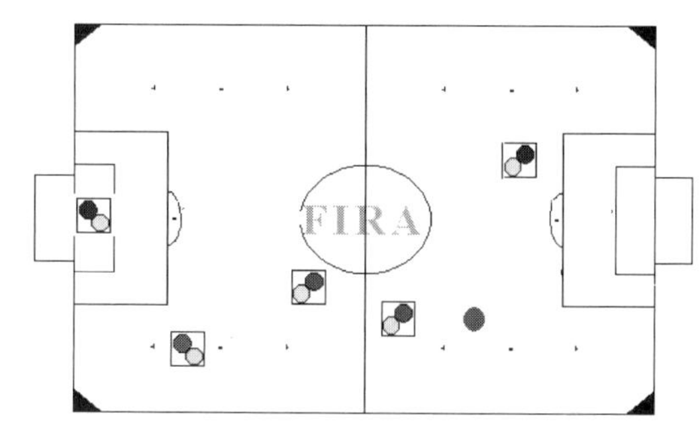

图 11.14　队形示意图

在正常开球的时候，作为开球的一方，必须将球首先踢回本方半场，才能向对方半场推进，这个与实际的足球比赛相似。然而作为机器人来说，明显没有人那样能将球准确地传给下一个球员，所以在策略设计的时候，一定要注意球回踢后，本方机器人应有合理的方向和动作以达到准确控球的目的，不然，球很容易会被对方迅速踢到后场，直接对球门构成威胁。对球门球、争球和任意球来说，重要的是如何在比赛开始后使本方的球员迅速填补空缺，占据有利位置，对点球来说，就是要靠机器人的防守能力和射门能力了。不管是哪一种开球模式，开球方都明显地占据优势，所以除了在上下半场的开始，双方都有开球机会外，应该避免违反规则而让对方得到开球机会，特别是点球的机会。

在角色的分配上，对一个特定的角色，比如说射门角色，要判断用哪一个机器人去执行，有许多判别的方法，在国内的论文中都可以找得到。最基本的两种是：基于最短距离优先和最佳角度优先两种方法。前一种方法，在判断时计算出机器人与目标点的距离，然后进行比较，距离目标点距离最短的机器人去执行相应角色；后一种方法则是判断机器人执行角色时的角度是否最好，若机器人的角度与目标角度的差值最小则执行相应的角色。在本系统中，基本上是用基于距离的方法判别执行认为优先级的，但在一些重要的角色中，比如说射门，边线推球等角色中，综合角度与距离的方法进行判别，是执行任务的机器人更优。

2）运动规划层

运动规划层将意图分解为各个机器人的目标，并将目标的研究与设计进一步细化，进而形成机器人运动的具体方式，如同每个运动员针对教练的指挥明确自己的动作任务。

运动规划层将产生的目标动作传送到基本动作层，基本动作层完成从目标到动作指令的转换，即产生机器人的控制指令，如同运动员下意识地做出的跑动或踢球的动作。

在运动规划层里，最主要的动作就是射门和守门的规划，同时还有扫球、边线推球等一些动作的规划，这里以机器人的射门算法为例进行介绍。

如图 11.15 所示，足球机器人射门的基本射门算法可描述如下：

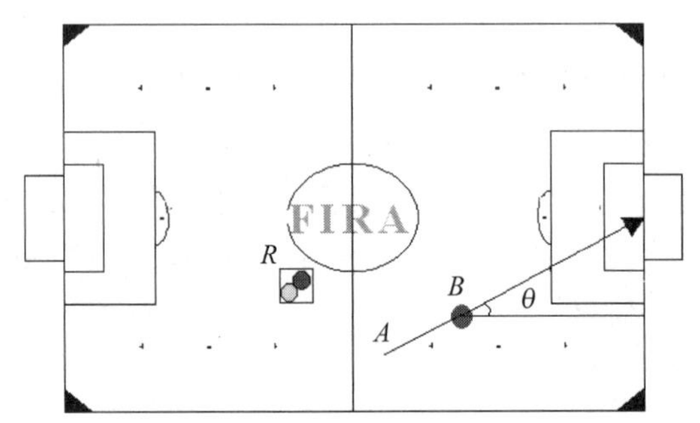

图 11.15　基本射门算法示意图

(1) 计算机器人 R 的射门点 A，其公式为：

$$\theta = \arctan\frac{YG - YB}{XG - XB} \tag{11.4}$$

$$XA = XB - K \times \cos\theta \tag{11.5}$$

$$YA = YB - K \times \sin\theta \tag{11.6}$$

式中，(XG,YG)为对方球门中心坐标；(XB,YB)为球的坐标；(XA,YA)为射门点 A 的坐标；K 为常数，其值应大于或等于机器人半径与球半径之和。

(2) 机器人 R 运动到射门点 A。

(3) 调整机器人 R 的射门角度。

(4) 机器人 R 踢球射门。

(5) 如果射门成功,则结束,否则,转步骤(1)。

基本射门算法的优点是简单、便于实现,但该算法并不实用,主要有以下不足:

(1) 机器人到达射门点后要调整角度,考虑到精度问题,机器人转角时速度较慢,从而很有可能错过射门时机。

(2) 机器人处于球和对方球门之间时,为了到达射门点可能会碰到球,导致重新规划,甚至可能出现"乌龙球"。

(3) 机器人在各点之间的运动要经历加速和减速两个过程,无疑增加了射门时间,会出现贻误战机的情况。

为了克服基本算法的上述不足,存在不同的改进算法,图 11.16 给出了一种改进方案。

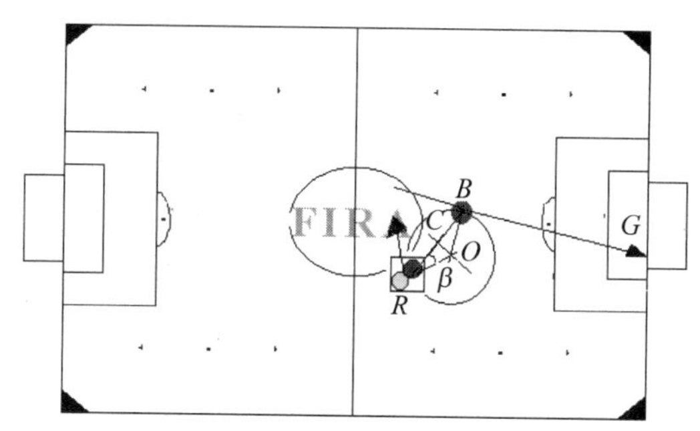

图 11.16 一种改进的射门示意图

计算出 GB 的垂线 BO、BR 的垂直平分线 CO 和 BO 与 CO 的交点 O,机器人 R 沿以 O 为圆心、BO 为半径的圆运动。当机器人 R 运动到点 B 时,机器人正对着点 G,因而无须再调整角度。

当机器人 R 与点 G 在直线 BO 异侧时,图 11.16 所示的算法效果比较理想,而当机器人 R 与点 G 在直线 BO 同侧时,效果不是很好。因为当机器人 R 与点 G 在 BO 同侧时,机器人 R 为了运动到 B 点,经过的路径比较长,可能会错过射门机会,降低射门的成功率。为此,当机器人 R 与点 G 在 BO 同侧时,可采取如图 11.17 所示的算法,可以得到机器人 R 的转角 θ 为:

$$\theta = \alpha + 180 + \beta \tag{11.7}$$

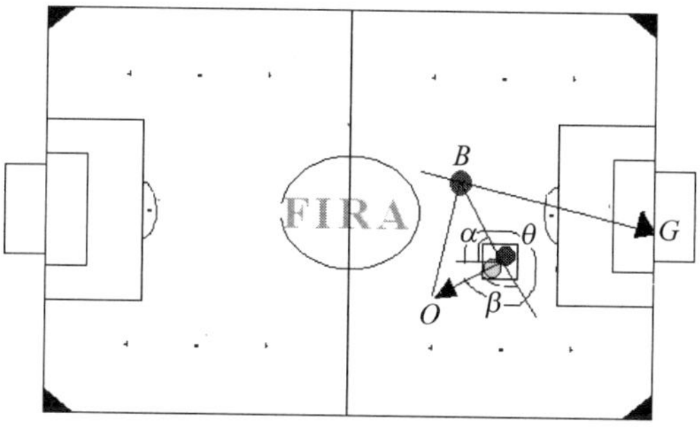

图 11.17 球在机器人后的射门示意图

11.4　MiroSot机器人足球比赛实践

11.4.1　系统硬件调试

1. 机器人小车系统调试

机器人小车系统控制电路板如图11.18所示，使用前应做以下几方面的检查。

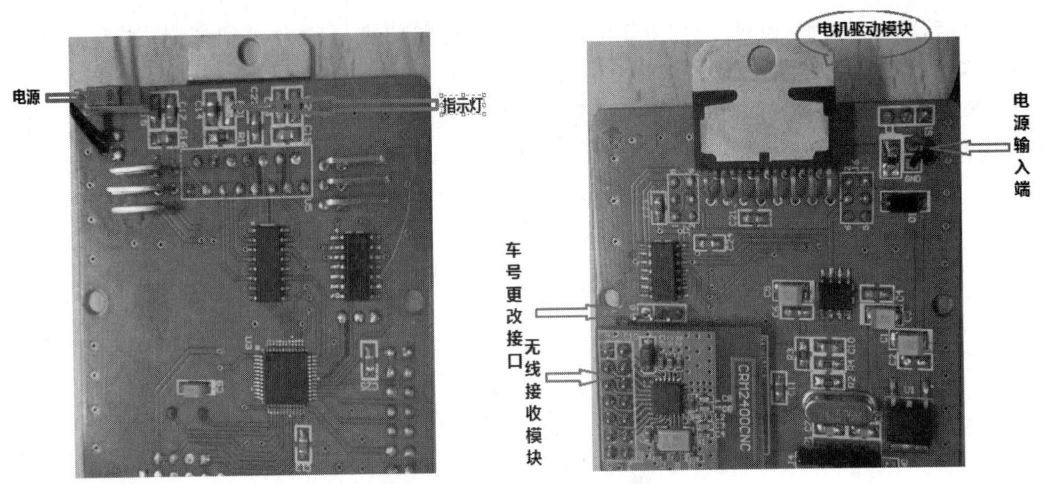

图11.18　控制板平面布置图

1）例行检查

（1）电机电缆是否插紧、接触良好。

（2）通信模块插接是否正确，若插接正确，确保插紧，接触良好。

（3）车轮的顶丝是否松动。

2）上电检查

（1）确认电池电压在7.5V以上。

（2）接通无线发射器电源。

（3）将小车拿在手中，接通电源开关，能听到略有沙沙响声，用手拨动车轮时明显感到费力。

3）程序测试

小车在比赛中需要接收上位机发送的无线通信命令，这要通过相应的发射器来实现。系统发射器采用与小车相同的通信模块，即CRM2400HNC实现无线通信，如图11.19所示。

在发射器上电源通过串口线和上位机相连后，在上位机通过串口发送数据时，可以观察到发射器顶部的居中的指示灯（共有三个指示灯，红灯为电源指示）闪烁，如果无闪烁现象，应检查串口线是否接好，以及上位机串口是否被其他程序占用。

（1）将小车拿在手中，用ROBOTEST程序测试进退功能，小车动作若准确则进行下一步。

（2）将小车放在球台上，继续用ROBOTEST程序测试进退等功能，若小车动作准确正

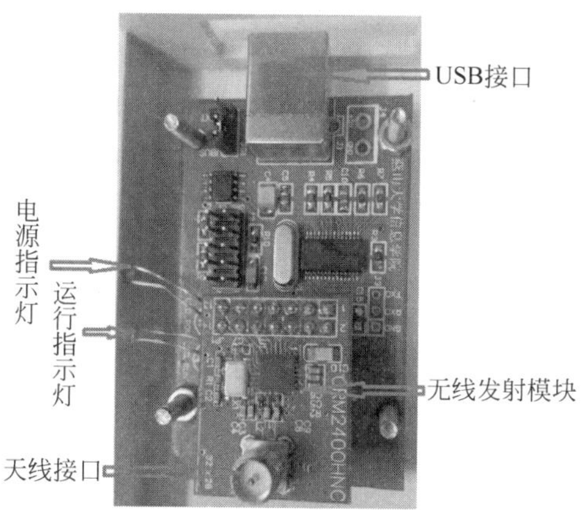

图 11.19 发射器设置图

常，则此车可以使用。

2. 充电器的使用

小车电池充满电后电压约为 8.2～8.3V，充电时间约为 2～3 小时，充好的电池可以连续运行 40 分钟左右。

在使用充电器之前应检查充电电压是否正确，使用万用表量充电器每一路的输出电压，并调节相应的电位计，使充电器每一路输出电压为 8.4V，如图 11.20 所示。

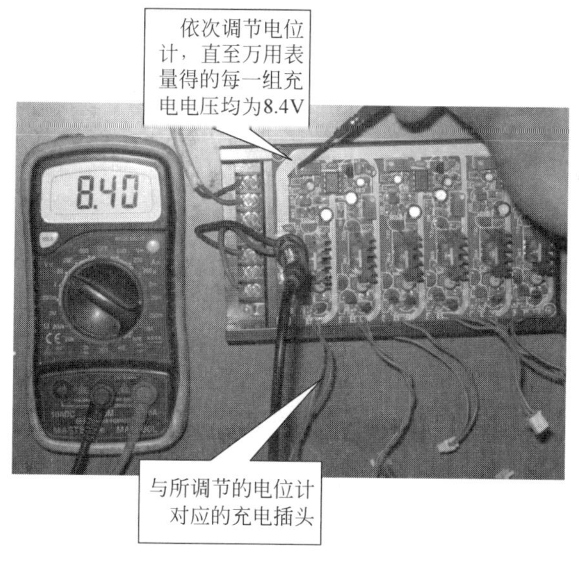

图 11.20 充电器调节示意图

充电时将电池放入充电器的电池插槽中，注意电池方向，应该使电池的电极片与充电器电池插槽的电极片良好接触，充电过程中指示灯亮度逐渐变暗。

充电过程中应有专人监视，注意电池形状和温度，如果电池变鼓或电池过热，应马上将电池从充电器上摘下，防止起火和爆炸。

3. 小车的正常保养

(1) 齿轮应保持清洁，若有污渍，则需将车轮拆下用毛刷酒精清洗。

(2) 拆卸车轮时需用两把螺丝刀在轮轴的两面同时用力形成力偶。

(3) 安装车轮时需确认齿轮之间啮合完好，方可用力将车轮压紧并将顶丝拧紧。

(4) 电池电压在7.5～8.5V之间为合理，刚充完电的电池可连续使用30～40分钟，电压低于7.5V可能导致小车失控，要及时充电。

电池充电时需注意，电池电压不能高于8.5V。长时间不用，电池电压降落较多，可按充电器的正常方法进行充电，约1小时自动停止充电。若电池电压不是很低，比如从7.5V开始充电时，应随时监视防止过充。

4. 小车使用中常见问题

小车使用中常见问题大体分为以下几类：

1) 使用不当或违反操作规程

(1) 小车开关打开后，车轮转动不停，可能原因有：通信模块没装、无线发射器没上电(同时应注意检查附近是否有同频率的发射器干扰)、通信模块的型号与跳线开关位置不符。

(2) 小车车轮无控制(没有力)：检查电源指示灯是否点亮，如果不亮，检查电池装入电池仓时方向是否正确、电池电压过低、检查测量电池电压是否低于7.5V、检查电机电缆与插座是否松动，造成电机失电。

2) 保养维护不当

(1) 齿轮有污渍。关掉开关，用手轻轻转动车轮感觉有死点，此时需将车轮拆下，用毛刷酒精清洗。

(2) 电源时通时断。查看电池接触是否良好，电极片是否开焊。

3) 由于连接件松动

由于碰撞现象频繁发生，猛烈振动使车型机器人的坚固件及接插件容易发生松动，主要表现在：

(1) 轮子与轮轴的坚固螺丝钉松动，容易造成轮子跑飞。

(2) 电机轴的小齿轮与轴之间是否已经松动，使小齿轮与电机轴配合不紧，导致该侧轮子输出无力，以该侧轮子为圆心，小车打转。

(3) 通信模块与插座接触不良而松动，造成小车失控旋转不停。

(4) 电机电缆与插座之间松动，造成电机失电，而使小车失控。

4) 电压不足

当电源电压低于7.5V，电机启停不灵敏。

11.4.2 系统的人机交互界面

系统运行后出现人机交互界面如图11.21所示，主要由以下几个部分构成：

(1) 视觉控制面板部分。该部分包括两个显示区和四个按钮群，分别为图像显示区和图像放大显示区、基本功能按钮群、对象选择按钮群、视觉功能设置按钮群、图像调节滚动条，主要完成图像调节，颜色采样，场地标定，图像显示等功能。

(2) 决策控制面板部分。该部分完成比赛策略选择，离线动作训练等操作。

(3) 软件连接控制面板部分。由策略文件、参数测试、记录播放和小车测试4个按钮构成。

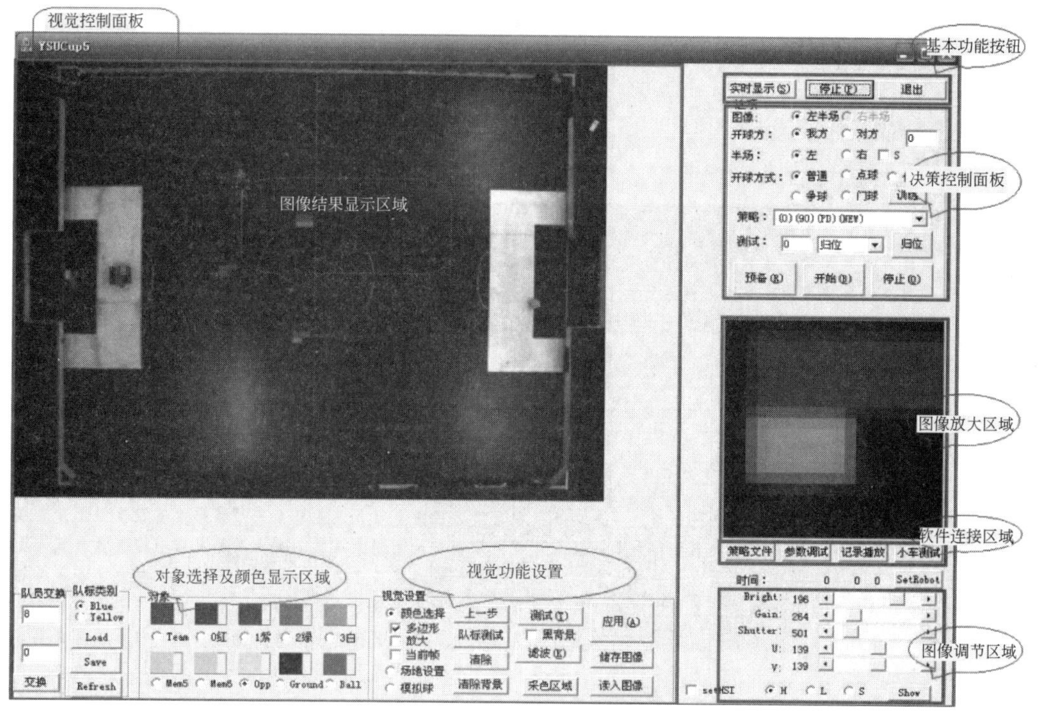

图 11.21　FIRA 系统人机交互界面

11.4.3　视觉控制面板

1. 基本功能按钮群

视觉处理面板如图 11.22 所示，各部分具体功能说明如下。

(1) 实时显示——实时显示摄像机采集来的图像。

(2) 停止——停止采集图像。

(3) 退出——退出人机交互界面和比赛系统。

图 11.22　基本功能按钮

2. 图像调节按钮群

通过调节图像的亮度、对比度、色度和饱和度的滚动条，使图像达到最清晰，如图 11.23 所示。

3. 图像显示及辨识结果显示区域

当单击“实时显示”按钮时，该区域显示摄像头采集的真实图像，如图 11.24(a)所示。当单击决策控制面板中的“预备”和“开始”时，该区域用于辨识结果的显示，显示小车的位置、车号、方向，以及球的位置，如图 11.24(b)所示。

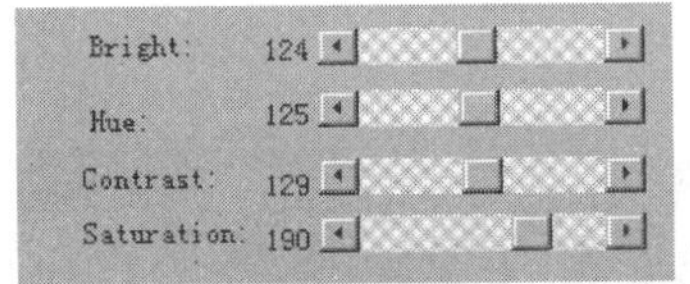

图 11.23　图像参数调节滚动条

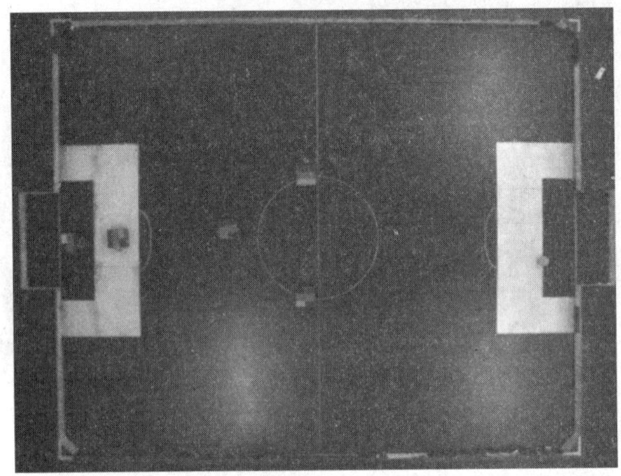

(a) 图像显示

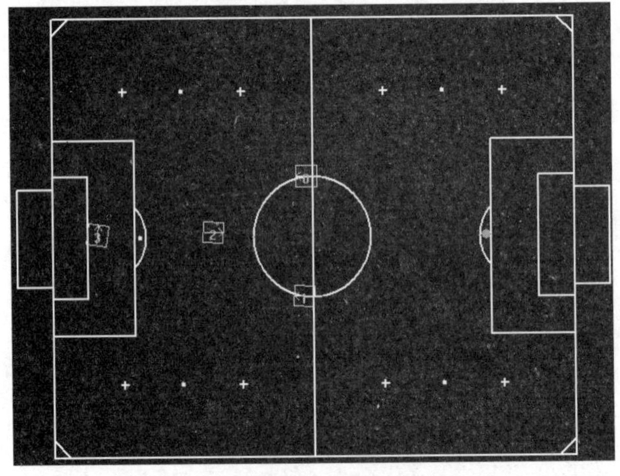

(b) 辨识结果显示

图 11.24　图像显示及辨识结果显示

4. 图像局部放大区域

单击左侧图像显示区域如图 11.25(a)所示,可以得到以所选点为中心的 6 倍的局部放大图像如图 11.25(b)所示,并在图像放大区域中显示出来。由于在左侧的显示区域的目标较小,操作比较困难,对于颜色信息库的建立,采样、滤波可以在此处很方便地实现。

5. 视觉功能设置区

此区域的按钮主要由三部分构成:单选按钮、复选按钮和功能按钮。视觉设置界面如图 11.26 所示。

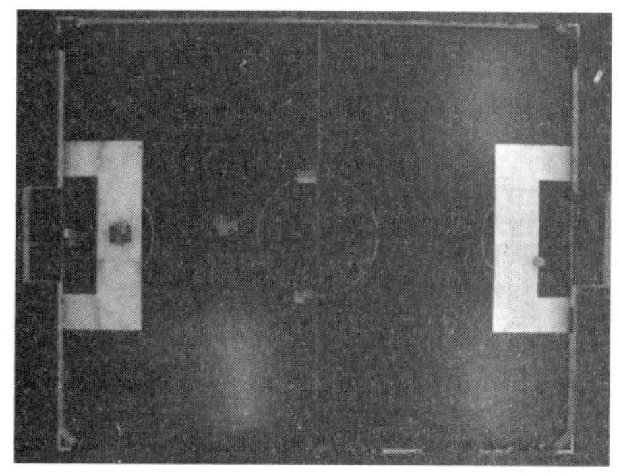

(a) 图像显示区域

(b) 局部放大区域

图 11.25　图像显示区域及局部放大区域

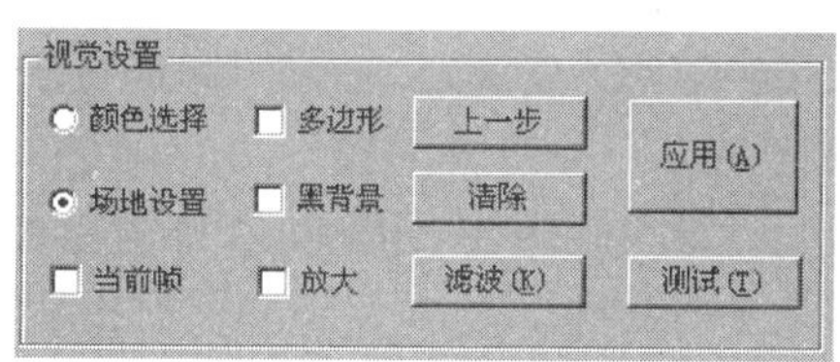

图 11.26　视觉设置区

1）激活颜色选择和场地设置

当选择“颜色选择”选项后，可以进行颜色采集、颜色测试或目标测试。

当选择“场地设置”选项时，可以激活场地设置功能，进行场地的边界校正。

进行场地设置，原图像中沿逆时针方向用鼠标左键选择场地的左上角、左半场门区与场地交界的上角、左半场门区与场地交界的下角、场地左下角、正下方中点、场地右下角、右半场门区与场地交界的下角、右半场门区与场地交界的下角、场地右上角、正上方中点十个点(注意单击顺序)。系统会自动将选择的点以红色来标记，如图 11.27 所示。

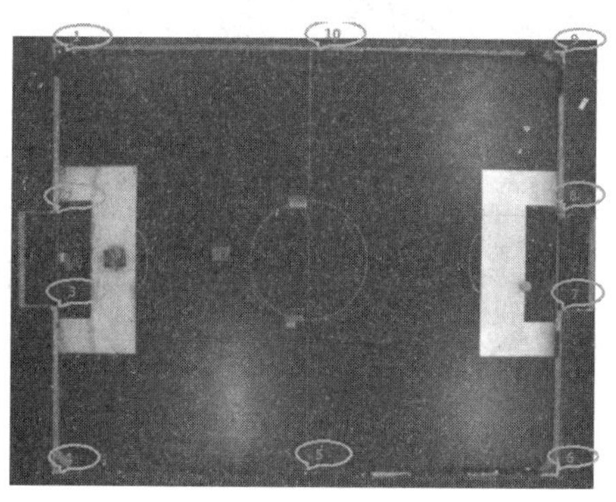

图 11.27　场地校正标志点的选择

选中六点后单击“应用”按钮，程序开始进行场地标定建立图像坐标与世界坐标的对应关系。结束后会显示边界校正结束的提示。单击“确定”按钮以完成场地标定，如图 11.28 所示。

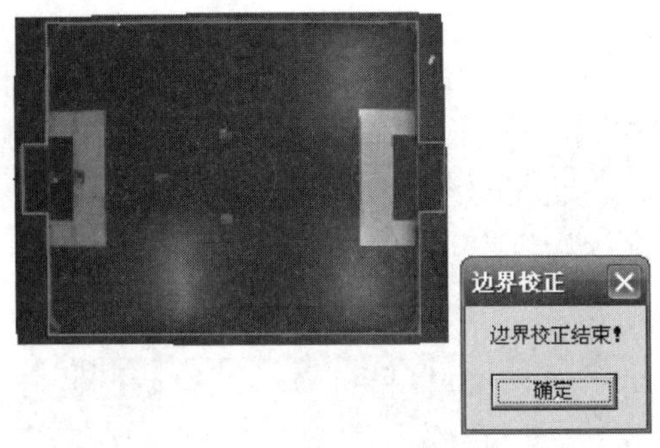

图 11.28 边界校正结果图

2）复选按钮选项

（1）当前帧——表示在当前一帧图像中采样或者滤波，否则为多帧操作。

（2）多边形——表示采用画多边形方式来选定区域进行采样或滤波操作，否则采用拉矩形框的方式选定目标区域。

（3）黑背景——选中后测试效果底色黑色背景，否则为白色。

（4）放大——对局部图像进行放大。

3）功能按钮

（1）应用——用于场地标定与颜色采样的确认。

（2）测试——当选择测试按钮时，激活性能测试功能。可以测试所选特征对象的颜色信息库的完整程度，将待测特征对象的色标置于场地内任意位置，在图像显示区域单击，系统自动采集一幅图像，并根据待测特征对象的颜色信息库对图像进行分割，并显示分割结果，如图 11.29 所示。如果出现空洞，或者辨识结果不够丰满，可以选择颜色选项，在该区域对该色标进行再次采样，以补充颜色信息库。

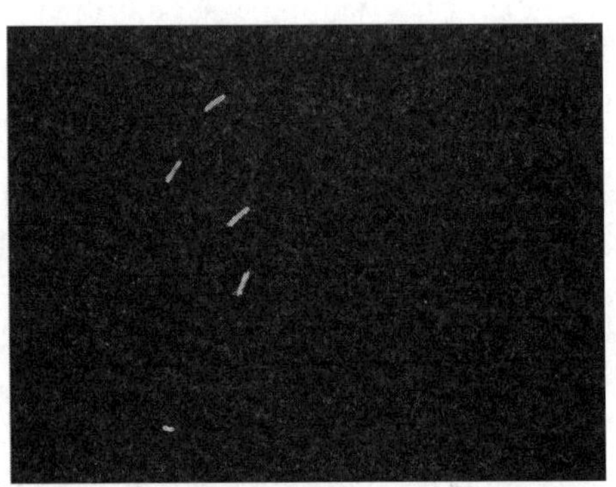

图 11.29 测试分割效果图(黑背景)

（3）上一步——在进行采样、滤波、清除等对于查找表所进行的操作的时候，系统中保存了查找表的操作前的状态，如果对当前颜色采样、滤波或清除结果不满意，恢复采样之前的颜色查找表，避免误操作。

（4）清除——清除查找表中被选中的颜色对象。

（5）滤波——清除查找表中与所选择区域中颜色相同的颜色信息。

6. 队标类别

比赛以黄色或蓝色两种作为双方的队标，在未知本队所采用队标的情况下，在赛前准备时候需要对两种颜色的色标均进行采集，存储在不同的文件中。如图 11.30 所示，在比赛时选中本方队标颜色的单选按钮，单击 load 按钮，即可将以前所存储的颜色信息库加载进来，并在颜色显示区域显示出来(若未显示则单击 Refresh 按钮刷新)。

7. 队员交换

由于实际比赛环境存在较大差异，队员颜色对于大场地多机器人的识别起到非常关键的作用。在比赛当中队员颜色我们通常选用 3 种或 4 种颜色作为主力，进行匹配。如果对目前所采用的某个队员颜色的分割效果不满意，需要尝试其他颜色的时候，在替补颜色区，即 mem5 或 mem6 存储相应的颜色信息。如果效果比当前所采用的队员颜色效果好，可直接将两种颜色号码写在输入框中，单击“交换”按钮，即可将替补颜色存入相应的颜色信息库中，这样就不需要将原有颜色对象清除。队员交换界面如图 11.31 所示。

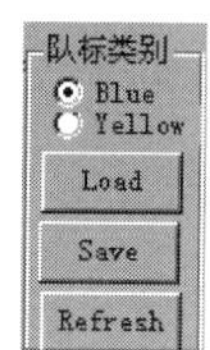

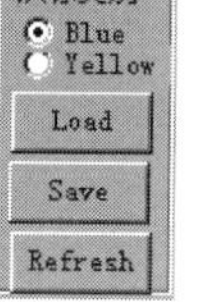

图 11.30 队标类别选择

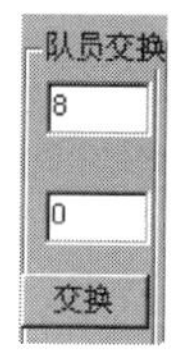

图 11.31 队员颜色交换

8. 对象选择及颜色显示区域

当选择“颜色选择”选项后，激活色标选择功能。本系统支持对我方队标、6 个队员标志、对方队标 Opp 和球 Ball 以及 Ground 建立颜色信息库。首先选中一个对象，在图像显示区域单击，并拖动鼠标，用矩形框选中确定采集的色标块，单击“应用”按钮。或者在图像局部放大区域，选择“多边形”复选框，通过选定若干点形成多边形区域，单击“应用”按钮，系统会自动对采集区域的颜色进行分析，建立颜色信息库。图 11.32 为对象选择及颜色显示界面。

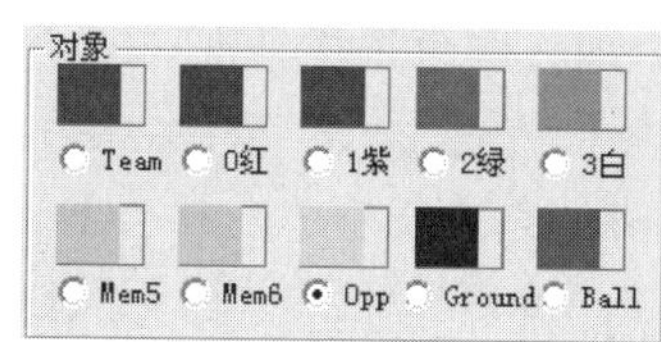

图 11.32 对象选择及颜色显示

11.4.4 决策控制面板

如图 11.33 所示，决策控制面板主要部分包括开场模式设定类、训练模式设定类、执行按钮类。

注意：以下所有选项选定后都需要单击“预备”按钮，才能生效。

1. 开场模式设定类

用于设定比赛初始模式，包括开球方选择、左右半场选择和开球方式选择。

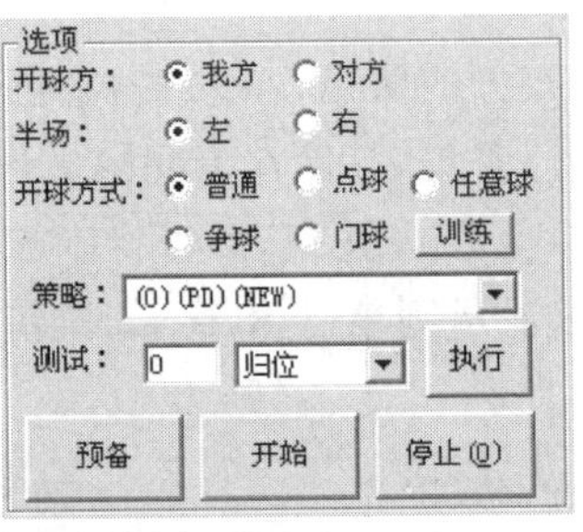

图 11.33 决策控制面板

(1) 开球方——选择“我方”选项，表示我方先开球，选择“对方”选项，表示对方先开球；根据开球方不同，存在不同的站位方式以及开球策略。

(2) 半场——“左”为屏幕左侧半场区域，“右”为屏幕右侧半场区域，注意比赛过程中必须不能选错。

(3) 开球方式——根据比赛规则需要设定不同的开球方式，包括普通正常开球、点球、任意球、争球、门球，在程序开始一段时间执行开球策略，然后正常比赛，每个机器人的具体站位参见策略文件。

2. 训练模式设定类

(1) 测试车号输入框。在输入框中输入相应车号，例如 5vs5 可以输入 0～4，用于指定被测试机器人 ID。

(2) 测试下拉菜单选项如图 11.34 所示。

① 当选择“归位”选项时，单击“预备按钮”→“执行”按钮，所有的机器人按照预先设定好的开球模式进行站位，工作人员仅仅需要局部调整机器人小车的位置，同时也避免将机器人位置摆错。

② 当选择“到边线”选项时，单击“预备按钮”→“执行”按钮，所有机器人跑向边线。此功能多用于比赛结束后，便于工作人员取走机器人。

③ 当选择“绕场一周”选项时，单击“预备按钮”→“执行”按钮，被测试机器人小车绕场行走一周，用于测试机器人在各个地方颜色采样情况。

④ 当选择“到定点”选项时，单击“预备按钮”按钮，然后在图像显示区域上鼠标右击，即可调用图 11.34 中所对应的底层训练动作。

⑤ 当选择“训练”选项时，单击“预备按钮”→“训练”按钮，即可调用如图 11.35 所示的策略训练选项中的组合动作测试。

图 11.34 测试下拉菜单选项

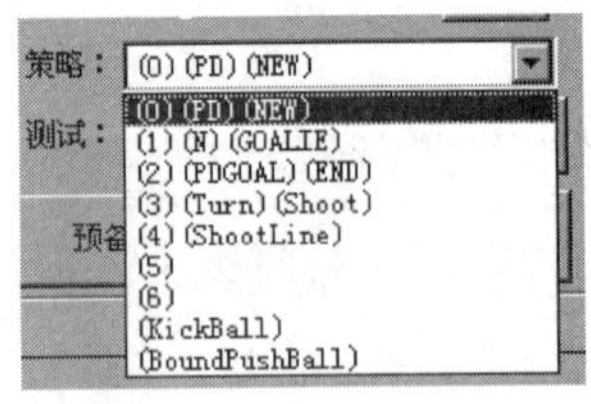

图 11.35 策略训练选项

(3) 训练模式下拉菜单选项。

在图 11.35 策略训练选项菜单中列出若干选项,每个选项包含两部分,暂且命名前项和后项,前项称作"底层单个动作";后项称作"组合动作"。

在图像显示区域鼠标右击为训练底层单个动作,对应策略选项当中的前项,如,PD、N、PDGOAL 等。单击"训练"按钮为训练"组合动作",对应策略选项中的后项,如,NEW、GOALIE、END 等。

3. 执行按钮类

执行按钮界面如图 11.36 所示。

(1) 预备——对视觉子系统、决策子系统以及通信子系统分别进行初始化。

(2) 开始——启动比赛程序,开启视觉线程和决策线程。

(3) 停止——停止比赛程序,停止视觉线程和决策线程,并给机器人小车发送停止命令。

(4) 训练——用于测试单个机器人的组合动作。

(5) 执行——用于机器人底层单个动作测试或者在比赛过程中执行设定开场模式。

图 11.36 执行按钮类

11.4.5 软件连接控制面板

软件连接控制面板由 4 个按钮构成,如图 11.37 所示,用鼠标单击其中一个按钮即可以激活一个相应的外部程序。

(1) 策略文件——打开策略编辑器。

(2) 参数调试——打开参数调试器。

(3) 记录播放——打开记录播放器。

(4) 小车测试——打开小车测试程序。

策略文件 参数调试 记录播放 小车测试

图 11.37 软件链接

1. 参数调试器

单击"参数调试"按钮则进入参数编辑器界面,如图 11.38 所示,单击 Load 按钮,根据比赛类型选择要编辑的参数文件,如,3vs3 对应 MiroSot3; 5vs5 对应 MiroSot5; 7vs7 对应 MiroSot7,然后打开参数列表,如图 11.39 所示。注意:必须保证所加载参数文件路径正确。

选择左侧列表中选项,激活右侧列表 Value 项,修改后,单击 Save 按钮,然后在总控界面中单击"预备"按钮,就将修改后的结果加载到程序当中。

参数编辑器中参数主要包括 3 部分:下位机小车控制参数;决策动作参数;视觉参数。具体如下:

1) 小车控制参数

(1) KP——比例系数。

(2) KI1——积分系数 1。

(3) KI2——积分系数 2。

(4) KD——微分系数。

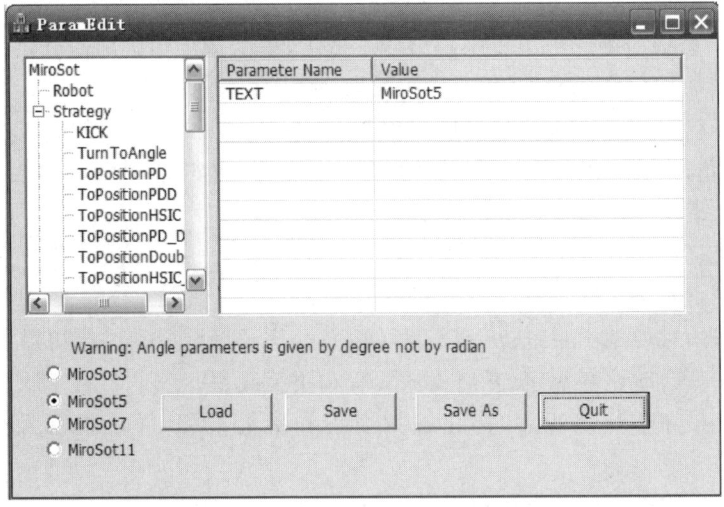

图 11.38　参数编辑器

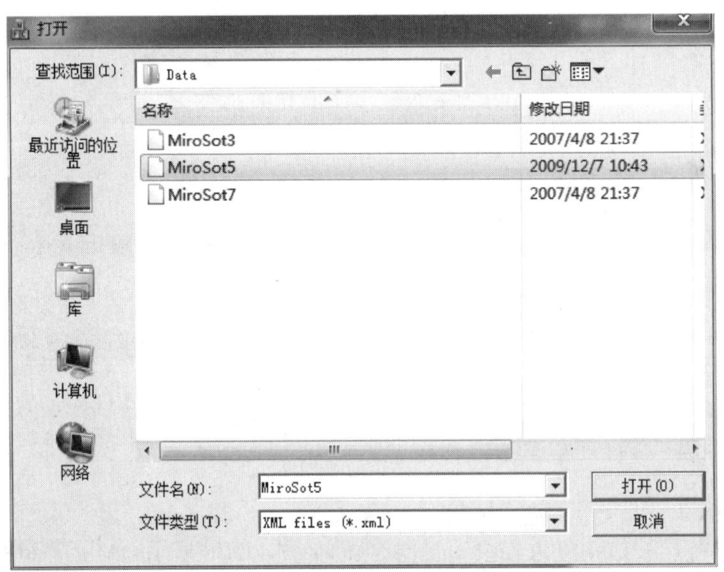

图 11.39　参数列表打开状态

2）决策动作参数

机器人在不同的场地上面摩擦力不同，因此与策略相关下面的动作参数需要调整。由于底层动作多为 PD 调节方式。增大 P 可以加快相应速度，但会增大超调；减小 P 可以减少超调同时也会使相应速度变慢。增大 Kd 可以加快进入稳定状态的相应速度，但过大会使上升时间过长，相应速度变慢。

(1) Kick。

① K1——待用。

② K2——待用。

③ K3——待用。

(2) TurnToAngle。

动作说明：机器人转向某一定点。

① angleMax——初始角度偏差,(未采用)。

② Kp——角度调节比例控制参数。

③ Kd——角度调节微分控制参数。

(3) ToPositionPD。

动作说明：机器人运动到定点并停止。

① angleMax——初始角度偏差,(未采用)。

② Kp——位置比例控制参数。

③ Kd——位置微分控制参数。

④ Kpa——角度比例控制参数。

⑤ Kda——角度微分控制参数。

⑥ MinError——目标点距离变化阈值,超出该值误差清零。

⑦ Ve——线速度与角度偏差的 e 函数的常系数。

⑧ DistError——到达目标点距离判定条件；当距离太近时,不再运动,防止震荡。

(4) ToPositionN。

动作说明：机器人穿过定点不停止。

① angleMax——初始角度偏差,(未采用)。

② Kpa——角度比例控制参数。

③ Kda——角度微分控制参数。

④ MinError——目标点距离变化阈值,超出该值误差清零。

⑤ Ve——线速度与角度偏差的 e 函数的常系数。

(5) ToPositionPDGoal。

动作说明：守门员机器人运动到定点并停止。

① angleMax——初始角度偏差,(未采用)。

② Kp——位置比例控制参数。

③ Kd——位置微分控制参数。

④ Kpa——角度比例控制参数。

⑤ Kda——角度微分控制参数。

⑥ MinError——目标点距离变化阈值,超出该值误差清零。

⑦ Ve——线速度与角度偏差的 e 函数的常系数。

⑧ DistError——到达目标点距离判定条件；当距离太近时,不再运动,防止震荡。

(6) Goalie。

Offset——守门员站位 X 坐标。

(7) TopositionNew。

动作说明：机器人运动到球所在点同时方向指向目标点,完成射门。

① angleMax——初始角度偏差,超出该值机器人先进性原地旋转。

② Kp——角度比例控制参数。

③ Kd——角度微分控制参数。

(8) EndProcess。

动作说明：末端处理动作，用于射门。

① Circle 圆轨迹。

- L——圆轨迹半径。
- maxd——车和球距离判定条件。
- samespeed——用以计算左右轮速的基速度。

② Cos 余弦曲线。

- Basespeed——用以计算左右轮速的基速度。
- maxspeed——用以计算左右轮速的最高速度。
- kk——余弦曲率。
- maxd——最大距离偏差。
- maxe——最大角度偏差。
- maxspeed——允许的最大速度。

③ Line 高速直线。

maxe——车、球距离判定条件。

(9) VectMidShoot。

d——球、门连线方向上，球后距离。

(10) Speed。

① ToPositionN——限制 ToPositionN 的最大速度。

② ToPositionPD——限制 ToPositionPD 的最大速度。

③ ToPositionPDGoal——限制 ToPositionPDGoal 的最大速度。

④ ToPositionNew——限制 ToPositionNew 的最大速度。

⑤ MaxSpeed——限制 MaxSpeed 的最大速度。

3) 视觉参数

BallArea——识别球色块的最小面积阈值，如果小于此阈值，则认为是噪声；

RobotMinArea——识别机器人队标色块的最小面积阈值，如果小于此阈值，则认为是噪声；

RobotMaxArea——识别机器人队标色块的最大面积阈值，如果大于此阈值，则机器人是由两个色块粘连产生。

(1) Ground。

① xOffset——搜索区域 X 方向扩展偏移量。

② yOffset——搜索区域 Y 方向扩展偏移量。

(2) Map。

① L2——用以建立队员标志搜索区域，表示机器人色标对角线长度的一半。

② L3——用以建立队员标志搜索区域，表示机器人色标长度的一半。

③ MaxCount——三角形区域内确定颜色种类所需要最少像素个数，如果小于此阈值则认为是黑色。

(3) Angle。

① L——机器人队标所占最小区域的长度的一半。

② Ydist——以队标中心点 x 或 y 坐标为分界线，将队标色块分成两个色块的判定阈值，如果计算出 dist<Ydist 则以 x 坐标为分界线，将队标分成左、右两个色块用以计算队标色块的角度方向；否则 dist>Ydist 则以 y 坐标为分界线，将队标分成上、下两个色块来计算队标角度方向。

4) 滤波参数

(1) 球。

① Observe——球位置的观测误差。

② PridictP——球位置的预测误差。

③ PridictV——球速度的预测误差。

(2) 小车。

① ObserveP——机器人位置观测误差。

② ObserveA——机器人角度观测误差。

③ PridictP——机器人位置预测误差。

④ PridictV——机器人速度预测误差。

2. 小车测试器

单击"小车测试"按钮则打开窗口，如图 11.40 所示。在此窗口下，可独立对小车进行测试，并不需要视觉的配合。

(1) 车号选择区——用于设定 0～10 号小车车号，ALL 为全部选择，None 为全部取消。

(2) 小车控制区——通过按钮或快捷键 F、B、L、R、S 分别控制小车的前进、后退、左转、右转、停等命令的发送。

(3) 轮速设定——在输入框中输入欲测试小车的左右轮速，单击 Set 按钮即可。

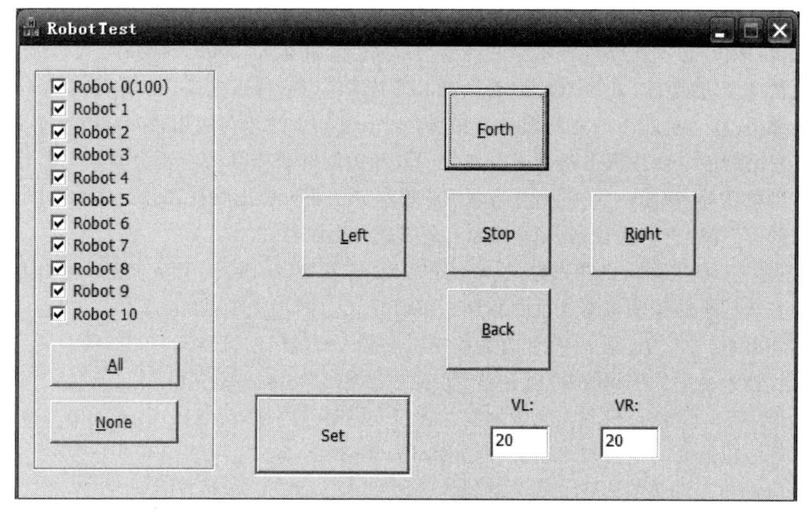

图 11.40 小车测试器窗口

参考文献

[1] 王耀南. 机器人智能控制工程[M]. 北京:科学出版社,2004.

[2] B Siciliano,O khatib 著. 机器人手册[M].《机器人手册》翻译委员会译. 北京: 机械工业出版社,2013.

[3] 日本机器人学会. 机器人技术手册[M]. 宗光华等译. 北京: 科学出版社,2007.

[4] 李邓化,陈雯柏,彭书华. 智能传感技术[M]. 北京: 清华大学出版社,2011.

[5] 谭民,王硕,曹志强. 多机器人系统[M]. 北京: 清华大学出版社,2005.

[6] 蔡自兴等. 多移动机器人协同原理与技术[M]. 北京: 国防工业出版社,2011.

[7] 陈雯柏. 无线传感器网络中 MIMO 通信与移动机器人控制的算法研究[D]. 北京邮电大学. 2011,7.

[8] 肖南峰. 智能机器人[M]. 广州: 华南理工大学出版社,2008.

[9] 西门子公司. 工厂自动化传感器产品手册. 2007,10.

[10] 罗志增,蒋静坪. 机器人感觉与多信息融合[M]. 北京: 机械工业出版社,2003.

[11] 博创科技公司."未来之星"实验指导书.(内部资料).

[12] 李喜孟. 无损检测[M]. 北京:机械工业出版社,2001.

[13] 张毅,罗元等. 移动机器人技术及其应用[M]. 北京: 电子工业出版社,2007.

[14] 徐俊艳,张培仁. 非完整轮式移动机器人轨迹跟踪控制研究[J]. 中国科学技术大学学报,2004,(6): 336-380.

[15] 李文锋,张帆. 移动机器人控制系统结构的研究与进展[J]. 中国机械工程,2008,19(1): 114-119.

[16] 梁华为. 基于无线传感器网络的移动机器人导航方法与系统研究[D]. 中国科学技术大学研究生院. 2007,4.

[17] 刘贞. 基于无线传感器网络的机器人分布式导航方法研究[D]. 哈尔滨工业大学,2009,6.

[18] 刘海波,顾国昌,张国印. 智能机器人体系结构分类研究[J]. 哈尔滨工程大学学报,2003,24(6): 664-668.

[19] 谭民,王硕. 机器人技术研究进展[J]. 自动化学报,2013,39(7): 963-972.

[20] 钟秋波. 类人机器人运动规划关键技术研究[D]. 哈尔滨工业大学,2011,4.

[21] 李磊,叶涛,谭民. 移动机器人技术研究现状与未来[J]. 机器人,2002,24(5): 475-480.

[22] 李满天,褚彦彦,孙立宁. 小型双足移动机器人控制系统[J]. 特微电机,2003,(4):17-18.

[23] 徐国华,谭民. 移动机器人的发展现状及其趋势[J]. 机器人技术与应用,2001,(3): 7-14.

[24] 吴培良. 家庭智能空间中服务机器人全息建图及相关问题研究[D]. 燕山大学,2010,4.

[25] 朴松昊,钟秋波等. 智能机器人[M]. 哈尔滨: 哈尔滨工业大学出版社,2012.

[26] 谭民,徐德等. 先进机器人控制[M]. 北京: 高等教育出版社,2007.

[27] R. 西格沃特等. 自主移动机器人导论[M]. 李人厚,宋青松译. 西安: 西安交通大学出版社,2013.

[28] 田建创. 基于网络的移动机器人远程控制系统研究[D]. 浙江大学,2005,3.

[29] 耿海霞,陈启军,王月娟. 基于 Web 的远程控制机器人研究[J]. 机器人. 2002,(24) 4: 375-380.

[30] 方勇纯. 机器人视觉伺服研究综述[J]. 智能系统学报,2008,(3) 24: 109-114.

[31] 赵清杰,连广宇,孙增圻. 机器人视觉伺服综述[J]. 控制与决策,2001,(16) 6: 109-114.

[32] 廖正和. 智能机器人的语音技术研究[D]. 贵州大学,2006,5.

[33] 刘旸. 面向机器人对话的语音识别关键技术的研究[D]. 西安电子科技大学,2009,4.

[34] 靳晓强. 基于麦克风阵列的移动机器人语音定向技术研究[D]. 哈尔滨工程大学,2009,12.

[35] 李从清,孙立新等. 机器人听觉定位跟踪声源的研究与进展[J]. 燕山大学学报,2009,(33)3: 199-205.

[36] 宋艳. 基于嵌入式语音识别系统的研究[D]. 西安电子科技大学,2011,6.

[37] 侯穆. 基于 OPENCV 的运动目标检测与跟踪技术研究[D]. 西安电子科技大学,2012.

[38] 袁国武.智能视频监控中的运动目标检测和跟踪算法研究[D].云南大学,2012.
[39] 陈晓博.视频监控系统中的运动目标识别匹配及跟踪算法研究[D].北京邮电大学,2011.
[40] 陈骏.移动机器人通用底盘设计与研究[D].杭州电子科技大学,2012.
[41] 彭晟远.基于激光测距仪的室内机器人 SLAM 研究[D].武汉科技大学,2012.
[42] 王升杰.基于三维激光和单目视觉的场景重构与认知[D].大连理工大学,2010.
[43] 邹国柱,陈万米,王燕.基于粒子滤波器的移动机器人自定位方法研究[J].工业控制计算机,2014(10):43-45.
[44] Smith R,Cheeseman P. On the representation and estimation of spatial uncertainty. The International Journal of Robotics Research,1986,5 (4):56-68.
[45] 蔡自兴,邹小兵.移动机器人环境认知理论与技术的研究[J].机器人,2004,(26)1:87-91.
[46] 李群明,熊蓉,褚健.室内自主移动机器人定位方法研究综述[J].机器人,2003,(25)6:560-573.
[47] 陈白帆.动态环境下移动机器人同时定位与建图研究[D].中南大学,2009.
[48] 于金霞,蔡自兴,段琢华.基于粒子滤波的移动机器人定位关键技术研究综述[J].计算机应用研究,2007,(24)11:9-14.
[49] 曹红玉.基于信息融合的移动机器人定位与地图创建技术研究[D].北京邮电大学,2010.
[50] 石杏喜.面向智能移动机器人的定位技术研究[D].南京理工大学,2010.
[51] 厉茂海,洪炳熔.移动机器人的概率定位方法研究进展[J].机器人,2005,(27)4:380-384.
[52] 赵一路.移动机器人 SLAM 问题研究[D].复旦大学,2010.
[53] 刘贞.基于无线传感器网络的机器人分布式导航方法研究[D].哈尔滨工业大学,2009.
[54] 杨璐.基于智能体的多机器人协作研究及仿真[D].南京理工大学,2006,6.
[55] 董场斌.多机器人系统的协作研究[D].浙江大学,2006,12.
[56] 焦平平.多机器人通信与编队问题研究[D].北京交通大学,2008,6.
[57] 蒋荣欣.多机器人编队导航若干关键技术研究[D].浙江大学,2008,7.
[58] 海丹.移动机器人与无线传感器网络混合系统的协作定位问题研究[D].国防科学技术大学,2010.
[59] 洪炳熔,韩学东,孟伟.机器人足球比赛研究.机器人[J].2003,25(4):373-374.
[60] 陈凤东,洪炳镕,朱莹.基于 HIS 颜色空间的多机器人识别研究[J].哈尔滨工业大学学报,2004,36(7):928-930.
[61] 周军,申浩,邵世煌.大场地足球机器人视觉系统优化设计[J].微计算机应用,2008,29(1).
[62] 周跃前.基于多机并行的大场地机器人足球视觉系统的研究[D].中国地质大学,2008.
[63] 王亮.基于全局视觉的类人型机器人足球系统的设计[D].哈尔滨工业大学,2007.
[64] Boyoon Jung,Gaurav S. Sukhatme. Cooperative Tracking using Mobile Robots and Environment-Embedded,Networked Sensors[C]. Proceedings of the International Symposium on Computational Intelligence in Robotics and Automation 2001. Banff,Alberta,Canada:[s. n.],2001:206-211.
[65] S. Pereira,B. Soares,M. Campos. A Potential Field Approach for Collecting Data from Sensor Networks Using Mobile Robots[C]. Proceedings of IEEE/RSJ International Conference on Intelligent Robots and Systems 2004. Sendal,Japan:[s. n.],2004:3469-3474.
[66] M. Batalin,G. Sukhatme. The Analysis of an Efficient Algorithm for Robot Coverage and Exploration based on Sensor Network Deployment[C]. Proceedings of the 2005 IEEE International Conference on Robotics and Automation. Barcelona,Spain:[s. n.],2005:3478-3485.
[67] A. Howard,M. J. Mataric,G. S. Sukhatme. Network deployment using potential fields: A distributed. scalable solution to the area coverage problem[C]. The 6th International,Symposium on Distributed Autonomous Robotic Systems 2002. Fukuoka,Japan:[s. n.],2002:1-11.
[68] A. Howard,M. J. Mataric,G. S. Sukhatme. An incremental self-deployment algorithm for mobile sensor networks [J]. Autoraorraous Robots Special Issue on Intelligent. Embedded Systems,2002,13(2):113-126.

教 学 资 源 支 持

敬爱的教师：

感谢您一直以来对清华版计算机教材的支持和爱护。为了配合本课程的教学需要，本教材配有配套的电子教案（素材），有需求的教师请到清华大学出版社主页（http://www.tup.com.cn）上查询和下载，也可以拨打电话或发送电子邮件咨询。

如果您在使用本教材的过程中遇到了什么问题，或者有相关教材出版计划，也请您发邮件告诉我们，以便我们更好地为您服务。

我们的联系方式：

地　　址：北京海淀区双清路学研大厦 A 座 707

邮　　编：100084

电　　话：010－62770175－4604

课件下载：http://www.tup.com.cn

电子邮件：weijj@tup.tsinghua.edu.cn

教师交流 QQ 群：136490705

教师服务微信：itbook8

教师服务 QQ：883604

（申请加入时，请写明您的学校名称和姓名）

用微信扫一扫右边的二维码，即可关注计算机教材公众号。

扫一扫

课件下载、样书申请

教材推荐、技术交流